ENJOY

국내여행
시리즈 5

이번엔!
경주

이번엔! 경주

지은이 강석균
펴낸이 임상진
펴낸곳 (주)넥서스

초판1쇄 발행 2013년 10월 25일
초판4쇄 발행 2016년 9월 15일

2판1쇄 발행 2017년 11월 15일
2판2쇄 발행 2017년 11월 20일

출판신고 1992년 4월 3일 제311-2002-2호
10880 경기도 파주시 지목로 5
Tel (02)330-5500 Fax (02)330-5555

ISBN 979-11-6165-168-2 13980

www.nexusbook.com
넥서스BOOKS는 (주)넥서스의 실용 전문 브랜드입니다.

ENJOY
국내여행
시리즈 5

이번엔!
경주

강석균 지음

넥서스BOOKS

여는 글

벚꽃 흩날리는 날에는 경주에 가자

겨울 지나 나무에 새순이 돋고 새순이 자라 분홍빛 벚꽃이 될 때 경주는 찬란했던 신라 천 년의 유적과 어우러진 천상의 화원이 된다. 끝없이 이어진 보문 단지의 벚꽃 터널에 바람이 불면 산들산들 흔들리던 벚꽃이 짧았던 봄과 이별을 고하듯 하나둘 꽃잎을 흩날리고, 꽃길을 걷는 연인은 경주에서의 추억을 담기 바쁘다. 발길을 돌려 대릉원에 다다르니 첨성대와 월성을 배경으로 샛노란 유채꽃의 향연이 펼쳐지고 유채꽃 단지 안에서는 어른, 아이 할 것 없이 모두 귀요미가 되어 기념 촬영에 빠져 있다.

신라의 달밤에 백등 들고

찬란한 신라 천 년의 유적으로 가득한 경주의 밤은 낮보다 아름답다. 밤이 되면 낮에 문화 체험장에서 만들어 두었던 백등을 가지고 신라의 달빛 여행을 떠나 보는 것도 좋다. 연못가의 노인이 서찰을 전했다는 서출지의 야경은 고즈넉하다. 남산 자락 조용한 시골 마을에 있는 연못의 고요함과 누군가 당장이라도 달빛을 안주 삼아 술 한잔을 기울일 듯한 연못가 정자의 편안함이 여행자의 발길을 붙잡는다. 첨성대와 월성을 배경으로 한 노란 유채꽃 단지는 밤이 되면 더욱 신비함을 더한다. 백등을 비추는 대로 노란 유채꽃 요정이 춤추는 듯하고 조명을 받은 첨성대는 밤하늘을 다 읽겠다는 듯 당당하다. 신라 달밤의 하이라이트는 동궁과 월지(안압지)다. 낮에는 조금 밋밋해 보이던 동궁과 월지가 밤에는 기기묘묘한 신비의 세계를 연출한다. 어둠의 거울이 된 월지에 비친 동궁의 모습을 보니 당장이라도 천 년 전 신라 시대로 빨려 들어갈 듯하다.

양동 마을과 남산, 동해 바다도 빼놓을 수 없어

경주 북부의 양동 마을은 조선 시대 양반 마을을 고스란히 보존하고 있어 경주의 민속촌 역할을 톡톡히 하고 있고, 경주 시내에서 가까운 남산은 골짜기마다 산재한 불교 유적으로 인해 살아 있는 불교 박물관이라고 불린다. 경주 동쪽으로 눈을 돌리면 한적한 오류, 대왕암, 나정, 나아 해변이 신발 벗고 모래사장을 걸어 보라고 여행자를 유혹한다.

개성 있는 게스트하우스에서의 하룻밤

요즘 경주는 게스트하우스 붐이 일고 있어서, 모텔을 리모델링한 것부터 한옥을 개조한 것까지 개성 있는 게스트하우스가 넘친다. 그만큼 경주를 찾는 여행자가 많다는 증거이기도 할 것이다. 저렴한 가격, 깨끗한 시설을 갖춘 게스트하우스는 남녀 여행자 모두에게 환영받는 공간이다. 게스트하우스는 홀로 여행하는 여성에게도 안전한 숙소여서 안심하고 머무르며 경주의 이곳저곳을 둘러보기 좋다.

그래서…이번엔 경주다!

이처럼 다채롭고 매력 넘치는 여행지 경주를 더 많은 여행자들이 알게 되기를 바라며, 아울러 경주의 아름다움을 소개한 이 책이 여행자들의 좋은 길라잡이가 되길 바란다. 일부 사진을 협조해 주신 경주시 관계자께 감사드리고 경주 · 영천 · 청도 · 울산 · 포항의 문화관광과, 관광지, 펜션 등의 홈페이지도 참고하였음을 밝힌다. 끝으로 이 책을 기획, 편집해 주신 넥서스 권근희 차장님과 관계자 여러분께도 감사함을 전한다.

강석균

이 책을 보는 방법

미리 만나는 경주

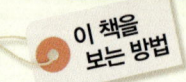

경주에는 볼거리, 먹을거리, 즐길거리가 너무 많아서 고민이다. 경주의 대표 관광지와 야경 명소, 사계절 풍경을 사진으로 만나 보고, 꼭 맛보아야 할 음식도 체크해 보자.

추천 코스

경주를 여행하는 다양한 코스를 소개한다. 연인과 함께, 친구나 가족과 함께, 아니면 혼자여도 좋은 경주 최고의 여행지를 엄선하여 자신에게 맞는 일정을 세워 보자.

지역 여행

경주를 가장 잘 보고, 느끼고, 체험할 수 있는 대표적인 곳을 소개하고 관련 정보를 담았다. 꼭 가 봐야 할 곳, 가 봤어도 잘 몰랐던 곳, 새롭게 떠오르는 명소까지 구석구석 살펴본다.

맛집 · 숙소

여행에서 결코 빠질 수 없는 것이 바로 식당과 숙소이다. 잘 먹고 잘 자야 몸과 마음이 행복한 여행이 된다. 입소문이 자자한 맛집과 편안한 잠자리를 소개한다.

근교 여행

모처럼 여행을 왔는데 경주만 보고 돌아가기 아쉽다면? 경주 여행을 마치고 돌아가는 길에 들르거나 경주에 머물면서 당일치기로 다녀올 수 있는 영천, 청도, 울산, 포항 등지의 근교 여행지를 소개한다.

테마 여행

심신을 힐링하는 걷기나 트레킹 여행부터 역동적인 자전거·스쿠터 여행, 직접 만들고 경험해 보는 체험 프로그램, 고택이나 사찰, 향교에서 숙박하기, 이색 테마 투어에 참여하거나 축제와 공연 즐기기까지 다양한 테마로 경주를 특별하게 즐겨 보자.

여행 정보

경주 여행을 시작하기 전에 알아 두면 좋은 경주의 기본 정보와 여행 전 준비할 사항들, 경주로 가는 방법, 대중교통과 시티투어까지 경주 여행의 필수 정보를 꼼꼼히 담았다.

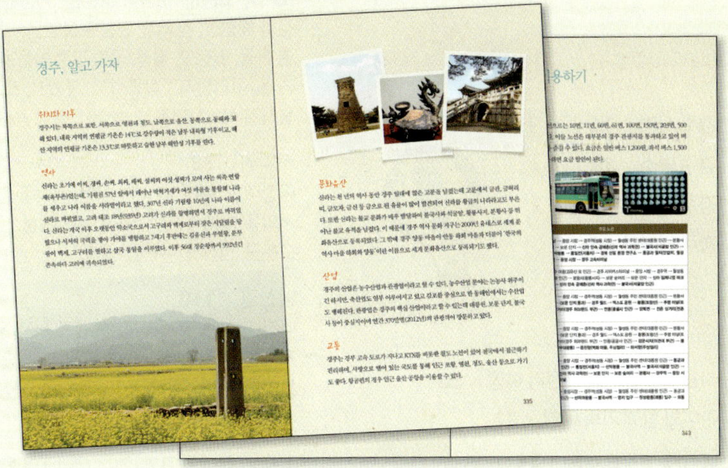

별책 부록

휴대용 여행 가이드북 경주 각 지역의 지도를 간편하게 휴대할 수 있도록 별책 부록으로 담았다.

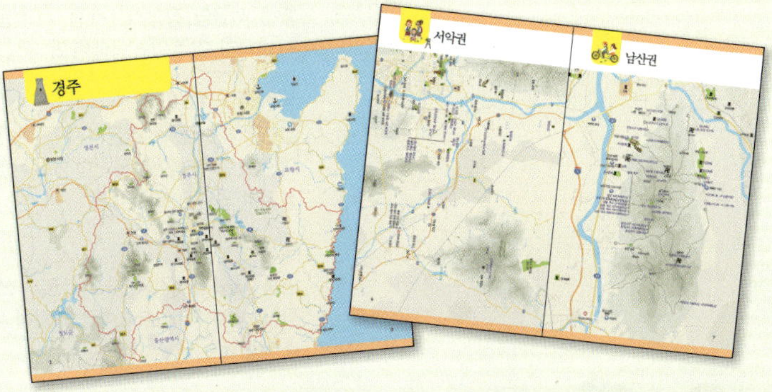

Notice! 이 책에 소개된 여행 정보는 2017년 11월 기준으로 작성되었습니다. 경주의 최신 정보를 정확하고 자세하게 담고자 하였으나 시시각각 변화하는 경주의 특성상 현지 사정에 의해 정보가 달라질 수 있음을 사전에 알려 드립니다.

Contents

국내 최고의 관광 도시답게 발길 닿는 곳마다 볼거리가 넘치는 경주!
불국사, 석굴암, 첨성대 등 꼭 봐야 할 관광지도 즐비하고
고즈넉한 한옥 마을도, 현대적인 보문 단지도 매력적이다.
물론 입이 즐거운 맛집 투어와 다양한 즐길거리도 놓칠 수 없다.
여행이 끝나고 나서 빠뜨렸다고 아쉬워하지 말고
경주에 가면 꼭 보고, 먹고, 즐겨야 할 것들을 미리 만나 보자!

미리 만나는 경주

사시사철 아름다운 도시! **경주 사계**

이곳만은 꼭 봐야 해! **경주 명소**

화려한 빛에 물들다! **경주 야경**

여행의 즐거움을 두 배로! **경주 먹거리**

사시사철 아름다운 도시!

경주 사계 BEST 4

경주를 여행하기 좋은 계절은 역시 꽃 피는 봄과 단풍 물드는 가을이다. 뜨거운 여름과 추운 겨울은 여행하기 좋은 계절은 아니지만, 경치만큼은 그 계절만의 매력을 보여 준다. 사실 경주를 여행하겠다는 마음이 있다면 어느 계절이라도 상관없지 않을까?

봄

봄의 주인공은 활짝 핀 벚꽃과 노란 유채꽃 물결! 벚꽃을 보려면 보문 단지 일대, 유채꽃을 보려면 대릉원 정문 앞으로 가면 된다. 고색창연한 유적과 화사한 봄꽃의 어우러짐이 인상적이다.

여름

경주의 여름은 유적을 배경으로 그늘에 앉아 부채질로 더위를 식히거나 동해안 해수욕장에서 시원한 물놀이를 하는 사람들에게서 느껴진다. 따가운 태양 아래서도 경주 여행은 멈추지 않는다.

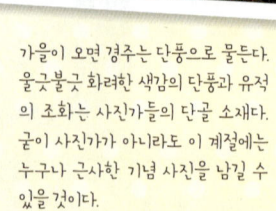

가을이 오면 경주는 단풍으로 물든다. 울긋불긋 화려한 색감의 단풍과 유적의 조화는 사진가들의 단골 소재다. 굳이 사진가가 아니라도 이 계절에는 누구나 근사한 기념 사진을 남길 수 있을 것이다.

겨울

경주는 눈이 많이 오는 편이 아니다. 만일 눈 내린 날 경주에 도착했다면 설경을 볼 수 있는 행운에 감사하자. 눈 쌓인 고분 사이를 산책해도 좋고 카페에서 따끈한 차를 마시며 눈 내리는 창밖을 바라보는 것도 즐겁다.

이곳만은 꼭 봐야 해!

경주 명소 BEST 10

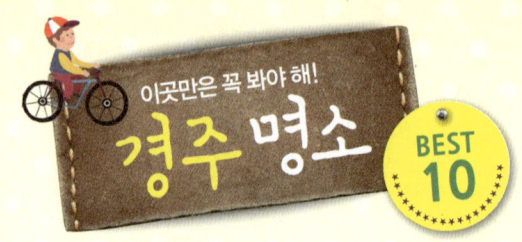

천 년 고도인 경주는 신라 역대 왕의 능과 많은 불교 유적을 간직한 보물 창고다. 시내 한복판에 솟아 있는 고분들은 이색적이고, 문무대왕릉이 지키는 동해안은 보기만 해도 시원하며, 단골 수학여행지 불국사와 석굴암은 언제 보아도 친숙하다.

대릉원

천 년 왕국 신라의 왕과 귀족들이 잠든 고분이 모여 있는 곳으로 그중에서 천마총은 고분 안으로 들어가 볼 수도 있다. p.53

김유신 묘

삼국 통일의 주역인 김유신 장군의 묘로 왕릉 못지않은 규모를 자랑한다.
p.93

용장사곡 삼층석탑

전형적인 통일 신라 양식의 석탑으로, 용장 계곡 중턱에 있어 하늘과 맞닿은 느낌을 준다. p.128

신선암 마애보살반가상

손에는 꽃을 들고 한쪽 다리를 내린 모습의 불상으로, 토함산과 불국사 일대가 한눈에 내려다보이는 절벽 위에 새겨져 있다. p.133

첨성대

신라 시대에 밤하늘의 변화를 살피던 천문대이다. 봄에 방문하면 첨성대 주위로 펼쳐진 노란 유채꽃 물결을 볼 수 있다. p.55

보문호

보문 단지에 위치한 호수로, 주변에 호텔, 리조트, 테마파크 등이 즐비하다. 연인과 함께라면 백조 보트를 타는 것도 필수 코스! p.147

불국사

신라 시대 김대성이 부모를 위해 중창한 절이다. 백운교와 청운교, 다보탑과 석가탑 등이 불교 문화의 정수를 보여 준다. p.168

석굴암

불국사와 함께 유네스코 세계 문화유산으로 지정된 석굴 사원이다. 신비한 자태를 뽐내는 본존불과 보살상 등을 만날 수 있다. p.174

감은사지 동·서 삼층석탑

통일 신라 초기의 석탑으로, 신라의 3층 석탑 중에서 가장 높고 오래되었다. 죽어서도 나라를 지킨 문무왕과 관련이 있는 곳.
p.190

양동 마을

조선 시대의 한옥과 초가집이 고스란히 남아 있는 민속 마을로 월성 손씨와 여강 이씨의 집성촌이기도 하다.
p.204

화려한 빛에 물들다!

경주야경 BEST 7

경주의 밤은 낮보다 아름답다! 낮에 돌아보았던 경주의 유적은 밤이 되면 색색의 조명을 받아 완전히 다른 모습으로 변신한다. 북적이던 인파도 사라져 훨씬 조용하니 한가롭게 산책하기에도 좋다.

노서동 · 노동동 고분군

관광객이 적고 고분에 접근할 수 있어 야경을 즐기기 좋다. 고분 위에 나무가 자란 봉황대 야경은 살짝 무섭기도 하다. p.52

첨성대

밤이면 조명을 받은 첨성대가 멀리서도 눈에 띈다. 주위의 월성과 계림 야경도 함께 감상하기 좋다. p.55

월성 & 계림

월성과 계림의 야경을 가장 잘 볼 수 있는 곳은 첨성대 부근이다. 야경을 즐기겠다고 월성 안으로 들어가진 말자. 밤엔 사람이 없어 으스스하다. p.57, p.63

동궁과 월지 (안압지)

예전에는 안압지라 불렸던 곳이다. 잔잔한 연못에 비친 야경이 너무나 유명해서, 낮보다 밤에 더 많은 사람들이 몰린다. p.66

서출지

남산 통일전 인근의 연못으로 연못가에 멋진 정자가 있으며, 밤이면 연못과 정자가 만드는 야경이 환상적이다. p.131

보문호

호숫가에 즐비한 호텔, 리조트, 테마파크가 밤이면 불야성을 이룬다. 보문호 건너편 경감로에서 가장 멋진 야경을 볼 수 있다. p.147

금장대

형산강가에 위치한 누각으로, 낮이면 경주 시내가 한눈에 보이고 밤이면 멋진 야경을 선사한다. 밤에 인적 드문 금장대에 올라가지 말고 형산강 건너편에서 바라보자. p.92

여행의 즐거움을 두 배로!

경주 먹거리 BEST 10

금강산도 식후경인데, 경주 여행에서 먹거리가 빠지면 섭섭하다. 관광객이 즐겨 찾는 한정식, 쌈밥정식, 순두부정식도 좋지만 경주 사람들이 즐겨 찾는 돼지갈비찜, 밀면, 쫄면도 기회가 된다면 꼭 맛보자.

한정식

한정식은 푸짐하고 다양한 상차림이 특징이며, 어만두, 등심편채, 해물파전, 갈비찜, 해물버섯잡채, 해물냉채, 한방삼겹구이 등 한식의 향연이 펼쳐진다.

쌈밥정식

한정식 가격이 부담스럽다면 준한정식이라고 할 수 있는 쌈밥을 택해 보자. 다양하고 싱싱한 쌈 채소에 돼지불고기, 생선구이, 된장찌개 등 반찬 가짓수도 풍성하다!

떡갈비정식

떡갈비는 한우를 잘 다져서 모양을 빚어 구운 것으로 쫄깃하고 고소한 맛이 일품이다. 단, 양이 많지 않으니 제대로 떡갈비 맛을 느끼려면 떡갈비 추가는 필수!

돼지갈비찜

입맛이 없을 때 매운 돼지갈비찜을 맛보면 이내 입안에 침이 고인다. 남은 양념에 밥을 볶아 먹는 것도 별미다.

순두부정식

속에 부담을 주지 않는 부드러운 음식을 맛보고 싶을 때 좋은 메뉴로, 대개 돼지불고기나 생선구이가 반찬으로 나온다.

밀면 & 쫄면

더위에 지쳤을 때 물밀면 한 그릇은 갈증과 여행의 피로를 한방에 날려 버린다. 또, 쑥갓의 강한 향이 매운맛을 압도하는 쫄면은 온쫄면, 유부쫄면, 오뎅쫄면 등 종류도 다양하다.

비빔만두

관광객보다는 경주 사람들이 즐겨 찾는 메뉴로 군만두에 양배추무침을 곁들여 먹는다. 이곳에서는 라면 사리를 넣은 즉석떡볶이와 함께 먹는 것이 상식이다.

한식 뷔페

성동 시장의 한식 뷔페는 동네 주민은 물론 배고픈 여행자에게도 인기 있다. 소시지, 계란말이, 도라지무침, 된장국 등 메뉴도 소박하다. 한식 뷔페 옆의 분식 골목에서는 우엉김밥, 순대, 떡볶이 등이 어서 맛보라고 손짓을 하기도 한다.

돼지찌개

두툼한 돼지고기에 여러 가지 채소를 넣고 보글보글 끓이는 돼지찌개는 보고만 있어도 군침이 돈다.

황남빵 & 찰보리빵

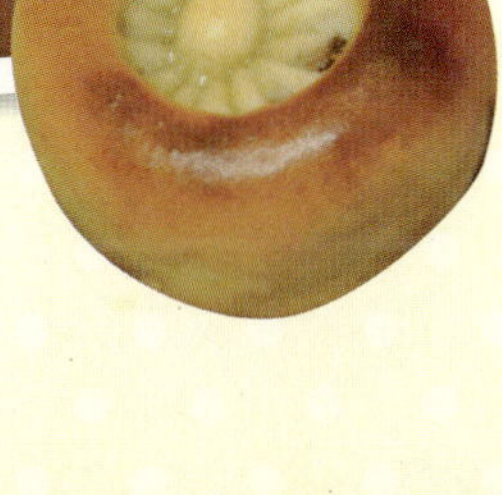

황남빵은 밀가루를 찰지게 반죽하여 팥 앙금을 넣고 오븐에 구운 것이고, 찰보리빵은 찰보리 반죽에 팥 앙금을 넣은 빵이다. 참고로, 원조 황남빵집이 아닌 곳에서 만든 것은 경주빵이라고 불린다.

나만의 방법으로 경주를 즐기는 다양한 코스를 소개한다!
가장 전형적인 경주 핵심 관광 코스는 물론이고
당일치기 자전거 여행, 어린 자녀와 함께하는 가족 여행,
명소의 스탬프를 모으며 성취감을 느낄 수 있는 스탬프 투어,
유적지를 돌며 역사와 문화를 배우는 본격 답사 여행까지 준비되어 있어
취향별로 골라서 자신만의 일정을 세울 수 있다!

추천 코스

시원하게 달리는 자전거 여행

아이와 함께 가족 여행

알짜배기 핵심 관광

경주 구석구석 스탬프 투어

본격 문화 유적 답사 여행

추천 1일 코스

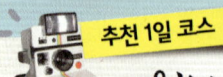

시원하게 달리는 자전거 여행

예상 경비(1인 기준)

자전거 대여료 : 10,000원 내외
식비 : 10,000원
간식비 : 10,000원
입장료 · 기타 : 10,000원

합계 : 40,000원(외부에서 경주까지 교통비 제외)

10:00 자전거 대여점

경주 고속터미널 부근

지도, 헬멧, 자물쇠, 음료수 등을 준비하자!

자전거 15분

10:15 대릉원

p.53

천 년 왕국 신라의 왕과 귀족들이 묻힌 고분군에서 신라의 역사를 느껴 본다.

point

천마총과 미추왕릉은 꼭 둘러보자.

자전거 3분

11:00 첨성대 & 월성 & 계림

p.55, 57, 63

신라의 천문대인 첨성대, 왕궁이 있던 월성, 김알지가 탄생한 계림을 둘러본다.

point

낮의 첨성대도 좋지만 밤의 첨성대 야경도 멋지다.

자전거 3분

12:00 점심 식사

p.83

전통 경주 할매쌈밥

다양한 쌈과 돼지불고기, 생선구이 등 먹을 게 많다.

위치 대릉원 정문 옆
메뉴 쌈밥정식, 대구탕정식

자전거 10분

13:00 **동궁과월지** (안압지)
p.66

신라 왕가에서 연회를 베풀던 곳으로 연못인 월지 주위에 여러 누각(동궁)을 지었다.

point
낮에도 아름답지만 밤의 야경이 특히 멋지다.

자전거 10분

14:00 **분황사 & 황룡사지**
p.67

한때 원효 대사가 머물던 분황사와 황룡사 9층 목탑이 있던 황룡사지를 둘러본다.

point
봄이면 분황사 앞에 유채꽃밭이 펼쳐진다.

자전거 20분

15:00 **물너울공원**
p.140

보문호를 조망할 수 있는 공원으로 봄이면 호숫가에 벚꽃이 만발한다.

point
물너울 공원의 소나무 숲에서 잠시 휴식한다.

자전거 20분

16:00 **경주 세계 문화 엑스포공원**
p.151

경주 세계 문화 엑스포를 기념하여 세워진 공원으로 경주 타워, 3D 애니메이션 극장, 화석 박물관 등이 있다.

point
경주 타워에 올라 보문호 일대를 바라본다.

자전거 1시간

18:00 **자전거 대여점**

경주 고속터미널 부근
캘리포니아 비치 옆 → 경강로
→ 경주 시내 코스로 돌아온다.

귀가

추천 1일 코스

아이와 함께 가족 여행

10:00 신라 역사 과학관 p.180

석굴암과 첨성대 등을 과학적으로 분석하여 신라 과학의 신비를 쉽게 알려 준다.

point

과학관 앞 민속 공예촌에서 전통 체험을 해 보는 것도 좋다.

승용차 15분

11:00 경주 세계 문화 엑스포 공원 p.151

경주 세계 문화 엑스포를 기념해 조성된 공원으로 황룡사 구층목탑을 본뜬 경주 타워, 공연장, 화석 박물관 등이 있다.

point

1. 경주 타워에서 보문 단지 일대를 조망해 본다.
2. 공연장에서 〈미소〉, 〈플라잉〉 공연을 관람한다.

도보 5분

12:30 점심 식사 p.157

삼손 짜장

다슬기를 재료로 한 다슬기짜장과 짬뽕이 별미!

위치 경주 월드 앞

메뉴 다슬기짜장, 다슬기짬뽕

승용차 3분

예상 경비(1인 기준)

기름값 : 50,000원 체험비 : 10,000원
식비 : 10,000원 간식비 : 10,000원
입장료 · 기타 : 20,000원

합계 : 100,000원 (외부에서 경주까지 교통비 제외)

13:30 신라 밀레니엄 파크 p.150

신라의 전설을 주제로 한 테마파크로 전통극과 마상 무예 공연장, 신라 민속촌, 공예 체험촌 등이 있다.

point

1. 주요 공연장의 공연 시간을 사전에 확인하고 방문하는 게 좋다.
2. 공예 체험촌에서 아이들과 함께 다양한 체험의 세계로!

승용차 10분

15:00 경주 테디베어 박물관 p.142

경주를 테마로 한 테디베어 인형의 다양한 모습을 관람하고 테디베어와 함께 기념 촬영도 해 보자.

point

신라 화랑, 여왕 등으로 분장한 테디베어 인형을 찾아본다.

승용차 20분

16:30 국립 경주 박물관 p.64

경주 일대에서 출토된 유물을 전시하는 곳으로 경주의 핵심 유물을 한곳에서 볼 수 있다.

point

1. 어린이를 위한 어린이 박물관을 방문해 본다.
2. 금관, 얼굴 모양 수막새 등 핵심 유물을 자녀와 함께 찾아 보자.

승용차 15분

귀가

추천 1박 2일 코스

알짜배기 핵심 관광

첫째 날

10:00 신라 역사 과학관

p.180

석굴암과 첨성대 등을 분석하여 신라 과학의 신비를 쉽게 알려 준다.

point
과학관 앞 민속 공예촌에서 전통 체험을 해 보는 것도 좋다.

10번, 700번 버스 30분

11:30 불국사

p.168

신라 시대의 고찰로 백운교와 청운교, 다보탑과 석가탑 등 볼거리가 많다.

point
조용한 관람을 원하면 아침 일찍 방문하는 것이 좋다.

11번, 700번 버스 20분

13:00 점심 식사

p.182

초당 400년 순두부

강릉 초당 마을 순두부의 전통을 이은 순두부집이다.

위치 마동 보불로 주유소 인근
메뉴 순두부정식

10번, 700번 버스 + 12번 버스 30분

둘째 날

10:00 대릉원

p.53

신라의 왕과 귀족들이 묻힌 고분군에서 신라의 역사를 느껴 본다.

point
천마총과 미추왕릉은 꼭 둘러보자.

도보 5분

11:00 첨성대 & 월성 & 계림

p.55, 57, 63

첨성대, 왕궁이 있던 월성, 김알지가 탄생한 계림을 둘러본다.

point
낮의 첨성대도 좋지만 밤의 첨성대 야경도 멋지다.

도보 5분

12:00 점심식사

p.83

전통 경주 할매 쌈밥

다양한 쌈과 돼지불고기, 생선구이 등 먹을 게 많다.

위치 대릉원 정문 옆
메뉴 쌈밥정식, 대구탕정식

도보 15분

예상 경비(1인 기준)

숙박비 : 20,000원(게스트하우스)
교통비 : 20,000원 식비 : 30,000원
간식비 : 10,000원 입장료 · 기타 : 20,000원

합계 : 100,000원(외부에서 경주까지 교통비 제외)

14:30 — 12번 버스 + 11번, 700번 버스 1시간 — 16:00 — 10번, 16번 버스 20분 — 18:00 — 700번 버스 20분 — 19:30 — 숙소

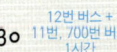

석굴암
p.174

신라 불교 문화의 정수로, 토함산 석굴에 본존불과 보살상 등을 모셨다.

point
부지런하다면 석굴암 일출을 노려 보자.

보문 단지
p.136

테디베어 박물관, 경주 월드, 엑스포 공원, 신라 밀레니엄 파크 등 갈 곳이 많다.

point
다 돌아보기에는 시간이 부족하니 취향에 따라 한 두 곳만 선택!

저녁 식사
p.157

천군 매운탕
신선한 민물고기를 이용한 매운탕이 칼칼하고 맛있다.

위치 경주 월드 캘리포니아 비치 옆
메뉴 잡어, 쏘가리매운탕, 토종닭백숙

동궁과 월지(안압지)
p.66

신라 왕가에서 연회를 베풀던 곳으로 월지 주위에 여러 누각(동궁)을 지었다.

point
낮에도 아름답지만 밤의 야경이 특히 멋지다.

13:00 — 택시 10분 — 15:00 — 도보 15분 — 16:00 — 500번 버스 30분 — 18:00

국립 경주 박물관
p.64

경주 일대에서 출토된 유물을 전시하는 곳.

point
금관, 얼굴 모양 수막새 등 핵심 유물을 찾아보자.

포석정
p.117

신라 왕들의 연회 장소였던 포석정을 둘러본다.

point
포석정에서 삼릉까지 산책로를 걸어도 좋다.

삼릉
p.120

불교 유적이 산재한 삼릉 계곡 입구에 있다.

point
인근의 배동 석조여래삼존입상과 경애왕릉에도 가 보자.

경주 고속터미널 또는 경주역

추천 2박 3일 코스

경주 구석구석 스탬프 투어

첫째 날

10:00 대릉원

p.53

신라의 왕과 귀족들이 묻힌 고분군에서 신라의 역사를 느껴 본다.

point
천마총과 미추왕릉은 꼭 둘러보자.

도보 5분

11:00 첨성대

p.55

첨성대와 그 주위의 월성, 계림을 함께 둘러본다.

point
낮의 첨성대도 좋지만 밤의 첨성대 야경도 멋지다.

도보 5분

12:00 점심 식사

p.83

전통 경주 할매쌈밥
다양한 쌈과 돼지불고기, 생선구이 등 먹을 게 많다.

위치 대릉원 정문 옆
메뉴 쌈밥정식, 대구탕정식

16:00 오릉

p.68

신라의 시조 박혁거세와 알영 부인, 제2대 남해왕, 제3대 유리왕, 제5대 파사왕이 묻힌 곳이다.

point
알영정과 숭덕전을 둘러본다.

500번 버스 15분

17:30 포석정

p.117

신라 왕들의 연회 장소였던 포석정을 둘러본다.

point
포석정에서 삼릉까지 산책로를 걸어도 좋다.

500번 버스 15분

18:30 저녁 식사

p.134

단감 농원할매칼국수
우리 밀을 이용한 손칼국숫집으로 쫄깃한 맛이 일품!

위치 삼릉 앞 삼릉 휴게소 골목
메뉴 우리밀칼국수

예상 경비(1인 기준)

숙박비 : 40,000원(게스트하우스)
교통비 : 40,000원　　식비 : 60,000원
간식비 : 20,000원　　입장료·기타 : 30,000원

합계 : 190,000원(외부에서 경주까지 교통비 제외)

10번 버스15분 → 13:30 분황사 → 택시 10분 → 14:30 교촌 마을 → 택시 20분

분황사

p.67

한때 원효 대사가 머물렀던 신라 고찰로 모전석탑이 유명!

point

분황사 옆의 황룡사지도 둘러본다.

교촌 마을

p.58

경주 향교, 최씨 고택, 교촌 체험촌 등이 교촌 마을을 이루고 있다.

point

교촌 마을에서 전통 체험을 해도 재미있다.

택시 15분 → 19:30 동궁과 월지(안압지) → 숙소

동궁과 월지(안압지)

p.66

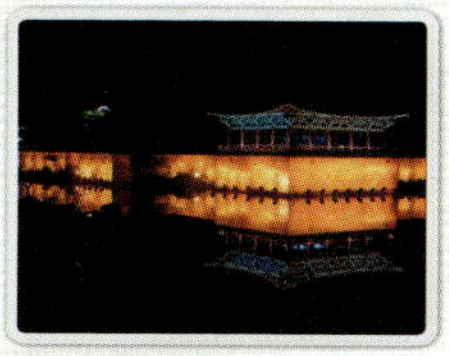

신라 왕가에서 연회를 베풀던 곳으로 월지 주위에 여러 누각(동궁)을 지었다.

point

낮에도 아름답지만 밤의 야경이 특히 멋지다.

숙소

둘째 날

10:00 — 도보 10분 — 12:00 — 203번 버스 + 택시 1시간 20분 — 14:00 — 택시 10분

양동 마을

p.204

조선 시대의 한옥과 초가집이 고스란히 남아 있는 민속 마을이다.

point

관가정, 향단, 무첨당 등 핵심 한옥을 놓치지 말자.

점심 식사

p.214

우향다옥

초가집에서 구수한 청국장, 정식을 맛볼 수 있다.

위치 양동 마을 내
메뉴 청국장, 우향다옥정식

김유신 묘

p.93

삼국 통일의 주역, 김유신 장군의 묘로 왕릉 못지않은 규모를 자랑한다.

point

봉분, 호석, 탱석, 난간석 등 신라의 무덤 양식을 살펴보자.

셋째 날

10:00 — 150번 버스 + 10번, 700번 버스 1시간 40분 — 12:30 — 10번, 700번 버스 20분 — 13:30 — 도보 10분

감은사지 동·서 삼층석탑

p.190

신라의 3층 석탑 중에서 가장 높고 오래된 탑이다.

point

문무왕의 화신인 용이 드나들 수 있게 만들어진 금당 터를 눈여겨보자.

점심 식사

p.182

초당 400년 순두부

강릉 초당 마을 순두부의 전통을 이은 순두부집이다.

위치 마동 보불로 주유소 인근
메뉴 순두부정식

불국사

p.168

신라 시대의 고찰로 백운교와 청운교, 다보탑과 석가탑 등 볼거리가 많다.

point

조용한 관람을 원하면 아침 일찍 방문하는 것이 좋다.

15:00

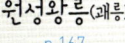

60번, 61번 버스 + 600번 버스 1시간

17:00

600번 버스 1시간

19:30

무열왕릉
p.98

진골 최초로 신라 왕이 되어 삼국 통일의 기틀을 마련한 무열왕의 능이다.

point

시간이 되면 인근의 서악동 왕릉군, 서악서원 등에도 가 보자.

원성왕릉(괘릉)
p.167

신라 제38대 원성왕의 능으로 괘릉이라고도 불린다.

point

서양인의 모습을 한 무인석과 생생하게 조각된 돌사자를 놓치지 말자.

저녁 식사
p.80

밀면 식당

매콤한 비빔밀면과 시원한 육수가 일품인 물밀면!

위치 팔우정 인근
메뉴 비빔밀면, 물밀면

숙소

15:00

12번 버스 20분

16:00

12번 버스 + 10번, 11번, 700번 버스 1시간 20분

19:00

동리 목월 문학관
p.173

김동리와 박목월의 문학 세계를 엿볼 수 있는 공간.

point

방문하기 전에 김동리와 박목월 선생의 작품을 되새겨 본다.

석굴암
p.174

신라 불교 문화의 정수로, 토함산 석굴에 본존불과 보살상 등을 모셨다.

point

부지런하다면 석굴암 일출을 노려 보자.

경주 고속터미널 또는 경주역

추천 3박 4일 코스

본격 문화 유적 답사 여행

첫째 날

10:00 — 도보 5분 — 11:00 — 도보 5분 — 12:00 — 10번, 11번, 700번 버스 50분 — 13:30

대릉원
p.53

신라의 왕과 귀족들이 묻힌 고분군에서 신라의 역사를 느껴 본다.

point
천마총과 미추왕릉은 꼭 둘러보자.

첨성대&월성&계림
p.55, 57, 63

첨성대, 왕궁이 있던 월성, 김알지가 탄생한 계림을 둘러본다.

point
낮의 첨성대도 좋지만 밤의 첨성대 야경도 멋지다.

점심 식사
p.83

전통 경주 할매쌈밥
다양한 쌈과 돼지불고기, 생선구이 등 먹을 게 많다.

위치 대릉원 정문 옆
메뉴 쌈밥정식, 대구탕정식

불국사
p.168

신라 시대의 고찰로 백운교와 청운교, 다보탑과 석가탑 등 볼거리가 많다.

point
조용한 관람을 원하면 아침 일찍 방문하는 것이 좋다.

둘째 날

10:00 — 도보 5분 — 12:00 — 203번 버스 +택시 20분 — 14:00 — 택시 20분 — 15:00

양동 마을
p.204

조선 시대의 한옥과 초가집이 고스란히 남아 있는 민속 마을이다.

point
관가정, 향단, 무첨당 등 핵심 한옥을 놓치지 말자.

점심 식사
p.214

우향다옥
초가집에서 구수한 청국장, 정식을 맛볼 수 있다.

위치 양동 마을 내
메뉴 청국장, 우향다옥정식

김유신 묘
p.93

삼국 통일의 주역, 김유신 장군의 묘로 왕릉 못지않은ㅌ 규모를 자랑한다.

point
봉분, 호석, 탱석, 난간석 등 신라의 무덤 양식을 살펴보자.

무열왕릉
p.98

진골 최초로 신라 왕이 되어 삼국 통일의 기틀을 마련한 무열왕의 능이다.

point
시간이 되면 인근의 서악동 왕릉군, 서악서원 등에 도 가 보자.

예상 경비(1인 기준)

숙박비 : 60,000원(게스트하우스)
교통비 : 100,000원　　식비 : 90,000원
간식비 : 30,000원　　입장료 · 기타 : 30,000원

합계 : 310,000원(외부에서 경주까지 교통비 제외)

12번 버스 20분

16:00

석굴암
p.174

신라 불교 문화의 정수로, 토함산 석굴에 본존불과 보살상 등을 모셨다.

point
부지런하다면 석굴암 일출을 노려 보자.

12번 버스 + 11번, 700번 버스 30분

18:00

저녁 식사
p.182

초당 400년 순두부
강릉 초당 마을 순두부의 전통을 이은 순두부집이다.

위치 마동 보불로 주유소 인근
메뉴 순두부정식

700번 버스 50분

19:30

동궁과 월지(안압지)
p.66

신라 왕가에서 연회를 베풀던 곳으로 월지 주위에 여러 누각(동궁)을 지었다.

point
낮에도 아름답지만 밤의 야경이 특히 멋지다.

숙소

도보 20분

16:00

서악동 마애여래삼존입상
p.97

통일 신라 때의 불상으로 본존불과 좌우 협시불이 있다.

point
조금 더 오르면 선도산 정상이니 올라가 보자.

도보 20분

17:00

서악동 왕릉군
p.95

선도산 자락에 헌안왕, 문성왕, 진지왕, 진흥왕의 능이 있다.

point
인근의 서악동 삼층석탑을 함께 돌아보면 좋다.

60번, 61번 버스 20분

18:00

저녁 식사
p.80

밀면 식당
매콤한 비빔밀면과 시원한 육수가 일품인 물밀면!

위치 팔우정 인근
메뉴 비빔밀면, 물밀면

숙소

셋째 날

10:00 — 500번 버스 15분 — 11:00 — 도보 1시간 30분 — 13:00 — 도보 1시간 — 14:30

포석정
p.117

신라 왕들의 연회 장소였던 포석정을 둘러본다.

point
포석정에서 삼릉까지 산책로를 걸어도 좋다.

삼릉
p.120

불교 유적이 산재한 삼릉 계곡 입구에 있다.

point
인근의 배동 석조여래삼존입상과 경애왕릉에도 가보자.

남산 정상
p.125

남산(금오산) 정상 부근에서 상사바위, 대연화대 등을 둘러본다.

point
준비한 도시락으로 점심 식사를 한다.

용장사지
p.127

삼층석탑, 마애여래좌상, 석조여래좌상 등이 남아 있다.

point
용장사지에서 다시 능선을 올라 통일전 방향으로 하산한다.

넷째 날

10:00 — 600번 버스 1시간 — 12:00 — 600번 버스 + 150번 버스 1시간 30분 — 14:30

원성왕릉(괘릉)
p.167

신라 제38대 원성왕의 능으로 괘릉이라고도 불린다.

point
서양인의 모습을 한 무인석과 생생하게 조각된 돌사자를 놓치지 말자.

점심 식사
p.182

절구통
불국사역 앞에 있어 찾기 쉽고 갈비와 함께 먹는 국수 맛이 일품!

위치 불국사역 앞
메뉴 잔치국수, 갈비국수

감은사지 동·서 삼층석탑
p.190

신라의 3층 석탑 중에서 가장 높고 오래된 탑이다.

point
문무왕의 화신인 용이 드나들 수 있게 만들어진 금당 터를 눈여겨보자.

도보 1시간 30분

16:30

통일전

p.131

삼국 통일의 주역인 김유신 장군, 무열왕, 문무왕을 기리는 곳.

point

통일전 인근에 헌강왕릉, 정강왕릉도 있으니 함께 둘러보자.

도보 3분

18:00

저녁 식사

p.135

여기당

서출지 옆 한옥을 리모델링 한 식당.

위치 남산동 서출지 옆
메뉴 시래기밥, 시래기전

도보 3분

19:00

서출지

p.131

신라 소지왕이 이곳에서 받은 편지 덕분에 위험을 피한 전설이 있다.

point

연못과 정자가 어우러진 풍경이 감상 포인트!

숙소

도보 10분

15:30

이견대

p.191

신문왕이 아버지 문무왕을 기리기 위해 만들었다는 정자로, 만파식적의 전설과도 연관이 있는 곳!

point

이견대에서 바라보는 문무대왕릉의 풍경이 멋있다.

150번 버스 10분

16:30

문무대왕릉

p.192

문무왕은 삼국 통일을 완성하였고 죽어서 호국룡이 되어 나라를 지키고자 했다.

point

길일에 봉길 대왕암 해변에서 무속 제사가 열리기도 한다.

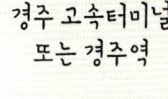

150번 버스 1시간 40분

19:00

경주 고속터미널 또는 경주역

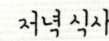

경주는 유구한 역사만큼 다양한 볼거리가 숨어 있는 도시!
경주를 가장 잘 보고, 느끼고, 체험할 수 있는 대표적인 곳들을
7개의 지역별로 상세하고 친절하게 소개한다.
경주에서 꼭 가 봐야 할 곳, 가 봤어도 잘 몰랐던 곳,
새롭게 떠오르는 명소까지 구석구석 살펴보고
지역별 베스트 코스와 맛집, 숙소 정보까지 꼼꼼히 챙겨 보자!

지역 여행

시내권

서악권

남산권

보문 단지권

불국사권

동해권

북부권

• 경주의 특별한 숙소

경주

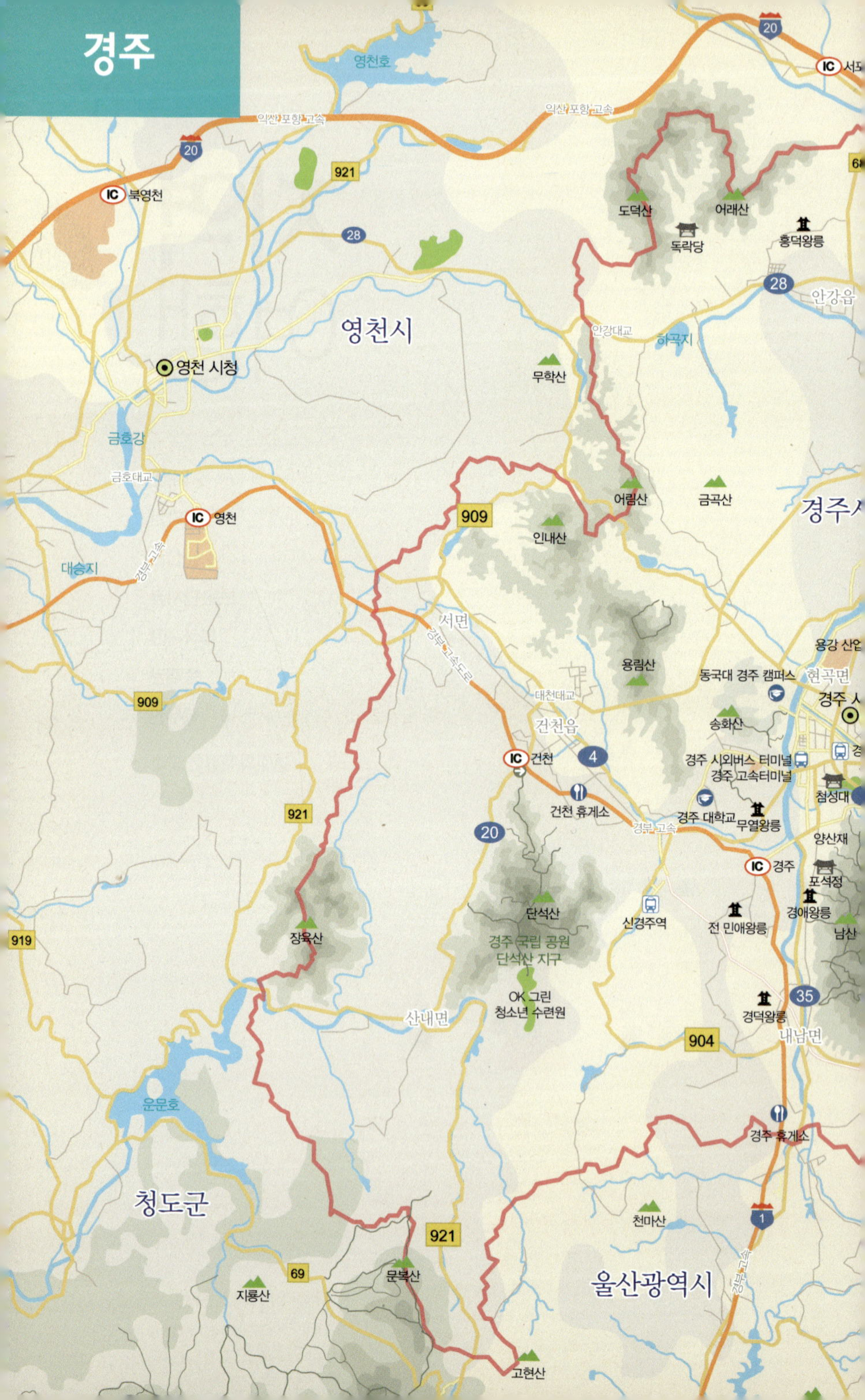
영천호
익산 포항 고속
20
921
IC 북영천
28
도덕산
어래산
독락당
홍덕왕릉
28
안강읍
영천시
안강대교
하곡지
무학산
영천 시청
금호강
금호대교
IC 영천
경부 고속
대승지
909
어림산
금곡산
경주시
인내산
서면
경부 고속도로
용림산
용강 산업
동국대 경주 캠퍼스
현곡면
909
대천대교
건천읍
송화산
경주 시
IC 건천
4
경주 시외버스 터미널
경주 고속터미널
건천 휴게소
첨성대
921
경주 대학교
무열왕릉
20
경부 고속
양산재
IC 경주
포석정
경애왕릉
919
단석산
신경주역
전 민애왕릉
남산
장육산
경주 국립 공원
단석산 지구
OK 그린
청소년 수련원
35
경덕왕릉
산내면
904
내남면
운문호
경주 휴게소
청도군
1
천마산
921
69
문복산
지룡산
울산광역시
경부 고속
고현산

호미곶
925
영일만
포항구항
IC 포항
7
28
포항신항
포항 시청
구룡포항
31
포항 공항
31
왕신 저수지
925
운제산
포항시
14
929
양포항
31
경주 국립 공원
토함산 지구
보문 단지
덕동호
경주 세계 문화
엑스포 공원
4
기림사
오류
고아라 해변
감포읍
블루원 보문 CC
토함산
골굴사
대덕산
석굴암
불국사
양북면
성덕왕릉
나정
고운모래 해변
불국사역
두산대교
929
영지
원성왕릉
(괘릉)
토함산
자연 휴양림
감은사지
이견대
14
문무대왕릉
904
외동읍
나아해변
7
서라벌 GC
삼태봉
양남면
31
외동2
일반 산업 단지
관성 솔밭 해변
관문성

지붕 없는 박물관

시내권

안강읍
강동면
천북면
서면
현곡면
황성동
용강동
성건동
동천동
중부동
황오동
선도동
보덕동
건천읍
황남동
월성동
감포읍
양북면
불국동
산내면
내남면
외동읍
양남면

신라 천 년의 역사가 살아 숨쉬는 곳

봄이면 첨성대와 월성, 고분군을 배경으로 노란 유채꽃 향연이 펼쳐지는 곳이 경주 시내이다. 천 년 왕국 신라는 월성에 왕궁을 짓고 서라벌을 다스렸고 왕들은 죽어서 대릉원에 묻혔다. 커다란 고분 사이를 걷다 보면 천마총의 천마가 날아들 것 같고 미추왕릉의 죽엽군의 함성이 들릴 듯하다. 첨성대에서는 밤마다 쏟아질 듯 빛나는 별들을 그 옛날 천문관들처럼 관찰할 수도 있을 듯하다. 경주 시내의 밤을 수놓는 하이라이트는 동궁과 월지의 야경으로 연못에 비친 동궁의 아름다움에 시간 가는 줄 모른다.

시내권

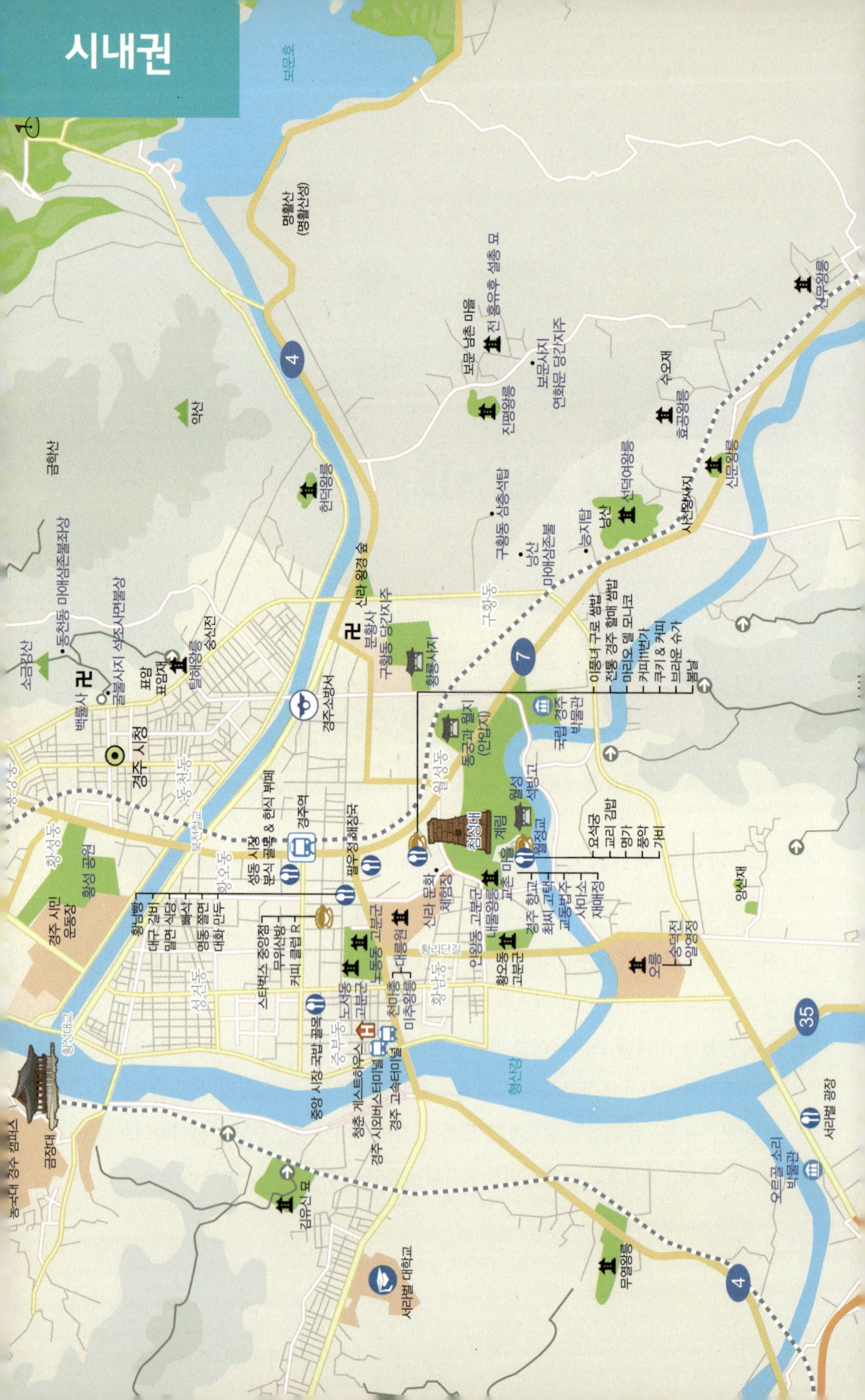

보문호
명활산 (명활산성)
약산
금학산
소금강산
동천동 마애삼존불좌상
굴불사지 석조사면불상
백률사
표암
표암재
탈해왕릉
숭신전
경주 시청
동천동
황성동
황성 공원
경주 시민 운동장
북천철교
경주소방서
분황사
구황동 당간지주
황룡사지
신라 왕경 숲
헌덕왕릉
진평왕릉
보문 남촌 마을
전 충효왕 설총 묘
보문사지 연화문 당간지주
구황동 삼층석탑
낭산 마애삼존불
능지탑
낭산
선덕여왕릉
사천왕사지
신문왕릉
효공왕릉
수오재
신무왕릉
구황동
동궁과 월지 (안압지)
국립 경주 박물관
월성동
첨성대
계림
월성
석빙고
월정교
교촌 마을
경주 향교
최씨 고택
교동법주
내물왕릉
신라 문화 체험장
황리단길
인왕동 고분군
황오동 고분군
노동동 고분군
노서동 고분군
대릉원
천마총
미추왕릉
황남동
황오동
성건동
중부동
성동 시장
경주역
팔우정 해장국
이풍녀 구로 쌈밥
전통 경주 할매 쌈밥
마리오 델 모니코
커피11번가
쿠키 & 커피
브라운 슈가
봄날
요석궁
교리 김밥
명가
풍약
가비
사마소
재매정
황남빵
대구 갈비
밀면 식당
메밀 촌
대화 만두
스타벅스 중앙점
무이산방
커피 클럽 R
성동 시장 분식 골목 & 한식 뷔페
중앙 시장 국밥 골목
청춘 게스트하우스
경주 시외버스터미널
경주 고속터미널
황성대교
형산강
오릉
숭덕전
알영정
양산재
금장대
동국대 경주 캠퍼스
김유신 묘
서라벌 대학교
무열왕릉
오르골 소리 박물관
서라벌 광장
4
7
35

시내권 하루 코스

대릉원 → 첨성대 → 계림 → 월성 → 국립 경주 박물관 → 동궁과 월지(안압지) → 분황사

경주 시내에서도 특히 주요 관광지가 몰려 있는 대릉원 일대는 대부분 도보로 다닐 수 있으니 한가롭게 거닐며 유적을 돌아보자. 봄이면 대릉원과 월성 사이에 유채꽃 단지가 조성되므로 노란 유채꽃과 유적이 어우러진 모습을 보려면 이 시기에 방문하는 것도 좋다. 이미 대릉원 일대를 가 본 사람이라면 시내이면서도 상대적으로 덜 알려진 남산이나 소금강산 일대로 눈을 돌려 보자.

출발!

대릉원

말로만 듣던 천마총, 황남대총, 미추왕릉 찾아보기 (1시간)

도보 5분

첨성대

신라의 높은 과학 기술을 엿볼 수 있는 천문대 (10분)

도보 5분

계림

경주 김씨의 시조 김알지의 탄생 설화가 전해지는 숲 (20분)

도보 1분

월성

신라의 왕궁이 있던 반월 모양의 성터 (30분)

도보 10분

국립 경주 박물관

교과서에서 보던 국보급 유물이 가득한 곳 (2시간)

도보 5분

동궁과 월지(안압지)

신라 왕실에서 연회를 열던 아름다운 별궁 (1시간)

도보 15분
또는 택시 5분

도착!

분황사

원효 대사가 머물렀고 모전석탑이 유명한 신라의 고찰 (20분)

노서동 고분군

금관이 출토된 고분 사이를 걷다

노서동 고분군에는 서봉총와 금관총, 쌍상총, 호우총, 마총 등이 있다. 표주박 모양의 고분인 서봉총은 원래 높이 9.6m, 지름 36m의 대형 고분이었을 것으로 추정되나 현재는 평지보다 조금 높은 원형의 터만 남아 있다. 1926년 발굴 당시 스웨덴 황태자이자 고고학자였던 구스타프 6세가 참여해 세 마리의 봉황이 달린 금관을 발견했다. 이 때문에 스웨덴의 한자 표기인 서전(瑞典)에서 '서(瑞)', 봉황(鳳凰)에서 '봉(鳳)'을 따서 서봉총 또는 서봉대라고 부른다.

금관총은 발견 당시 높이 12m, 지름 50m였고 1921년 이곳에 집을 짓다가 우연히 금관, 장신구, 구슬 등을 발견했다. 현재는 반달 모양으로 일부 허물어진 모습을 하고 있다. 쌍상총은 다른 고분이 대부분 돌무지덧널무덤(적석 목곽분)인 것과 달리 고구려풍의 돌방무덤(석실분)이며, 석실의 크기는 동서 3.3m, 남북 3m, 높이 4m 정도이다. 석실 안에는 2구의 시신이 안치되었을 것으로 추정되는 2개의 영좌가 발견되었다.

호우총은 봉분이 훼손된 상태로 발굴되었고 온전한 상태일 때의 높이는 4m, 지름은 16m 정도로 추정하며 '합(盒)'이라 불리는 청동 호우가 출토되었다. 청동 호우 바닥에 광개토대왕을 기려 장수왕이 만들었다는 기록이 있어 신라와 고구려 간의 교류를 보여 준다. 마총은 봉분이 훼손되었고 발굴 당시 말뼈와 안장에 달린 기물인 안구편이 출토되었다.

경주시 노서동 107-5, 경주 고속터미널과 경주역 사이 경주 고속터미널, 경주역(경주 우체국)에서 60번, 61번 버스 이용하여 천마총(대릉원) 후문 하차 / 경주 고속터미널에서 도보 10분 경주 고속터미널 또는 경주역에서 천마총(대릉원) 후문 방향

노동동 고분군

고분 위에 나무가 자라 신비함이 더한 봉황대

노동동 고분군에는 대형 고분인 봉황대와 소형 고분인 금령총, 식리총 등이 있다. 봉황대는 단일 고분으로는 가장 큰 높이 22m, 지름 82m에 달한다. 봉황대는 아직 발굴되지 않았으나 인근 금령총과 식리총을 미루어 보았을 때 5세기 말~6세기 초의 신라 왕릉으로 추정된다.

금령총은 봉분이 사라져 높이 약 1m, 지름 16m의 반달 모양만 남아 있다. '금령'은 금으로 만든 방울을 뜻하며 1924년 발굴 당시 방울이 달린 금관이 출토되어 금령총이라고 불린다. 금령총에서는 그 밖에도 귀걸이, 팔찌, 배 모양 토기, 기마 인물 토기 등이 출토되었다. 식리총도 봉분이 사라져 높이 약 1m, 지름 9m이다. '식리'는 장례 때 쓰는 신으로, 금동제 식리가 출토되었기 때문에 붙여진 이름이다. 식리총에서는 식리 외에도 귀걸이, 은제 허리띠, 은제 팔찌 등이 출토되었다.

노서동과 노동동 고분군은 경주 시내와 가깝고 출입이 자유로워 고분을 가까이 볼 수 있어서 좋다. 봉황대 앞 광장에서는 매년 4월~10월 주말에 봉황대 뮤직 스퀘어라는 음악 축제가 열리기도 한다.

경주시 노동동 261, 경주역과 경주 고속터미널 사이 경주 고속터미널, 경주역(경주 우체국)에서 60번, 61번 버스 이용하여 천마총(대릉원) 후문 하차 / 경주 고속터미널에서 도보 10분 경주 고속터미널 또는 경주역에서 천마총(대릉원) 후문 방향

대릉원

신라 왕과 귀족들이 잠든 곳

대릉원은 경주 시내 한가운데 약 12만 6,500m²의 너른 땅 위에 자리 잡고 있는 23기의 고분으로, 신라의 왕과 왕비, 귀족들의 무덤으로 알려져 있다. 이들 고분을 대릉원이라고 하는 까닭은 〈삼국사기〉에 서기 284년 미추왕 23년에 '미추왕을 대릉(大陵)에 장사 지냈다.'라고 기록한 것에서 기인한다.

대릉원의 고분들은 신라의 왕권 강화기 이루어졌던 시기인 4세기에서 6세기 초까지의 무덤이라고 추정된다. 천마도로 유명한 천마총과 댓잎 군사의 전설 이야기가 재미있는 미추왕릉, 신라 고분 중에서 가장 규모가 크고 금관이 발굴된 황남대총 등이 모여 있다.

고분들은 모두 평지에 조성되었고 크기는 높이 10~30m, 지름 10~80m이다. 고분의 구조는 대개 돌무지덧널무덤(적석 목곽분)으로, 목관과 부장품을 놓고 그 위에 목곽을 덮은 뒤 외부를 돌로 쌓고 흙을 원형 또는 표주박 모양으로 봉긋하게 덮었다. 고분 속에서 고분의 주인을 알 수 있는 표기, 금관, 토기, 장신구, 무기 등 다양한 부장품이 출토되어 삼국 시대 신라의 역사와 문화를 엿볼 수 있다.

경주시 황남동 53 / 경주 고속터미널, 경주역(경주 우체국)에서 60번, 61번 버스 이용하여 천마총(대릉원) 후문 또는 신라회관(대릉원 정문) 하차 / 경주 고속터미널 또는 경주역에서 천마총(대릉원) 후문 또는 대릉원 정문 방향 / ₩ 성인 2,000원, 청소년 1,200원, 어린이 600원 / 09:00 ~ 22:00 / ☎ 054-772-6317

천마총

하늘로 날아갈 듯 생생한 천마도

대릉원 내에 위치한 천마총은 높이 12.7m, 지름 47m이고 1973년 발굴 당시 하늘로 날아가는 천마를 그린 천마도 장니, 금관, 금모 등 장신구, 무기, 마구, 도기 등 11,500여 점이 출토되었다. 자작나무 껍질로 만든 천마도는 고신라 유일의 미술품으로 높은 가치가 있으며, 천마총의 이름도 여기에서 유래한 것이다. 여러 부장품으로 볼 때 신라 22대 지증왕릉으로 추정하고 있으며 고분 내부를 복원하여 일반에게 개방하고 있는 유일한 능이다. 능 중앙에 시신이 안치된 목관의 흔적과 부장품이 놓여 있는 것을 볼 수 있고 주위로 천마총에서 출토된 복제 유물을 전시하고 있다. 진품은 국립 경주 박물관에서 보관, 전시 중이다.

미추왕릉

위기의 순간에 나타난 죽엽군

신라 제13대 미추왕의 능으로, 높이 12.4m, 지름 56.7m이고 발굴 당시 금관, 화문 옻칠 그릇, 부인 띠 등이 출토되었다. 1973~1974년 미추왕릉 고분 공원으로 조성되면서 봉분 앞에 혼유석이 놓이고 삼문이 있는 담장이 둘러쳐졌다. 미추왕릉은 죽현릉(竹現陵) 또는 죽장릉(竹長陵)이라고도 하는데 이는 〈삼국유사〉에 나오는 죽엽군 설화 때문이다. 신라 14대 유례왕(유리왕) 14년(서기 297년)에 이서국(지금의 청도) 사람들이 신라의 수도 금성(경주)를 침략해 왔으나 신라군은 이를 막기 힘들었다. 이때 어디선가 귀에 대나무 잎을 꽂은 병사들이 나타나 적들을 물리치고 사라졌는데 나중에 보니 미추왕릉 앞에 댓잎이 수북이 쌓여 있었다. 지금도 천마총에서 미추왕릉 오는 길에 대나무가 무성히 자라고 있어 어느 날 국가가 어려움에 빠지면 다시 미추왕의 죽엽군이 부활하지 않을까 상상해 본다.

Travel Tips

고분의 이름에 담긴 비밀

대릉원을 둘러보다 보면 모두 비슷비슷한 고분인데 어느 것은 '능(陵)', 어느 것은 '총(塚)', 또 어느 것은 '분(墳)'이라고 한다. 능, 총, 분은 어떻게 구분하는 것일까? 고분 중에서 고분 주인이 왕인 경우는 '능', 금관이나 천마도 등 독특한 특징이 있는 유물이 나왔을 경우는 그 유물 이름을 붙여 '총', 고분 주인이 불분명하고 독특한 특징이 있는 유물이 나오지 않은 경우는 '분'으로 구분한다.

능 미추왕릉 (《삼국사기》나 〈삼국유사〉 등의 기록을 보아 미추왕릉임을 알 수 있음)

총 천마총 (고분 주인이 누구인지 밝혀지지 않았으나 대표 유물로 천마도가 출토됨)

분 OO호분 (역사 기록이 없거나 아직 발굴이 되지 않았거나 발굴 되었다고 하여도 특별한 유물이 발견되지 않음)

신라 문화 체험장

번쩍이는 금관 만들기가 가장 인기

전통 문화 체험장으로 '문화재 모양 만들기'에서는 금관, 백등, 탈, 와당, 탁본 등을 만들 수 있고 '전통 체험'에서는 한지, 연, 목공예 등을 체험해 볼 수 있다. 아이들에게 인기 있는 체험은 금관 만들기, 백등 만들기 등이다. 주말이라면 미리 전화로 예약하는 것이 좋고 단체인 경우 야간 체험, 출장 체험도 가능하다.

경주시 황남동 99, 대릉원 정문 옆 경주 고속터미널, 경주역(경주 우체국)에서 60번, 61번 버스 이용하여 신라회관 앞(대릉원 정문) 하차, 도보 5분 경주 고속터미널 또는 경주역에서 대릉원 정문 방향 ₩ 문화재 모양 만들기 3,000~8,000원, 전통 체험 3,000~6,000원 09:30~17:30(연중무휴) ☎ 054-777-1950 www.sillaculture.com

첨성대

밤하늘의 별과 어울린 첨성대 야경이 일품

신라 시대 천문대인 첨성대는 국보 제31호이며 아시아에서 현존하는 가장 오래된 천문대이기도 하다. <삼국유사>에 선덕여왕(632~647년)이 첨성대를 쌓았다는 기록이 남아 있다. 첨성대는 높이 9.17m, 아래 지름 4.93m, 위 지름 2.85m로 원통 모양을 하고 있고 꼭대기에 '井(우물 정)'자 모양의 창이 뚫려 있다. 중간에도 작은 사각의 창이 있어서, 이 창에 사다리를 놓고 드나든 것으로 보인다.

당시에는 밤하늘의 천체를 관측하는 기구인 혼천의를 첨성대 정상에 설치하여 춘분, 추분, 하지, 동지 등의 24절기를 관측하였을 것으로 추측된다. 당시에는 밤하늘의 천체를 살펴 농사 시기를 알아 냈을 뿐만 아니라 국가의 길흉화복을 점치기도 했다. 실제로 <삼국사기>에는 혜성이 떨어지면 왕이 승하하거나 외적이 침입하고 농업에 해를 미치는 일이 생겼다는 기록이 나온다. 따라서 첨성대의 역할이 국가적으로 매우 중요했으리라 생각된다.

봄이면 첨성대 주위로 유채꽃 단지가 조성되어 노란 유채꽃 속의 첨성대를 만날 수 있으며, 밤에는 밤하늘의 별과 어울린 첨성대 야경이 일품이다.

경주시 인왕동 910-30, 대릉원 정문 앞 경주 고속터미널, 경주역(경주 우체국)에서 60번, 61번 버스 이용하여 신라회관(대릉원 정문) 하차, 도보 5분 경주 고속터미널 또는 경주역에서 대릉원 정문 방향 09:00~22:00

인왕동 고분군 (동부 사적 지구)

고분들 풍경을 촬영하기 좋은 곳

대릉원 정문 남쪽에 인왕동 고분군 또는 동부 사적 지구라 불리는 고분군이 있다. 일제 강점기에는 10여 기의 소형 고분들이 있었다고 전해지나 현재는 대부분 훼손되어 몇 곳만 남아 있다. 일부 고분에서는 신라 고분군에서 흔히 볼 수 있는 돌무지덧널무덤이 아닌 덧널무덤(토광목곽묘), 돌널무덤(석곽묘), 독무덤(옹관묘) 등이 발견되어 다양한 장묘 문화를 보여 준다. 1969년~1977년 발굴을 통해 금동관, 금귀걸이, 은제 허리띠, 말새김 목항아리 등이 출토되었다. 현재 고분군 주위로 낮은 울타리가 쳐져 있는데 무심코 고분 잔디밭에 들어갔다가는 어디선가 "빨리 나와요!"하는 고함과 요란한 호각 소리가 들려오니 주의하자.

경주시 인왕동 669-1, 대릉원 남동쪽 경주 고속터미널, 경주역(경주 우체국)에서 60번, 61번 버스 이용하여 신라회관(대릉원 정문) 하차, 도보 10분 경주 고속터미널 또는 경주역에서 대릉원 정문 방향

내물왕릉

처음으로 마립간 칭호를 사용한 왕

내물왕릉은 인왕동 고분군 남쪽과 계림 사이에 위치하고 있고 높이 5.3m, 지름 22m이다. 내물왕릉이라는 표시가 없으면 인왕동 고분군 중의 하나로 착각하기 쉽다. 내물왕릉은 봉분 주위로 자연석을 두른 흔적이 있고 봉분 앞에 혼유석이 놓여 있을 뿐 여느 고분과 다른 점은 없다. 〈삼국유사〉에 내물왕릉이 첨성대 남서쪽에 있다고 기록되어 있어 내물왕릉으로 추정하고 있다. 내물왕은 '마립간'이라는 왕의 칭호를 처음 사용한 왕이며, 내물왕 이후부터 신라의 왕은 김씨가 세습하였다. 또한 이때부터 중국에서 한자를 도입해 사용한 것으로 알려졌다.

경주시 인왕동 669-1, 대릉원 남동쪽 경주 고속터미널, 경주역(경주 우체국)에서 60번, 61번 버스 이용하여 신라회관(대릉원 정문) 하차, 인왕동 고분군 방향 도보 10분 경주 고속터미널 또는 경주역에서 대릉원 정문 방향

계림

닭 소리 들릴 듯 수상한 나무들이 가득한 숲

대릉원 남쪽 숲으로 홰나무, 단풍나무, 물푸레나무 등이 울창하게 자라고 있다. 〈삼국유사〉에 따르면, 탈해왕 4년(서기 60년) 호공이 반월성 서쪽 마을을 지나다가 마을 옆의 숲에서 밝은 빛이 금궤에서 나오는 것과 흰 닭 한 마리가 우는 것을 보고 탈해왕에게 고했다. 탈해왕이 숲으로 가 금궤를 열어 보니 사내아이가 있어 이름을 알지라 하고 금궤에서 나왔으므로 성을 김(金)으로 하였다는 기록이 있다. 김알지는 경주 김씨의 시조가 되었고 이때부터 이 숲을 계림이라 하고 훗날에는 나라 이름으로도 쓰게 된다. 숲 속에 김알지의 탄생 기록비가 있는 사당이 있어 둘러볼 만하고 제멋대로 자란 고목들이 신비한 정취를 자아낸다. 첨성대, 인왕동 고분군을 구경한 뒤 햇볕을 피해 잠시 쉬어 가기에 좋다.

경주시 교동 1, 인왕동 고분군과 반월성 사이 경주 고속터미널, 경주역(경주 우체국)에서 60번, 61번 버스 이용하여 신라회관(대릉원 정문) 하차, 도보 10분 경주 고속터미널 또는 경주역에서 대릉원 정문 방향

Travel Tips

경주 종합 이용권

경주에 산재한 역사 문화 유적을 하나의 입장권으로 사용할 수 있게 만든 것이다. 종류는 대릉원, 동궁과 월지(안압지), 포석정, 오릉, 김유신 묘, 무열왕릉 등 6곳의 종합 이용권과 대릉원, 동궁과 월지(안압지) 등 2곳의 종합 이용권이 있다. 3일의 유효 기간이 있으므로 여유를 갖고 둘러볼 수 있고, 신라 밀레니엄 파크 20% 할인 및 경주 월드 할인 혜택도 주어진다.

요금	6곳 종합 이용권	성인 8,000원 청소년 4,800원 어린이 2,800원
	2곳 종합 이용권	성인 4,000원 청소년 2,400원 어린이 1,200원
구입처	대릉원, 동궁과 월지(안압지), 포석정, 오릉, 김유신 묘, 무열왕릉	
유효기간	3일	
전화	서라벌 관광 정보 센터 054-777-1330	

교촌 마을

천연 염색, 금관과 활 만들기 등 체험 천국

교촌은 신라 시대에 한반도 최초의 국립 대학인 국학이 있었던 곳으로, 고려 시대 향학을 거쳐 조선 시대 향교로 명맥이 이어져 왔다. 교촌에는 경주 향교, 최씨 고택, 교동법주 등의 고택이 남아 있고 교촌교 부근에 새롭게 한옥촌을 조성하여 전통 음식점, 전통 체험장으로 이용하고 있다. 교촌 마을 내의 매점인 백산 상회는 일제 강점기에 전 재산을 팔아 임시 정부 자금의 60%를 조달한 백산 안희제와 문파 최준을 기린 것이다. 백산은 독립운동 자금책으로 활동했고 문파는 백산 상회를 설립해 사업을 가장하여 독립 자금을 지원하였다. 교촌 마을에서의 체험으로는 다도, 유리 공예, 전통 염색, 토기 체험 등이 있고 비용은 백산 상점에서 교환한 엽전이나 현금을 지불하면 된다. 주말 오후에는 교촌 마을 광장에서 신라 소리 연희단의 국악 공연이 무료로 펼쳐지기도 한다.

경주시 교동 64번지 일대, 경주 월성 서쪽 경주 고속터미널, 경주역(경주 우체국)에서 60번, 61번 버스 이용하여 황남 초교 하차, 경주 향교 방향 도보 15분 / 계림에서 도보 5분 경주 고속터미널 또는 경주역에서 교촌 마을 방향 ₩다도, 유리 공예, 전통 염색, 토기 체험, 금관과 활 만들기 5,000~10,000원 내외, 국악 체험 3,000원, 자전거 대여 3시간 6,000원 국악 공연_주말(토·일) 15:00~15:40 유리 공방 054-742-1121

경주 향교

국학, 향학, 향교로 이어져 온 전통 교육 기관

경상북도에서 가장 큰 향교로, 신라 시대인 682년 신문왕 2년에 국학이 설치되었으며 고려 시대에는 향학, 조선 시대에는 향교로 이어져 온 유서 깊은 곳이다. 고려 시대에는 훌륭한 선비들의 위패를 모시고 이 지역 인재들의 교육을 담당했다고 하며, 조선 시대 성종 23년(1492년)에 경주 부윤 최응현이 중수한 기록이 있다.

경주 향교의 배치는 전형적인 전묘후학(前廟後學)으로 앞쪽에 공자를 비롯한 다섯 성인과 기타 성현들을 모시는 대성전이 있고 뒤쪽에 유생들이 공부하는 명륜당이 자리한다. 대성전의 동쪽과 서쪽에는 성현의 위패를 모시는 동무, 서무가 꽤 큰 규모로 있는데, 이는 경주 향교가 성균관이나 문묘와 같은 규모의 신위를 모시는 대설위 향교이기 때문이다.

지금은 예절 학교, 세시 풍속, 제사 의례 등 전통 체험반, 향교에서 하룻밤을 보낼 수 있는 향교 서재 스테이를 운영하고 있고 전통 혼례도 올릴 수 있다. 매

년 4월~10월 주말 오후 3시에 전통 혼례가 재현되므로 이때 가면 떠들썩한 잔치에 참여할 수 있다.

경주시 교동 17-1, 인왕동 고분군 남쪽 경주 고속터미널, 경주역(경주 우체국)에서 60번, 61번 버스 이용하여 황남 초교 하차, 계림 방향 도보 15분 / 계림에서 도보 1분 경주 고속터미널 또는 경주역에서 교촌마을 방향, 교촌 마을에서 경주 향교 방향 ₩전통 체험 · 향교 서재 스테이 1박 2일 각 30,000원, 전통 혼례(기본) 320,000원 향교 서재 스테이_연중 항시, 각 전통 체험_월 1회 1박 2일, 전통 혼례 재현_4월~10월 주말 15시 ☎054-775-3624 gyeongjuhyanggyo.org

최씨 고택

그 옛날 노블리스 오블리제를 실천한 집안

경주 향교 옆에 있는 고택으로 흔히 경주 최 부잣집 또는 최 진사집이라고 부른다. 경주 최씨는 경주시 내남면 게무덤에서 약 200여 년을 살다가 교동으로 이사 왔고 교동에서 다시 약 200여 년을 살았는데, 내남면에서 교동에 이르는 400년 동안 9명의 진사와 12명의 만석꾼을 배출했다. 진사 이상의 벼슬과 만 석 이상의 재물을 금하는 등의 선한 원칙을 지키고, 구한말에는 독립 자금을 댔으며, 해방 후에는 전 재산을 영남 대학교의 전신인 대구 대학교에 기부하였다. 원래 최씨 고택은 99칸 대저택이었으나 세월을 지나면서 줄어들다가 1969년 사랑채, 행랑, 새사랑채 등이 불타고 현재는 안채, 사당, 뒤주(쌀 창고) 등이 남아 있다. 뒤주 건물은 정면 5칸, 측면 2칸

으로 쌀 800석을 보관할 수 있는 규모다. 지금도 최씨 후손이 거주하고 있으니 조심스럽게 둘러보자.

경주시 교동 69, 경주 향교 서쪽 경주 고속터미널, 경주역(경주 우체국)에서 60번, 61번 버스 이용하여 황남 초교 하차, 경주 향교 방향 도보 15분 / 계림에서 도보 5분 경주 고속터미널 또는 경주역에서 교촌 마을 방향, 교촌 마을에서 최씨 고택 방향

육훈과 육연

우리 조상의 노블레스 오블리주

최 부잣집이 400여 년간 경주에서 존경받는 부자로 남아 있었던 것은 최 부잣집만의 독특한 원칙이 있었기 때문이다. 그것은 집안을 다스리는 지침인 육훈과 자신을 지키는 지침인 육연으로 나눌 수 있다.

먼저 육훈은 '과거를 보되 진사 이상의 벼슬을 하지 마라', '만 석 이상의 재산은 사회에 환원하라', '흉년기에는 땅을 늘리지 마라', '과객을 후하게 대접하라', '주변 100리 안에 굶어 죽는 사람이 없게 하라', '시집 온 며느리는 3년간 무명옷을 입혀라'라는 내용이다. 육연은 '자처초연(自處超然_스스로 초연하게 지내고)', '대인애연(對人靄然_남에게 온화하게 대하며)', '무사징연(無事澄然_일이 없을때 마음을 맑게 가지고)', '유사감연(有事敢然_일을 당해서는 용감하게 대처하며)', '득의담연(得意淡然_성공했을 때는 담담하게 행동하고)', '실의태연(失意泰然_실의에 빠졌을 때는 태연하게 행동하라)'이다.

단순히 좋은 지침만으로 최 부잣집이 오랜 세월을 내려올 수 있었던 것은 아닐 것이다. 좋은 지침을 몸소 실천하였기에 오늘날의 존경받는 최 부잣집이 있지 않나 싶다. 경주에서 최씨 고택에 들르게 된다면, 육훈과 육연을 적은 목판 앞에서 기념 촬영만 하고 돌아올 것이 아니라, 잘 읽어 보고 음미하여 하나라도 본받아 행동해 보면 어떨까?

교동법주

최 부잣집 전통 비주의 맛을 어떨까

최씨 고택 옆에는 최국선의 10대손 최경이 경주 교동법주를 빚는 고택이 있다. 중요 무형 문화재 제86-3호인 경주 교동법주는 최 부잣집 대대로 내려오던 비주로, 그 시초는 조선 숙종 때 궁중에서 음식을 관장하던 최국선이 고향 경주로 내려와 처음 만든 것으로 알려졌다. 밀 누룩과 찹쌀로 밑술을 만들고 찹쌀밥을 덧술로 하여 100일간 숙성하면 완성되고 미황색의 맑고 투명한 색상과 특유의 향기, 맛이 특징이다. 평소 고택의 문을 열어 놓으므로 경주 교동법주, 쌀 다식, 약과, 육포 등의 전시물과 안채를 구경할 수 있으나, 관광객 때문에 소란스러우면 문을 닫아 두는 경우도 있다. 경주 교동법주를 구입하고자 하는 사람은 대문간에서 주인을 찾아도 좋다.

경주시 교동 69, 최씨 고택 옆 경주 고속터미널, 경주역(경주 우체국)에서 60번, 61번 버스 이용하여 황남 초교 하차, 경주 향교 방향 도보 15분 / 계림에서 도보 5분 경주 고속터미널 또는 경주역에서 교촌 마을 방향, 교촌 마을에서 최씨 고택 방향 ₩ 경주 교동법주 34,000원, 1병 세트 38,000원, 2병 세트 72,000원~80,000원 09:00~20:00 ☎ 경주 교동법주 054-772-2051, 772-5994 www.kyodongbeobju.com

사마소

유생이 경을 읽던 조선 시대의 고택

교촌 마을 건너편에 위치한 고택으로 조선 시대 과거에 급제한 생원, 진사들이 모여 정치를 논하고 유학을 가르치던 곳이다. 원래는 지금 위치에서 동쪽으로 300m 떨어진 경주 향교 남쪽에 있었던 것을 이전했다. 풍영정은 조선 시대인 영조 17년(1741년), 병촉헌은 순조 32년(1832년)에 세워졌다. 풍영정 현판 옆에 사마소(司馬所)라는 현판이 나란히 붙어 있어 이채롭다. 대문을 통해 안쪽을 둘러볼 수 있으나 사람이 살고 있으니 소란하지 않게 해야 한다.

경주시 교동 89-1, 교촌 마을 서쪽 경주 시외버스터미널, 경주역(경주 우체국)에서 60번, 61번 버스 이용하여 황남 초교 하차, 교촌 마을 방향 도보 15분 / 계림에서 도보 10분 경주 고속터미널 또는 경주역에서 교촌 마을 방향

재매정

김유신이 살던 집터

사마소 옆에 위치한 고택터로 신라 김유신 장군이 살았다고 전해진다. 〈삼국유사〉 중 '진한조' 편에 신라 전성기 때 경주에 17만 8936호의 집이 있었고 그중 내서텍인 금입택은 35채라고 하였다. 금입택 35채에 유신공의 조종(저택)인 재매정댁이 포함되어 있다. 현재 저택 내는 화강암으로 잘 쌓은 큰 우물과 후대에 세운 비각이 남아 있다.

경주시 교동 89-7, 교촌 마을 서쪽 경주 시외버스터미널, 경주역(경주 우체국)에서 60번, 61번 버스 이용하여 황남 초교 하차, 교촌마을 방향 도보 15분 / 계림에서 도보 10분 경주 시외버스터미널 또는 경주역에서 교촌 마을 방향

월정교

원효와 요석 공주의 로맨스 현장

월성 남쪽을 흐르는 남천(옛 이름 '문천')에 놓였던 다리로, 한반도 최초로 다리 위에 지붕이 있고 다리 양 끝에 누각이 있는 다리였다고 전해진다. 월정교 위에 일정교가 있었다고 하는데, 월정교는 길이 약 60.57m, 일정교는 길이 55m, 너비 12m로 추정된다. 〈삼국사기〉에 따르면, 신라 경덕왕 19년(760년) 궁궐(월성) 남쪽 문천 위에 월정교와 춘양교를 놓았다고 한다. 훗날 춘양교는 일정교(日精橋), 월정교는 월정교(月精橋) 등으로 이름이 바뀌는데 이는 해와 달을 상징한다.

월정교에는 원효 대사와 요석 공주의 전설이 전하기도 한다. 어느 날 원효 대사는 '누가 자루 빠진 도끼를 주리요? 내가 하늘을 떠받칠 기둥을 만들겠노라(誰許沒柯斧 我斫支天柱)'하는 노래를 부르고 다녔는데 이를 들은 무열왕이 그 뜻을 알아챘다. 남산에서 내려온 원효 대사가 월정교를 건너다 물에 빠지자 무열왕의 신하가 그를 요석궁으로 인도하여 젖은 옷을 말리게 한다. 이곳에서 요석공주와 인연이 시작되고 이로 인해 아들 설총을 얻었다. 그 옛날 요석궁이 있던 자리에는 같은 이름의 한식집이 들어서 있고 월정교는 지붕이 있는 누교와 누각으로 복원되고 있다.

경주시 교동 56 일대, 경주 향교 남쪽 / 경주 시외버스 터미널, 경주역(경주 우체국)에서 60번, 61번 버스 이용하여 황남 초교 하차, 경주향교 방향 도보 15분 / 계림에서 도보 5분 / 경주 고속터미널 또는 경주역에서 교촌 마을 방향, 교촌 마을에서 월정교 방향

Travel Tips

비단벌레차 타고 유채밭을 달리자!

대릉원 정문 앞에는 초록색 비단벌레를 닮은 전기유람차가 운행 중이어서 어린이들에게 인기를 끌고 있다. 비단벌레는 예로부터 공예품 재료로 쓰였고 그 흔적이 황남대총, 금관총 같은 고분에서 출토된 말안장 가리개, 발걸이, 허리띠 꾸미개 등에서 나타난다. 특히 수천 마리의 비단벌레 날개를 이용한 황남대총의 말안장은 천 년의 시간이 흘렀음에도 영롱한 아름다움을 자랑하고 있다. 비단벌레차는 대릉원 정문 앞 정류장에서 계림, 경주 향교, 최씨 고택, 교촌 마을, 월정교, 월성, 꽃 단지, 월성 홍보관, 첨성대 순으로 운행한다. 느릿느릿 운행되는 비단벌레차를 타고 흐드러지게 핀 유채꽃과 그 속에 외롭게 서 있는 첨성대, 울창한 숲이 있는 월성과 계림 등을 돌아보는 것도 즐거운 일이 될 것이다.

경주시 인왕동, 대릉원 남쪽 / 대릉원 정문에서 도보 3분 / ₩ 성인 3,000원, 청소년 2,000원, 어린이 1,000원 / 09:00~18:00(30분 간격으로 운행) / ☎ 서라벌 관광 정보 센터 054-777-1330

월성

만파식적이 있던 신라 왕궁 터

대릉원 남쪽에 위치한 성으로 서기 101년 신라 파사왕 22년 때 축성되었다. 성의 모습이 반월 모양이어서 반월성(半月城)이라고도 하고, 왕이 계신 곳이라 하여 재성(在城)이라고도 한다. 〈삼국사기〉에 월성은 언덕을 중심으로 흙과 돌을 이용해 성을 쌓았고 둘레는 1,023보이며 성 안에는 신라 왕궁이 있었다고 기록되어 있다. 왕궁에는 태후의 궁인 영명궁, 왕세자의 궁인 월지궁, 만파식적을 보관하던 천존고 등이 있었으나 지금은 모두 사라지고 숲과 들판만 남아 있다. 〈삼국유사〉에 따르면, 월성 자리는 호공이 살던 곳이었다고 한다. 호공은 충신으로 계림에서 김알지를 발견한 사람이다. 그런데 기원전 19년 신라 박혁거세 39년에 석탈해가 호공에게 꾀를 써서 빼앗았으며, 이 공으로 석탈해는 남해왕의 사위가 되고 훗날 왕위까지 올랐다고 한다.

경주시 인왕동 387-1, 대릉원 남쪽 경주 고속터미널, 경주역(경주 우체국)에서 11번, 600번, 700번 버스 이용하여 안압지 하차, 도보 5분 / 대릉원 정문에서 도보 15분 경주 고속터미널 또는 경주역에서 7번 국도 이용하여 안압지 방향

석빙고

조선 시대의 얼음 창고

월성 내에 있는 보물 제66호 경주 석빙고는 신라 시대의 것이 아니라 조선 시대에 얼음을 보관하던 창고로 1738년 영조 14년에 축조되었다. 타원형 천장(홍예)을 하고 있으며 크기는 높이 4.97m, 너비 5.95m, 길이 18.8m이다. 남쪽에 있는 입구로 들어가면 반지하 형태의 창고가 나타나며, 바닥에는 얼음 녹은 물이 나가는 배출구가 있고 천장에는 3개의 환풍구가 뚫려 있다. 이곳은 현재 남아 있는 석빙고 중에서도 비교적 보존이 잘 되어 있는 곳 중 하나이다. 예전에는 석빙고 안으로 들어갈 수 있었으나 지금은 입구의 창살 사이로 안을 구경할 수 있을 따름이다.

경주시 인왕동 449-1, 경주 월성 내

국립 경주 박물관

경주 유물을 모아 놓은 보물 창고

국립 경주 박물관의 시초는 일제 강점기인 1913년 경주 고적 보존회가 동부동에 있는 조선 시대의 경주부 관아에 전시장을 연 것이었다. 이 전시장은 1926년 조선 총독부 박물관 경주 분관이 되었다가 해방 후 국립 박물관 경주 분관이 되었으며 1975년 현재의 위치로 신축, 이전하였다. 박물관은 신라의 역사와 문화를 보여주는 고고관, 불교 미술과 금석문을 보여주는 미술관, 안압지에서 출토된 유물을 보여주는 월지관, 성덕대왕신종(에밀레종)이 있는 옥외 전시장으로 나눠진다. 주요 전시품으로는 금관, 금제 관모, 계림로 보검, 말 탄 무사 모양 뿔잔 등이 있고, 체험 프로그램으로는 '전시실에서 나누는 대화', '문화재 달력 만들기', '박물관 단소 교실' 등이 열리기도 한다. 2013년 현재, 박물관 중앙의 고고관은 공사 중이며, 2013년 11월에 신라 역사관이라는 이름으로 재개관될 예정이고 이 기간 고고관의 주요 전시품은 특별 전시관에서 전시된다.

경주시 인왕동 76, 월성 남쪽 / 경주 고속터미널, 경주역(경주 우체국)에서 11번, 600번, 700번 버스 이용하여 안압지 하차, 도보 5분 / 월성에서 도보 10분 / 경주 고속터미널 또는 경주역에서 7번 국도 이용하여 박물관 방향 / ₩ 무료 / 09:00~18:00(토요일·공휴일 19:00, 매주 월요일 휴관, 휴관일 옥외 전시장 개방), 야간개장_09:00~21:00(3~12월 매주 토), 체험_토요일·일요일, 전시 해설_10:00~15:00(전시관별로 평일 1~2회, 주말 1~4회) / ☎054-740-7518, 체험 예약 054-740-7607 / gyeongju.museum.go.kr

❀ 국립 경주 박물관의 주요 전시품

요령식 동검

청도 예전동에서 출토된 것으로 비파형 동검이라고도 하며 청동기 시대를 대표하는 유물이다.
▶ 고고관

서구 모양 토기

대릉원 미추왕릉 지구에서 출토되었고 보물 제636호이다. 몸통은 거북, 머리와 꼬리는 용을 닮은 상상의 동물을 형상화했는데 고구려 고분 속 사신도의 현무를 연상케 한다. ▶ 고고관

금관

대릉원 내 천마총에서 출토되었고 6세기 것으로 추정된다. 국보 제188호로, 금을 얇게 펴 가지 모양으로 세움 장식을 하였고 가지마다 작은 곡옥들을 매달았다.
▶ 고고관

말 탄 무사 모양 뿔잔

5세기 가야의 것으로 추정하며 국보 제275호이고 갑옷을 입고 말에 탄 무사가 창과 방패를 들고 있는 모습이다. ▶ 고고관

얼굴 무늬 수막새

7세기 영묘사 터에서 발견된 것으로, 수막새란 기왓골 끝을 마무리하는 기와 장식을 가리킨다. 수막새는 보통 도깨비나 동물, 꽃 등의 무늬나 글자로 장식하는데 사람 얼굴 모습을 새긴 것은 이것이 유일하다. 얼굴 무늬 수막새는 당시 신라 사람의 얼굴을 반영하고 있어 신라의 미소라고 불리기도 한다. ▶ 미술관

고산사 터 삼층석탑

보문호 위쪽 덕동호가 조성될 때 이전된 삼층석탑으로 686년경 만들어졌고 국보 제38호이다. 감은사지 동·서 삼층석탑과 더불어 대표적인 통일 신라 초기 석탑이자 크기가 큰 대형 석탑에 속한다. ▶ 옥외 전시장

미륵삼존불

644년경 만들어진 미륵삼존불로 남산 장창골 석실에 있던 것으로 신라 경덕왕 때 충담 스님이 차를 공양했다는 삼화령 미륵세존으로 추정하고 있다. ▶ 미술관

장항리 석조불입상

장항리사지에 있던 석조불입상으로 통일 신라 8세기 것으로 추정되며 현재 상반신만 남아 있다. 근엄한 얼굴과 당당한 체격이 인상적이며 석굴암 본존불과 유사한 느낌을 준다. ▶ 옥외 전시장

황룡사지 망새

망새는 치미라고도 하며 궁궐이나 대저택의 지붕 대마루 끝을 장식하는 장식 기와이다. 이 망새는 황룡사지에서 출토된 것으로 높이가 1.82m에 달하고 표면에 연꽃 무늬와 사람 얼굴을 그려 넣었다. ▶ 미술관

곱돌 향로 뚜껑

동궁와 월지(안압지)에서 출토되었고 8~9세기 것으로 추정된다. 사자가 앉아 있는 모양으로 향을 피우면 사자 목구멍과 콧구멍으로 연기가 나왔을 것으로 보인다.
▶ 월지관

성덕대왕신종

국보 제29호로 서기 771년 신라 성덕왕의 손자인 혜공왕 7년에 구리 12만 근(27t)을 써서 만들었으며, 크기는 높이 3.75m, 아래 지름 2.27m, 두께 11.25cm로 한국 최대의 종이다. 원래 봉덕사에 있었기에 봉덕사 종, 에밀레 설화에 따라 에밀레종이라도 한다. 종 위쪽에 용 모양의 음통과 용뉴가 있어 한국의 종 특징을 잘 보여 주며 종의 아래쪽에 연꽃 무늬가 있는 당초문을 둘렀다. 연화좌에 무릎 꿇고 비는 공양상인 비천상이 4개 있으며 그 사이에 종의 내력을 알려 주는 종명이 새겨져 있다.
▶ 옥외 전시장

동궁과 월지 (안압지)

한밤 연못에 비친 동궁의 아름다움

동궁은 신라 왕궁의 별궁으로 674년 신라 문무왕 14년 삼국 통일을 기념하여 창건되었다. 궁궐이 월성의 동쪽에 있어 동궁이라 하였고 연못은 월지라 하였는데, 예전에는 동궁에 임해전이 있었기 때문에 임해전지(臨海殿址)라고도 했고, 월지는 안압지(雁鴨池)라고 불렸다.

1974~1976년에 걸친 발굴조사 결과, 월지 서쪽에 남북으로 중문, 정전, 내전이 배치되고 회랑을 둘렀으며 월지 주위에 5개의 누각이 있었음이 밝혀졌다. 〈삼국사기〉에 효소왕과 혜공왕, 경순왕 등이 임해전에서 귀빈을 초청해 잔치를 벌였다는 기록이 있어 신라 왕의 거처가 아닌 영빈관 역할을 했으리라 추측된다.

꽃이 피는 봄과 단풍이 물드는 가을에 연못과 어우러진 누각의 풍경이 특히 아름답고, 최근에는 한밤의 조명에 비친 야경이 사진가들의 호기심을 자극하고 있다. 매우 인기 있는 관광지여서 이른 아침이나 늦은 저녁이 아니면 종일 사람들로 붐빈다.

경주시 인왕동 515-1, 월성 동쪽 경주 고속터미널, 경주역(경주 우체국)에서 11번, 600번, 700번 버스 이용하여 안압지 하차, 도보 1분 / 월성에서 도보 5분 경주 고속터미널 또는 경주역에서 7번 국도 이용하여 안압지 방향 ₩ 성인 2,000원, 청소년 1,200원, 어린이 600원 09:00~22:00 054-772-4041

황룡사지

그 옛날 구층목탑을 상상해 보다

황룡사(皇龍寺)는 신라 시대의 절로, 553년 신라 진흥왕 14년에 창건하여 584년 진평왕 6년에 금당을 완성하고 645년 선덕여왕 14년에 구층목탑을 완성하였으나 1238년 고려 고종 25년 몽골군의 침략으로 사찰과 구층목탑이 불에 타서 사라졌다.

〈삼국유사〉 중에는 진흥왕이 궁궐을 지으려 했으나 궁궐 터에서 황룡이 나타났기 때문에 궁궐 대신 사찰을 짓고 이름을 황룡사라 하였다고 한다. 이후 서축(인도)의 아육왕이 보낸 황철과 황금으로 높이 5.7m 의 장륙존상을 만들었고 자장 스님의 조언과 백제 장인 아비지의 솜씨로 구층목탑이 세워졌다. 황룡사 구층목탑은 1층에서 9층까지 65m, 9층 위의 상륜부가 15m로 총 80m에 달했다. 황룡사 구층목탑을 세운 뒤 신라는 외적의 침략으로부터 벗어날 수 있었고, 훗날 고구려 왕이 신라를 공격하려다가 신라에 황룡사 장륙존상, 구층목탑, 진평왕의 천사옥대 등 3보가 있음을 알고 그만두었다는 이야기도 전해진다.

현재는 그 옛날의 황룡사나 구층목탑은 볼 수 없고 2007년 경주 세계 문화 엑스포를 기념해 황룡사 구층목탑을 음각한 82m의 경주 타워가 세워져, 이를 통해 웅장한 황룡사 구층목탑의 모습을 그려볼 따름이다.

경주시 구황동 772, 월성 동쪽 경주 고속터미널, 경주역(경주 우체국)에서 10번, 700번 버스 이용하여 분황사 사거리 하차, 도보 10분 / 경주 고속터미널, 경주역(경주 우체국)에서 11번, 600번, 700번 버스 이용하여 안압지 하차, 도보 15분 경주 고속터미널 또는 경주역에서 7번 국도 이용하여 월성동 주민센터 지나 분황사 방향

분황사

한때 원효대사가 머물렀던 고찰

신라 고찰로 634년 선덕여왕 3년에 창건되었다. 옛 기록에 775년 신라 경덕왕 14년 분황사에 구리 30만 6700근으로 약사여래동상을 세웠고 이곳에서 원효 대사가 화엄경소를 썼으며 화가 솔거가 관음보살상을 그렸다고 전해진다. 〈삼국유사〉에 따르면, 경덕왕 때 한 아이가 장님이 되자 그 어머니인 희명이 분황사 전각 북쪽에 그려진 천수대비를 향해 노래를 부르며 기원을 했더니 눈을 떴다고도 한다. 현재는 국보 제30호 모전석탑(模塼石塔), 화쟁국사비 비석대, 석조, 석대, 당간지주 등이 남아 있다.

모전석탑은 전탑(벽돌로 쌓은 탑)을 모방한 석탑이라는 뜻으로, 돌을 벽돌 모양으로 깎아 탑을 세운 것이다. 원래는 9층이었다고 전해지지만 현재는 3층만 남아 있으며 높이는 9.3m이다. 기단 위의 네 모퉁이에는 돌사자가 있으며, 사방으로 난 문에는 금강역사가 무서운 표정으로 탑을 보호하고 있다.

경주시 구황동 898-1, 황룡사지 북쪽 경주 고속터미널, 경주역(경주 우체국)에서 10번, 700번 버스 이용하여 분황사 사거리 하차, 황룡사지 방향 도보 10분 경주 고속터미널 또는 경주역에서 7번 국도 이용하여 월성동 주민센터 지나 분황사 방향 ₩ 성인 1,300원, 청소년 1,000원, 어린이 800원 09:00~18:00 ☎ 054-742-9922 www.bunhwangsa.org

구황동 당간지주

돌기둥 사이에 독특한 거북 모양의 받침돌

구황동 당간지주는 통일 신라 때의 것으로 보이고 높이는 3.6m이며 특이하게 두 개의 기둥 사이에 돌거북을 배치하고 있다. 분황사 바로 앞에 있으므로 분황사의 일부로 여겨진다. 당간지주(幢竿支柱)란 사찰에서 깃발을 세울 때 쓰던 장대 지지대를 말한다. 봄이면 당간지주를 중심으로 유채꽃이 피어 장관을 이루기도 한다.

분황사 앞

오릉

신라 시조 박혁거세와 왕비가 잠든 곳

오릉에는 다섯 개의 고분이 늘어서 있고 가장 큰 고분은 높이 약 10m, 지름 약 20m이다. 이들 고분은 신라 제1대 임금인 박혁거세와 알영 왕비, 제2대 남해왕, 제3대 유리왕, 제5대 파사왕의 묘라고 전해진다. 〈삼국사기〉에 박혁거세가 기원전 4년 73세로 죽어 담엄사 북쪽 사릉에 장사 지냈다고 기록되었다. 〈삼국유사〉에는 박혁거세가 죽어서 승천한 후 7일 만에 그의 유체가 다섯 개로 나누어 땅에 떨어져, 이를 합장하려 하자 큰 뱀이 방해하므로 각각 매장하여 오릉이 되었다고도 한다. 게다가 능 입구의 홍살문 기둥이 원래 사찰에 있는 당간지주로 〈삼국사기〉 중의 담엄사 북쪽 사릉이란 구절과 맞아떨어진다. 오릉 내에 박혁거세를 모시는 숭덕전과 알영 왕비가 탄생한 우물인 알영정이 있다.

경주시 탑동 67, 황남동 고분군 남쪽 경주 고속터미널, 경주역(경주 우체국)에서 500번 버스 이용하여 오릉 후문 하차, 도보 5분 경주 고속터미널 또는 경주역에서 오릉 방향 ₩ 성인 1,000원, 청소년 600원, 어린이 400원 09:00~18:00 054-772-6903

숭덕전

박혁거세를 모시는 사당

숭덕전(崇德殿)은 신라 시조 박혁거세의 제사를 지내는 제전을 말한다. 조선 시대인 1429년 세종 11년에 처음 지어졌고 1723년 경종 3년에 숭덕전이라는 이름을 얻었다. 제를 지내는 숭덕전과 제사를 준비하는 전사청, 상현재 등이 있고 경내에 박혁거세와 숭덕전 내력을 담은 신도비가 세워져 있다.
〈삼국사기〉에 의하면 신라 초기의 6촌 중에서 고허촌장 소벌공이 양산 아래 나정 옆에서 말이 알려 준 큰 알을 얻어, 그 속을 보니 사내아이가 있었다. 그 알이 크고 박과 비슷하므로 성을 박(朴)으로 하였으며, 13세 되었을 때 6촌의 왕이 되어 나라 이름을 서라벌이라고 하였다고 한다.

알영정

박혁거세의 왕비 알영

숭덕전 뒤쪽 대나무 숲에는 박혁거세의 왕비 알영이 나왔다는 우물터와 그 내력을 적은 신라시조왕비탄강유지비가 남아 있다. 〈삼국유사〉에 따르면 기원전 53년 우물가에서 계룡이 나타나 오른쪽 옆구리에서 닭의 부리를 달고 있는 여자아이를 낳았는데, 한 노파가 여아를 거둬 이름을 알영이라 짓고 월성 북쪽 냇물에서 씻겼더니 닭의 부리가 떨어지고 13세 때 박혁거세의 왕비가 되었다고 한다.

오르골 소리 박물관

귓가를 스치는 오르골의 맑은 소리

경주 IC 휴게소 내에 위치한 박물관으로 근대 소리의 변천사를 한눈에 보고 귀로 들어볼 수 있는 곳이다. 주요 전시품으로는 150여 년 된 뮤직 박스(오르골), 에디슨의 틴 포일(Tin Foil), 축음기, 댄스 오르간 등이 있다. 박물관을 안내하는 큐레이터가 직접 설명하고 소리까지 들려주므로 생생한 소리 체험이 될 것이다.

경주시 율동 64-4, 경주 IC 휴게소 내 / 경주 고속터미널, 경주역(경주 우체국)에서 502번 버스 이용하여 숲마을 하차, 경주 IC 휴게소 방향 도보 10분 / 경주 고속터미널 또는 경주역에서 오릉 지나 경주 IC 방향 / ₩ 성인 5,000원, 청소년 4,000원, 어린이 3,000원 / 10:00~18:00(토·일 19:00, 매주 월요일 휴관) / ☎ 054-775-5959 / www.gjorgel.com

전(傳) 홍유후 설총 묘

이두를 정리하고 향찰을 집대성한 천재

신라 경덕왕 때의 학자인 홍유후 설총의 묘로 알려져 있으며, 높이 7m, 지름 15m이고 원형 봉분에 상석과 비석이 놓여 있다. 〈삼국유사〉에 따르면 설총은 원효 대사와 요석 공주 사이에서 태어났다. 어려서부터 지혜롭고 총명해 경서와 역사에 통달했고 신라 십현 중 한 명으로 불렸으며 이두를 정리하고 향찰을 집대성했다. 1022년 고려 현종 13년에 설총이 홍유후로 추봉되고 문묘에 배향되었으며 김유신을 모시던 서악 서원에 제향되었다.

경주시 보문동 423, 보문 남촌 마을 내 경주 고속터미널, 경주역(경주 우체국)에서 10번, 100번, 150번, 700번 버스 이용하여 보문 마을 입구 하차, 보문 남촌 마을 방향 도보 15분 경주 고속터미널 또는 경주역에서 보문 단지 방향, 보문 단지 입구에서 보문 남촌 마을 방향

보문사지 연화문 당간지주

원형 연화문이 선명한 당간지주

보문 남촌 마을 길가에 있는 당간지주로 보물 제910호이고 높이는 1.46m이며, 통일 신라 때의 것으로 추정된다. 특이하게 당간을 고정시키던 윗부분에 지름 47cm의 원형 연화문이 새겨져 있다. 당간지주 부근에 보문사 터가 있으나 당간지주가 보문사에 속했는지는 확실하지 않다.

경주시 보문동 752-1, 보문 남촌 마을 길가 전 홍유후 설총 묘에서 도보 5분

진평왕릉

생김새가 기이했고 체구가 장대했던 왕

신라 제26대 진평왕의 능으로, 높이 7.6m, 지름 38m의 원형 봉분으로 되어 있다. 진평왕은 진흥왕의 태자 동륜의 아들로, 〈삼국사기〉에 따르면 태어나면서부터 얼굴 생김이 기이하였고 체격이 장대하였으며, 지식이 깊고 의지가 밝고 활달하였다고 한다. 진평왕은 신라 왕들 중에서 박혁거세 다음으로 긴 54년간 왕위에 있었는데, 국가 방위에 특히 힘쓰며 수나라, 당나라와의 외교에 주력하여 훗날 신라가 삼국 통일을 하게 되는 기반을 마련하였다. 632년에 왕이 죽자 한지에 장사 지냈다는 기록에 따라, 이곳이 진평왕릉일 것으로 추측하고 있다. 그는 아들이 없어서 큰딸인 덕만이 왕위를 계승하였는데, 그가 곧 신라 최초의 여왕인 선덕여왕이다.

경주시 보문동 608, 보문 남촌 마을 앞 경주 고속터미널, 경주역(경주 우체국)에서 10번, 100번, 150번, 700번 버스 이용하여 보문 마을 입구 하차, 보문 남촌 마을 방향 도보 15분 경주 고속터미널 또는 경주역에서 보문 단지 방향, 보문 단지 입구에서 보문 남촌 마을 방향

구황동 삼층석탑

삼층석탑과 어우러진 보문 마을 풍경이 일품

진평왕릉에서 서쪽 방향, 낭산 자락에 위치한 삼층석탑으로 보물 제37호이고 황복사지 삼층석탑이라고도 한다. 탑의 높이는 7.3m이고 이중 기단 위에 삼층의 탑신이 올라 있는 전형적인 통일 신라 시대 양식을 보인다. 1943년 탑을 수리하다가 발견된 금동사리함에 692년 신라 효소왕이 부왕인 신문왕의 명복을 빌고자 세웠다고 적혀 있었다. 함께 발견된 금동여래좌상은 국보 제79호, 금동여래입상은 국보 제80호로 현재 국립 중앙 박물관에 소장되어 있다. 구황동 삼층석탑에 서면 드넓은 농경지가 펼쳐지고 명활산이 한눈에 들어온다.

진평왕릉 옆 시멘트 농로를 통해 구황동 삼층석탑을 보고 능지탑, 선덕여왕릉 방향으로 갈 수 있는데, 운전에 서툰 사람이나 차 바닥이 낮은 차량은 보문 단지 큰길로 나가 구황교에서 좌회전하여 7번 국도를 이용, 능지탑, 선덕여왕릉 방향으로 가는 편이 낫다.

경주시 구황동 103, 진평왕릉 서쪽 보문 남촌 마을에서 시멘트 농로 이용하여 도보 15분 경주 고속터미널 또는 경주역에서 보문 단지 방향, 보문 단지 입구에서 보문 남촌 마을 방향, 보문 남촌 마을에서 구황동 삼층석탑 방향

능지탑

탑인가, 화장터인가

낭산 중생사 터에 있는 정방형 탑으로 능시탑 또는 연화탑이라고도 한다. 하층에 정방형으로 돌을 쌓고 중간에 십이지신상을 세워 놓았고 상층에 다시 정방형으로 돌을 쌓은 형태를 하고 있으나, 원래는 오층석탑이 아닌가 추정하고 있다. 하층의 높이는 1.9m, 너비는 23.3m, 상층의 높이는 0.7m, 너비는 12m이다. 주변에서 문무왕릉비의 일부가 나왔는데 문무왕이 이 일대에서 화장하라는 유언을 남긴 바 있고, 주위에 사천왕사, 선덕여왕릉, 신문왕릉 등이 있어 화장터라는 의견도 있다. 한편으로는 불국사역 인근의 방형분과 비슷해 고분이 아닌가 싶기도 하다.

🏠 경주시 배반동 621-1, 낭산 서쪽 🚌 경주 고속터미널, 경주역(경주 우체국)에서 11번, 600번 버스 이용하여 수석가든 앞 하차, 길 건너 마을 길 이용하여 도보 5분 🚗 경주 시외버스터미널 또는 경주역에서 7번 국도 이용하여 안압지 사거리 지나 능지탑 방향

낭산 마애삼존불

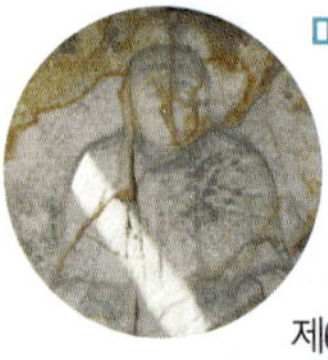

마애삼존불은 희미해져도 불심은 굳건히

능지탑에서 안쪽으로 들어가면 작은 사찰이 있고 그 곁에 낭산 마애삼존불이 있다. 낭산 마애삼존불은 보물 제665호로 통일 신라 때의 것으로 보이며 지장보살을 닮은 중앙의 본존불 좌우에 검과 무기를 든 신장상이 자리하고 있다. 마모가 심해 본존불과 한쪽 협시불만 알아볼 수 있고 다른 협시불의 모습은 알아보기 힘들다.

🏠 경주시 배반동 17-1, 능지탑 인근 🚌 능지탑에서 도보 5분

선덕여왕릉

삼국 통일의 기틀을 마련한 여왕

낭산 자락에 위치한 신라 제27대 선덕여왕의 능으로 높이 6.8m, 지름 24m이다. 봉분 둘레에 2~3단의 잡석으로 호석을 둘렀고 봉분 앞에는 상석이 놓여 있다. 〈삼국사기〉에 따르면, 선덕여왕은 진평왕의 맏딸로 이름은 덕만이다. 성품이 어질고 명석했으며, 여왕이 된 후에는 김춘추와 김유신 등을 기용해 백제와 고구려의 침략을 막아냈고 당나라와의 외교에도 힘을 썼다. 아울러 첨성대와 분황사, 황룡사 구층목탑 등을 세우기도 했다. 647년 선덕여왕 16년에 여왕이 죽자 낭산에 장사 지냈다.

〈삼국유사〉에 기록된 바로는, 어느 날 여왕이 신하들에게 "내가 모월 모일에 죽을 것이니 도리천(불교에서 말하는 일종의 사후 세계)에 장사 지내라."라고 했으나 신하들은 도리천이 어디인지 알지 못했다. 이에 여왕은 낭산 남쪽이라고 했고, 자신이 말한 모월 모일에 숨을 거뒀다. 10년 뒤 문무왕이 선덕여왕릉 아래에 사천왕사를 세웠는데, 그제서야 사람들이 불경에 '사천왕천 위에 도리천이 있다.'라는 말을 떠올리며 선덕여왕의 말이 맞아떨어진 것을 신기해했다. 실제 선덕여왕릉에 가려면 7번 국도가에서 사천왕사지를 지나서 낭산으로 올라간다.

경주시 배반동 산32, 경주 시내 남동쪽 경주 고속터미널, 경주역(경주 우체국)에서 11번, 600번 버스 이용하여 선덕여왕릉 하차, 사천왕지 지나 도보 15분 경주 고속터미널 또는 경주역에서 7번 국도 이용하여 안압지 지나 선덕여왕릉 방향

신문왕릉

늘어진 소나무와 어우러진 왕릉 풍경

낭산 남쪽에 위치한 신라 제31대 신문왕의 능으로 높이 7.6m, 지름 29m이다. 봉분 둘레에 4~5단의 장대석을 호석으로 둘렀고 호석 중간에 돌 지지대를 두었다. 봉분 앞에는 상석이 놓여 있고 봉분 주위에 담장에 세워져 있다.

〈삼국사기〉에 따르면, 신문왕은 문무왕의 맏아들로 665년 태자가 된 후 681년 왕위에 올라 12년간 신라를 통치하며 강력한 전제 왕권을 확립했다. 683년 신라 신문왕 3년에 일길찬 김흠운의 작은딸을 아내로 맞았고 684년 신문왕 4년 금마저에서 안승의 조카뻘인 장군 대문이 반란을 일으키자 군사를 보내 제압하였다. 692년 신문왕 12년 왕이 죽자 낭산 동쪽에 장사 지냈다고 전해진다.

경주시 배반동 453-1, 낭산 남쪽 경주 고속터미널, 경주역(경주 우체국)에서 600번 버스 이용하여 신문왕릉(능배반) 하차, 도보 5분 경주 고속터미널 또는 경주역에서 7번 국도 이용하여 안압지 지나 신문왕릉 방향

효공왕릉

마을 안쪽에 숨겨진 왕릉을 찾아라

신라 제52대 효공왕의 능으로 높이 4.3m, 지름 22m이다. 봉분 주위에 드문드문 호석이 드러나 있고 봉분 앞 상석은 보이지 않는다. 〈삼국사기〉 중에 효공왕은 헌강왕의 서자로, 897년 진성여왕이 죽자 왕으로 즉위하였다. 그의 재위 기간에는 신라의 국력이 쇠약해져 후백제의 견훤, 태봉의 궁예에게 공격을 당했는데, 제대로 대응하지 못하고 성 안에서 지키기에 바빠 결국 많은 성을 빼앗겼다. 효공왕은 신라의 영토가 날로 축소되어 가는데도 환락의 세월을 보내 결국 후삼국을 탄생케 하였다. 912년 효공왕 16년 왕이 죽자 사자사 북쪽에 장사 지냈다고 전해진다. 신문왕릉에서 마을 길을 따라 시계 반대 방향으로 돌면 민가 옆에 효공왕릉이 있다.

경주시 배반동 산14, 신문왕릉 동북쪽 경주 고속터미널, 경주역(경주 우체국)에서 600번 버스 이용하여 신문왕릉(능배반) 하차, 신문왕릉 아래 마을 길 이용하여 마을 안쪽으로 도보 15분 경주 고속터미널 또는 경주역에서 7번 국도 이용하여 안압지 지나 신문왕릉 방향, 신문왕릉에서 마을 안쪽, 효공왕릉 방향

신무왕릉

장보고의 도움으로 왕위에 오른 왕

신라 제45대 신무왕의 능으로 높이 3m, 지름 16m이다. 원형 봉분으로 봉분 둘레에 두른 호석이나 봉분 앞 상석 등은 보이지 않는다. 〈삼국사기〉에 따르면, 신무왕은 희강왕의 사촌동생으로 이름은 우징이다. 청해진 대사 궁복(장보고)의 도움으로 민애왕을 죽이고 왕위에 올랐고 왕위에 오른 뒤 청해진 대사 궁복을 감의군사로 삼았다. 신무왕이 죽자 제형산 서북쪽에 장사 지냈다고 전해진다.

경주시 동방동 660, 선덕여왕릉 남동쪽 경주 고속터미널, 경주역(경주 우체국)에서 600번 버스 이용하여 동방 홍보 마을 하차, 마을 안쪽으로 도보 5분 경주 고속터미널 또는 경주역에서 7번 국도 이용하여 안압지 지나 신무왕릉 방향

헌덕왕릉

호석과 탱석, 난간석 등이 잘 갖춰진 왕릉

신라 제41대 헌덕왕의 능으로 높이 6m, 지름 26.8m이다. 봉분 둘레에 판석으로 호석을 둘렀고 호석 사이에는 십이지신상이 조각된 탱석을 두었으며 호석 밖에는 난간석을 설치하였다. 헌덕왕이 별다른 업적이 없음에도 다른 왕릉에 비해 잘 조성된 것은 이례적인데, 헌덕왕 재위 기간 동안 외적의 침입, 자연재해 등이 적었고 비교적 나라가 안정되었기 때문인 듯하다. 〈삼국사기〉에 따르면 헌덕왕은 소성왕의 동생으로, 809년 난을 일으켜 조카인 애장왕을 죽이고 즉위하였다. 826년 헌덕왕 18년 왕이 죽자 천림사 북쪽에 장사 지냈다고 전해진다.

보문 단지 입구 알천북로 옆의 소나무 숲 안에 있기 때문에 미리 위치를 알지 못하면 지나치기 일쑤고 갑자기 차를 세우면 위험할 수 있으니 주의한다. 알천북로 옆 소나무 숲을 보고 위치를 찾으면 되고 한여름 울창한 소나무 숲에서 쉬어 가도 좋다.

경주시 동천동 80, 보문 단지 입구 알천북로 옆 경주 고속터미널, 경주역(경주 우체국)에서 70번 버스 이용하여 삼성 1차 아파트 하차, 구황교 지나 도보 20분 경주 고속터미널 또는 경주역에서 7번 국도 이용하여 월성동 주민센터 지나 좌회전하여 분황사 방향, 분황사에서 구황교 건너 우회전하여 길가 소나무 숲 속의 헌덕왕릉 방향

탈해왕릉

재미있는 탄생 설화의 주인공

소금강산 남쪽에 위치한 신라 제4대 탈해왕의 능으로, 원형 봉분만 남아 있고 높이는 4.5m, 지름은 14.3m이다. 〈삼국사기〉에 따르면, 탈해왕은 본래 왜국에서 동북쪽으로 1천 리 떨어진 다파나국의 왕자로 태어났으나 처음엔 사람이 아닌 알의 모습이었다고 한다. 이에 왕이 상서롭지 못한 일이라 하여 알을 버리라 하였는데, 탈해의 어미는 차마 버리지 못하고 궤짝에 보물과 함께 넣고 바다에 띄워 보냈다. 궤짝은 금관국을 거쳐 신라 아진포에 도착했고 한 노파가 거두어 기르니 영특한 사람이 되었다. 궤짝이 도착했을 때, 까치 한 마리가 울면서 따라와 '鵲(까치 작)'을 줄여 성을 석(昔)이라 하고, 궤짝에서 나왔으니 이름을 탈해(脫解)라고 했다. 어린 시절에는 월성 터에 살던 호공에게 꾀를 부려 집을 빼앗은 일화도 있으며, 그 이야기를 들은 남해왕이 그를 사위로 삼아서 훗날 석씨 최초로 62세의 나이로 왕위에 오른다. 서기 80년 탈해왕 24년 왕이 숨을 거두어, 성의 북쪽 양정 언덕에 장사 지냈다고 한다.

탈해왕릉 옆에는 그를 모시는 숭신전과 신라 6촌 중 알천 양산촌의 시조이자 경주 이씨의 조상인 알평공이 하늘에서 내려왔다는 표암과 표암재가 있다.

경주시 동천동 산17, 소금강산 남쪽 경주 고속터미널, 경주역(경주 우체국)에서 70번 버스 이용하여 부호탕 하차, 도보 5분 경주 고속터미널 또는 경주역에서 7번 국도 이용하여 경주교 지나 경주 시청 방향, 경주 시청에서 소금강산, 탈해왕릉 방향

굴불사지 석조사면불상

소원 성취, 합격 명소로 알려진 곳

소금강산 자락에 위치한 굴불사지 석조사면불상은 보물 제121호이고, 굴불사는 신라 35대 경덕왕 때 창건되었다. 〈삼국유사〉에 따르면, 경덕왕이 백률사로 행차할 때 땅속에서 염불하는 소리가 들려 땅을 파게 하니 사면에 불상이 새겨진 바위가 나와, 그곳에 절을 짓고 절 이름을 굴불사라 했다고 한다.

석불상은 가로, 세로, 너비 약 3.5m 남짓한 자연석의 사방에 불상을 조각해 놓았는데 서쪽에 아미타삼존불, 남쪽에 석가삼존불, 동쪽에 약사여래좌상, 북쪽에 미륵불과 선각관음보살이 있다. 서쪽의 아미타삼존불은 중앙 본존불의 몸통을 자연석에 새기고 머리를 따로 조각해 붙였고 양쪽 협시불은 따로 조각해 세웠다. 남쪽의 석가삼존불은 크기가 줄어든 채 여래상과 보살상 2구만 남아 있으며, 동쪽의 약사여래좌상은 튼실한 얼굴 부분이 도드라지게 조각되어 있고 전체적인 몸집도 건장하다. 북쪽의 미륵불과 선각관음보살 중 미륵불은 튼실한 몸매를 하고 있고 선각관음보살은 11면 관음보살인데 주의 깊게 보지 않으면 알아보기 어렵다. 굴불사지 석조사면불상은 영험하기로 소문이 나 찾는 사람이 많으니 여기서 소원을 빌어 보는 것도 좋을 듯하다.

경주시 동천동 산4, 백률사 서쪽 산 아래 🚌경주 고속터미널, 경주역(경주 우체국)에서 70번 버스 이용하여 우방 아파트 하차, 소금강산(백률사 부근) 방향으로 산 아래까지 도보 5분 🚗경주 고속터미널 또는 경주역에서 7번 국도 이용하여 경주 시청 방향, 경주 시청에서 소금강산, 백률사 방향 ☎054-779-6109

Travel Tips

부처, 여래, 보살

경주 곳곳에는 많은 불상이 있는데 어느 것은 부처, 어느 것은 여래, 또 어느 것은 보살이라고 한다. 부처(佛陀)는 'Buddha'의 음역으로 불가에서 '깨달음을 얻은 사람'을 말하고, 여래(如來)는 부처를 부르는 다른 말로 '진리의 체현자', '열반에 다다른 자'라는 뜻이다. 보살(菩薩)은 '구도자' 또는 '지혜을 가진 사람'이란 뜻으로 처음엔 석가를 지칭하다가 나중에는 깨달음을 얻는 모든 사람을 지칭하는 데 쓰인다.

부처의 종류에는 약 2,500년 전 인도에서 태어나 진리 탐구와 수행으로 깨달음을 얻은 석가모니불, 부처가 설법한 진리가 태양빛처럼 우주 가득 비친 것을 형상화한 것이자 화엄 신앙의 중심인 비로자나불, 모든 중생을 구제하여 극락정토에 가게 하는 아미타불, 모든 무지와 질병을 해결해 주는 약사불 등이 있다. 시간에 따라 비로자나불을 과거불, 석가모니불은 현세불, 미륵불을 미래불이라고도 한다.

보살의 종류에는 미륵불, 아촉불, 아미타불, 관음보살, 대세지보살, 문수보살, 보현보살, 지장보살 등이 있고, 이 중에서 관음, 문수, 보현, 지장보살을 4대 보살이라고 한다. 대개 중앙의 본존불에는 석가모니불 또는 비로자나불을 모시고 좌우에 보살을 배치하여 삼존불을 이루는데, 보살이 본존불을 보좌하는 역할을 하기 때문에 협시보살로도 불린다.

백률사

불교 중흥을 위해 이차돈이 순교한 곳

소금강산 굴불사지 위쪽에 위치한 고찰로, 528년 법흥왕 15년에 자추사란 이름으로 창건하였다. 〈삼국사기〉에 따르면, 법흥왕이 불교를 널리 일으키려 하자 아직 불교에 대해 무지한 신하들이 반대했는데, 이에 527년 법흥왕 14년 이차돈이 스스로 순교하여 불교 중흥을 꾀했다. 이차돈의 목을 베자, 흰 우유가 솟고 베인 머리가 하늘 높이 솟구쳤다 떨어졌다고 하는데 그 자리에 백률사가 창건되었다. 이 일로 더 이상 불교에 대해 왈가왈부하지 않으므로 불교가 널리 퍼질 수 있었다.

대웅전에 있던 금동약사여래입상과 817년 헌덕왕 9년에 이차돈을 추모하여 돌을 기둥처럼 길게 세운 석당은 경주 국립 박물관에 소장되어 있다.

경주시 동천동 406-1, 굴불사지 위쪽 경주 고속터미널, 경주역(경주 우체국)에서 70번 버스 이용하여 우방아파트 하차, 소금강산(백률사 부근) 방향 산 아래까지 도보 5분, 산 아래에서 굴불사지 지나 백률사까지 도보 15분 경주 고속터미널 또는 경주역에서 7번 국도 이용하여 경주 시청 방향, 경주 시청에서 소금강산, 백률사 방향 ☎054-772-8634

소금강산

경주 시내를 굽어보는 경주의 북악

경주 북쪽 동천동에 위치한 산으로 높이는 177m이고, 이 소금강산과 동쪽으로 연결된 금학산의 높이는 296m이다. 삼국 통일 이전에는 토함산(동악), 선도산(서악), 남산(남악), 낭산(중악)과 함께 경주의 5악 중 하나인 북악으로 불렸다. 신라 초기에는 사로국의 6촌 중에서 양산촌의 알평공, 고야촌의 호진공의 근거지였고, 527년 법흥왕 14년 불교 포교를 위해 소금강산 백률사에서 이차돈이 순교하면서 불교의 성지로 알려졌다. 소금강산 정상에서 경주 시내가 한눈에 보이고 소금강산 주위로 굴불사지 석조사면불상, 백률사, 탈해왕릉, 헌덕왕릉 등 유적지가 산재해 있다.

경주시 동천동 산4, 경주 시내 북쪽 경주 고속터미널, 경주역(경주 우체국)에서 70번 버스 이용하여 우방 아파트 하차, 도보 5분 경주 시외버스터미널 또는 경주역에서 7번 국도 이용하여 경주 시청 방향, 경주 시청에서 소금강산 방향 ☎경주국립공원 054-741-7612

동천동 마애삼존불좌상

소금강산에 숨겨진 마애불

소금강산 정상에서 동북쪽 자락에는 동천동 마애삼존불좌상이 있어 들를 만하나 대체로 조각이 두드러지지 않고 마모가 심해 아쉬움이 남는다. 중앙의 본존은 아미타불, 오른쪽 보살은 대세지보살로 추정되고 왼쪽 보살은 마모가 심해 알아보기 힘들다.

경주시 용강동 산67, 소금강산 정상 동쪽 아래 소금강산 정상에서 도보 3분

황성 공원

훈련하던 화랑들의 함성이 들릴 듯

황성공원은 신라 시대 때 화랑들의 훈련장이었다. 버스정류장에서 한옥풍의 경주 시립 도서관을 지나 공원에 들어서면 김유신 장군 동상, 충혼탑, 국궁장인 호림정 등이 보인다. 공원 내에는 이팝나무, 상수리나무, 회나무, 떡갈나무 등이 우거지고 넓은 잔디밭이 있어 산책하기 좋고 공원 서쪽에는 공설 운동장이 있어 조깅을 하거나 자전거, 인라인스케이트를 타기에 괜찮다.

경주시 황성동 산1-1, 경주역 북쪽 경주 고속터미널, 경주역(경주 우체국)에서 203번 버스 이용하여 황성 공원 하차, 도보 5분 경주 고속터미널 또는 경주역에서 7번 국도 이용하여 황성 공원 방향 054-799-6711

황리단길

한복 입고 걷기 좋은 길

황리단길은 노서리와 노동리 고분 아래 내남 사거리에서 첨성로에 이르는 포석로를 말한다. 이 거리에 카페, 식당, 한복 대여점, 서점, 게스트하우스 등이 몰려 있어 경주의 새로운 핫플레이스로 알려졌다. 황리단길을 내려가다가 첨성로에서 좌회전하면 인왕동 고분군과 교촌 마을로 이어진다.

내남 사거리에서 첨성로까지의 포석로

꼭 가봐야 할
맛집

성동 시장 분식 골목 & 한식 뷔페

어머니 손맛이 생각나는 한식 뷔페

경주역 앞 성동 시장(기업 은행 건너편) 남4문으로 들어가면 김밥, 튀김, 순대 등을 파는 분식 골목이 펼쳐지는데 김밥 중에는 우엉을 넣은 우엉김밥(보배 김밥 054-772-7675)이 인기를 끌고 있다.

분식 골목의 끝에는 소시지, 계란말이, 도라지무침 등 여러 가지 반찬을 뷔페식으로 먹을 수 있는 한식 뷔페가 있어 배고픈 여행자를 반갑게 한다. 메뉴 중에서 정식은 반찬을 골라 먹는 한식 뷔페이고, 비빔밥은 주인이 반찬을 골라 비빔밥으로 해 주는 것이고, 된장찌개는 반찬은 반찬대로 먹고 된장찌개가 추가된다. 어찌 먹으나 밥과 반찬을 맘껏 먹을 수 있다.

경주시 성동동 51-1, 경주역 앞 / 경주 고속터미널에서 10번, 11번, 100번, 150번 버스 이용하여 경주역(경주 우체국) 하차 / 경주역에서 도보 3분 / 정식, 비빔밥, 된장찌개 등 6,000원 / 영양 식당 054-773-3018, 현대 식당 054-749-8305, 맛나 식당 010-2648-5237

팔우정 해장국

후루룩 쩝쩝! 어느 새 비어 버린 묵해장국

경주역 남쪽에 위치한 해장국 거리에 있으며, 묵을 넣은 묵해장국이 유명하다. 시원한 국물에 부드러운 묵을 넣어 먹는 해장국을 맛보고 있으면 어느새 그릇 바닥이 보여 아쉬움이 든다. 부드러운 묵은 젓가락이 아닌 숟가락 사용이 필수! 식당 이름인 '팔우정'은 해장국 거리 건너편 최치원의 후손이 살던 곳에 있던 정자에서 따온 것이다.

경주시 황남동 372-122, 경주역 남쪽 / 경주 고속터미널에서 60번, 61번, 500번 버스 이용하여 팔우정 하차 / 경주역에서 도보 10분 / 경주 고속터미널에서 팔우정 해장국 거리 방향 / (묵)해장국, 추어탕, 선지국 각 6,000원 / 064-742-6515

대구 갈비

집 떠나 입맛 없을 땐 매운 갈비찜이 최고

팔우정 해장국 거리 건너편 골목 안에 위치한 식당으로 찌그러진 양푼에 담긴 돼지갈비찜으로 유명하다. 갖은 양념을 넣고 버무린 돼지고기를 잘 볶아 양푼에 담아내는데 고기를 다 먹은 뒤에는 밥을 비벼 먹거나 볶아 먹는 것으로 마무리한다. 약간 매운 것이 입맛을 돌게 하고, 시원하고 톡 쏘는 콜라를 곁들여 마시면 입안이 개운해진다. 대구 갈비 맞은편에는 황남빵 형제가 하는 빵집이 있으니 들를 만하다.

경주시 황오동 329-3, 팔우정 해장국 거리 건너편 골목 경주 고속터미널에서 60번, 61번, 500번 버스 이용하여 팔우정 하차, 길 건너 도보 5분 경주 고속터미널에서 팔우정 해장국 거리 방향 돼지갈비찜 9,000원, 돼지갈비 9,000원, 소갈비찜 18,000원, 공기밥 1,000원, 볶음밥 2,000원 054-772-1384

밀면 식당

여름엔 시원한 물밀면, 겨울엔 매콤한 비빔밀면

대구 갈비보다 한 블록 뒤의 골목에 있는 식당으로 1972년에 개업하여 경주 밀면의 원조라 불린다. 물밀면은 가는 소면을 잘 삶아 동그랗게 모아 놓고 그 위에 무채와 오이채, 양념, 수육, 계란 한 쪽을 올려서 낸다. 면발이 쫄깃하고 육수가 시원해 한여름에 먹기 좋고, 보통으로 양이 부족한 사람은 곱빼기를 시켜도 좋다. 새콤달콤하고 매운 비빔밀면도 맛있다.

경주시 황오동 331, 대구 갈비에서 한 블록 뒤 경주 고속터미널에서 60번, 61번, 500번 버스 이용하여 팔우정 하차, 길 건너 도보 5분 경주 고속터미널에서 팔우정 해장국 거리 방향 비빔밀면 5,000원, 물밀면 5,000원, 곱빼기 6,000원 054-749-8768

빠삭

최고의 가족 외식은 역시 바삭한 돈가스

경주 시내 롯데 시네마 골목에 있는 수제 돈가스점으로 두툼한 고기를 기름에 잘 튀겨 쫄깃하고 고소한 돈가스를 만들어 낸다. 추억의 왕돈가스, 치즈가 듬뿍 든 치즈돈가스, 고구마와 돈가스의 조화를 보이는 고구마돈가스 등 골라 먹는 재미가 있다.

경주시 황오동 342-1, 롯데 시네마 건너편 경주 고속터미널에서 60번, 61번, 500번 버스 이용하여 팔우정 하차, 길 건너 롯데 시네마 골목 방향 도보 5분 경주 고속터미널에서 팔우정 해장국 거리 방향 등심 돈가스

6,000원, 치킨 가스 6,000원, 카레 돈가스 7,000원, 고구마 치즈 돈가스 8,000원, 우동 6,000원

명동 쫄면

비빔, 유부, 오뎅, 냉쫄면 등 입맛대로 즐긴다.

경주 시내 패션의 거리 중간 골목 안에 있어 초행자는 찾기 어려우나, 근처에서 누구에게 물어보아도 명동쫄면의 위치를 가르쳐 준다. 비빔쫄면은 잘 삶은 쫄면에 양념과 오이채, 쑥갓을 듬뿍 올려서 낸다. 쑥갓 특유의 향이 진동하고 조금 쌉싸래한 맛이 인상적이다. 다소 생소한 메뉴인 따뜻한 유부쫄면과 오뎅쫄면을 맛보아도 좋을 듯하다.

경주시 노동동 80-8, 패션의 거리 중간 골목 안 경주 고속터미널에서 60번, 61번, 500번 버스 이용하여 구시청 하차, 길 건너 황남빵 옆 골목 직진 후 패션의 거리 중간에서 왼쪽 골목, 도보 10분 경주 고속터미널에서 황남빵 방향 비빔쫄면, 유부쫄면, 오뎅쫄면, 냉쫄면 각 6,000원 ☎054-743-5310

중앙 시장 국밥 골목

국밥, 수육 놓고 소주 한잔 하기 좋은 곳

성동 시장에 한식 뷔페가 있다면 중앙 시장에는 국밥 골목이 있다. 국밥은 돼지국밥과 소머리국밥이 있는데 진하게 끓인 육수에 돼지고기, 소머리를 숭덩숭덩 썰어 넣은 국밥이 먹을 만하다. 돼지국밥하면 유명한 부산의 돼지국밥과 조금 다를 수 있으니 염두에 둘 것.

경주시 성건동 339-2, 경주 고속터미널 북서쪽 경주 고속터미널에서 10번, 11번, 203번 버스 이용하여 중앙 시장 하차, 중앙 시장 정면에서 왼쪽 끝, 도보 1분 경주 고속터미널에서 사라벌 사거리 방향, 서라벌 사거리에서 중앙 시장 방향 / 경주역에서 정면으로 직진, 중앙시장 방향 돼지국밥 5,000원, 소머리국밥 6,000원 ☎ 서울 숯불갈비 054-772-8930

황남빵

경주 와서 황남빵 맛을 안 보면 무슨 재미?

경주의 명물 황남빵은 1939년 최영화 옹에 의해 탄생해 3대째 이어지고 있다. 밀가루에 계란을 넣고 반죽하여 숙성시킨 뒤, 팥 앙금을 넣어 모양을 만들고 오븐에서 잘 구워 만든다. 바삭한 빵 껍질이 고소하고 달콤한 팥 앙금은 절로 입안에 침이 고이게 한다. 대릉원 후문 건너편에 본점이 있고 대구 갈비 앞에도 형제가 운영하는 황남빵집이 있다. 경주에는 빵집이 많은데, 경주빵은 황남빵의 유사품이고, 찰보리빵은 찰보리를 이용한 빵, 주령구빵은 안압지에서 발견된 주령구 모양의 빵이다.

경주시 황오동 347-1 경주 고속터미널에서 60번, 61번, 500번 버스 이용하여 천마총(대릉원 후문) 하차, 길 건너 도보 3분 경주 고속터미널에서 천마총(대릉원 후문) 방향 황남빵 1호(20개) 16,000원, 2호(30개) 24,000원 ☎ 054-749-7000 www.hwangnam.co.kr

대화 만두

경주 시민들이 즐겨 찾는 만두집

패션의 거리 중간 골목 안, 20년 전통의 손만두를 자랑하는 곳이 있다. 식당 안으로 들어가면, 테이블 위에 냄비 하나씩 놓고 즉석떡볶이를 끓이고 있는데, 여기에 비빔만두와 탕수만두 등을 함께 먹는다. 비빔만두는 군만두에 양배추 무침을 곁들인 것이다.

경주시 노동동 86-3, 명동 쫄면 아래 경주 고속터미널에서 60번, 61번, 500번 버스 이용하여 구시청 하차, 길 건너 황남빵 옆 골목 직진 후 패션의 거리 중간에서 왼쪽 골목, 도보 10분 경주 고속터미널에서 황남빵 방향 비빔만두 5,000원, 쫄면 5,000원, 찐만두 4,000원, 탕수만두 4,500원, 즉석떡볶이 4,000원 ☎ 054-743-3516

이풍녀 구로 쌈밥

이른 시간에 만석이 되는 인기 쌈밥집

첨성대가 있는 대릉원 정문 부근에는 쌈밥집이 여럿 모여 있어 쌈밥 거리를 형성하고 있다. 그중에 가장 유명한 쌈밥집이 구로 쌈밥으로 많은 반찬과 푸짐한 쌈으로 인기다. 점심 식사는 11시 30분경에 이미 만석이 되기 시작하니 예약을 하거나 발길을 서두른다.

경주시 황남동 106-3, 첨성대 부근 경주 고속터미널, 경주역(경주 우체국)에서 60번, 61번 버스 이용하여 첨성대 하차, 도보 1분 경주 고속터미널 또는 경주역에서 대릉원 정문 방향 쌈밥정식 12,000원(2인 이상) ☎ 054-749-0600

전통 경주 할매 쌈밥

한 사람도 반기는 인정에 맛있는 음식까지

대릉원 정문 옆에 위치해 있고 1940년경부터 식당을 하고 있는 전통의 맛집이다. 넉넉한 불고기와 고등어조림, 구수한 된장찌개, 푸짐한 쌈, 다양한 반찬을 맛볼 수 있으며, 홀로 온 손님도 반겨 주는 인정까지 갖추고 있다.

경주시 황남동 200-2, 대릉원 정문 옆 경주 고속터미널, 경주역(경주 우체국)에서 60번, 61번 버스 이용하여 신라회관 앞(대릉원 정문) 하차, 도보 1분 경주 고속터미널 또는 경주역에서 대릉원 정문 방향 쌈밥정식 10,000원(1인 가능), 대구탕정식 12,000원, 석쇠불고기정식 20,000원 ☎054-743-0966

요석궁

줄줄이 나오는 최 부잣집 음식의 향연

경주 향교 아래 위치한 한정식집으로 최 부잣집에서 대대로 내려오던 어만두, 등심편채, 송이갈비찜, 이색전 같은 음식을 내고 있다. 고색창연한 고택에서 맛보는 한정식이라 특별한 맛이 있고, 격식을 갖추어 대접하는 자리에 적당하다. 식사 후 유서 깊은 고택을 둘러보아도 좋다.

경주시 교동 59, 경주 향교 아래 경주 고속터미널, 경주역(경주 우체국)에서 60번, 61번 버스 이용하여 황남초교 앞 하차, 교촌 마을 요석궁 방향 도보 10분 경주 고속터미널 또는 경주역에서 교촌 마을 방향 반월정식 39,000원, 계림정식 69,000원, 안압정식 99,000원, 요석정식 159,000원(모두 1인 가격, 2인분부터 주문 가능) ☎054-772-3347(예약제)

교리 김밥

즉석에서 만들어 먹으면 더욱 맛있는 김밥

교촌 마을을 걷다 보면 작은 분식집 앞에 줄을 선 것을 볼 수 있다. 무슨 집일까 하고 보니 계란김밥으로 유명한 교리 김밥이다. 교리 김밥은 김밥 속의 2/3가 계란말이이고 나머지 1/3이 오이채, 햄, 단무지, 당근 등이다. 재료는 소박하지만 계란말이의 고소함에 탱탱한 밥알이 씹히는 식감까지 더해져 맛이 좋다.

경주시 교동 69, 경주 향교 아래 경주 고속터미널, 경주역(경주 우체국)에서 60번, 61번 버스 이용하여 황남초교 앞 하차, 교촌 마을 요석궁 방향 도보 10분 경주 고속터미널 또는 경주역에서 교촌 마을 방향 김밥 2줄(기본) 6,400원, 3줄 9,600원, 잔치국수 5,000원 054-772-5130

명가

경주 음식의 품격을 보여주는 한정식

교촌 마을 내에 위치한 한정식집으로 새로 지은 한옥이 산뜻하고 칠절판, 탕평채, 삼색전, 갈비찜, 수삼채, 모듬회, 참치 등 약간 퓨전 스타일의 한정식을 선보인다. 취향에 따라 전통의 최 부잣집 한정식과 명가의 퓨전 한정식 중에 택일을 해도 좋을 듯.

경주시 교동 65, 교촌 마을 내 경주 고속터미널, 경주역(경주 우체국)에서 60번, 61번 버스 이용하여 황남초교 앞 하차, 교촌 마을 요석궁 방향 도보 10분 경주 고속터미널 또는 경주역에서 교촌 마을 방향 비빔밥 10,000원, 한정식 명가I 33,000원, 명가II 55,000원, 명가III 88,000원(모두 1인 가격, 2인분부터 주문 가능) 054-742-4284

풍악

지친 발을 쉬며 시원한 막걸리 한잔

교촌 마을 내에 위치한 식당 겸 주점으로, 방문을 열면 경주 남천 풍경이 한눈에 들어온다. 간단한 식사로 들깨칼국수, 육개장 같은 것을 맛보면 좋고 식사 후라면 간단술상을 청해서 풍악맑은막걸리를 맛보아도 좋다.

경주시 교동 64-5, 교촌 마을 내 경주 고속터미널, 경주역(경주 우체국)에서 60번, 61번 버스 이용하여 황남초교 앞 하차, 교촌마을 요석궁 방향 도보 10분 경주 고속터미널 또는 경주역에서 교촌 마을 방향 들깨칼국수 7,000원, 육개장 9,000원, 간단 술상 13,000원 054-746-0123

꼭 가봐야 할 카페

마리오 델 모나코

커피 거리의 맏형이 내어주는 커피 한잔

대릉원 커피 거리에서 가장 오래된 커피숍 중의 하나로 커피점 앞에 세워진 두 대의 오토바이가 인상적이다. 마리오 델 모나코는 베르디의 오페라 오델로에 자주 출연한 이탈리아 유명 성악가 이름으로 카페 내부도 약간은 클래식한 느낌. 대릉원, 월성 구경을 마치고 커피 한잔 마시며 쉬어 가기 좋고 통유리를 통해 첨성대와 월성 등을 바라보기도 괜찮다.

경주시 인왕동 807-11, 대릉원 커피 거리 경주 고속터미널, 경주역(경주 우체국)에서 60번, 61번 버스 이용하여 첨성대 하차 경주 고속터미널 또는 경주역에서 첨성대 방향 아메리카노, 에스프레소, 카푸치노 등 5,000원 내외 ☎054-772-8853

커피 11번가

커피 놓인 창밖으로 보이는 첨성대 풍경

대릉원 커피 거리 중앙에 위치한 커피숍으로 내부에 예쁜 분재로 장식을 해 놓아 아기자기한 느낌을 준다. 대릉원과 월성 구경을 하다가 잠시 쉬어 가기 좋고 커피숍 안에서 통유리를 통해 첨성대, 월성을 바라보기도 괜찮다.

경주시 황남동 104, 대릉원 커피 거리 경주 고속터미널, 경주역(경주 우체국)에서 60번, 61번 버스 이용하여 첨성대 하차 경주 고속터미널 또는 경주역에서 첨성대 방향 아메리카노, 에스프레소, 카푸치노 등 5,000원 내외

쿠키 & 커피

맛있는 수제 쿠키와 어울리는 커피 한잔

대릉원 정문 옆에 위치한 커피 전문점으로 2008년 개업했고 대릉원 커피 거리에서 가장 오래된 커피점 중의 하나이다. 막 뽑은 커피 맛이 그윽하고 손수 만든 수제 쿠키도 고소하다. 커피점이 도로에서 조금 떨어져 있어 첨성대, 월성 조망이 되지 않는 점은 아쉽다.

경주시 황남동 201-3, 대릉원 커피 거리 경주 고속터미널, 경주역(경주 우체국)에서 60번, 61번 버스 이용하여 신라회관 앞(대릉원 정문) 하차, 도보 1분 경주 고속터미널 또는 경주역에서 대릉원 정문 방향 아메리카노, 에스프레소, 카푸치노, 허브티, 수제 쿠키 등 5,000원 내외 ☎054-745-9796

브라운슈가

개량 한옥에서 맛보는 커피 맛이 일품

대릉원 커피 거리 동쪽에 위치한 커피점으로 한옥을 리모델링해 지붕은 기와, 벽은 통유리로 되어 있다. 커피점 안으로 들어가면 진한 커피 향기가 다가오고 브라운 앞치마를 입은 주인장이 반겨 준다. 통유리를 통해 커피점 안에서 첨성대, 월성을 바라보기 좋다.

경주시 인왕동 801-6, 대릉원 커피 거리 경주 고속터미널, 경주역(경주 우체국)에서 10번, 11번, 60번, 61번 버스 이용하여 월성동 주민센터 하차, 첨성대 방향 도보 5분 경주 고속터미널 또는 경주역에서 첨성대 방향 아메리카노, 에스프레소, 호박죽 등 5,000원 내외 ☎ 054-746-0778

봄날

마을 안쪽 한적한 커피점에서의 한때

대릉원 숭혜전 옆에 위치한 한옥 카페로 소란스러운 대릉원 정문 일대와 달리 한적한 분위기에서 커피를 마시며 대화를 나누기 좋다. 봄날과 연결된 한옥에서 꽃자리라는 한옥 게스트하우스를 운영 중이기도 하다. 대릉원과 첨성대 일대를 둘러보고 들르면 좋다.

경주시 황남동 221-13, 대릉원 숭혜전 옆 경주 고속터미널, 경주역(경주 우체국)에서 60번, 61번 버스 이용하여 신라회관 앞(대릉원 정문) 하차, 대릉원 정문 옆 숭혜전 방향 도보 1분 경주 고속터미널 또는 경주역에서 대릉원 정문 방향 아메리카노, 에스프레소, 카푸치노 등 5,000원 내외 ☎ 054-777-0540

가비

아이들은 전통 체험, 어른은 커피 한잔

교촌 마을의 백산상회 옆에 있는 커피점으로 새로 지은 한옥 건물이 멋스럽다. 콜롬비아 수프리모, 인도네시아 만델링, 케냐 AA 등 세 가지 원두를 사용하는데 100% 유기농 커피다. 햇콩을 로스팅해 신선함을 더하고 맛이 진하다.

경주시 교동 64-11, 교촌 마을 내 경주 고속터미널, 경주역(경주 우체국)에서 60번, 61번 버스 이용하여 신라회관 앞(대릉원 정문) 하차, 경주 향교 방향 도보 15분 경주 고속터미널 또는 경주역에서 교촌 마을 방향, 교촌 마을에서 월정교 방향 아메리카노, 에스프레소, 카푸치노 등 5,000원 내외

커피 클럽 R

때때로 전시회, 음악회가 열리는 문화의 중심

노동동 고분군 옆에 위치한 커피 전문점으로 이 거리에서 가장 오래된 커피점 중의 하나다. 주인장이 엄선한 원두로 만든 더치커피가 맛있고 통유리를 통해 노동동 고분군의 봉황대 고분을 조망하기 좋다. 커피점 내에서 때때로 공연이나 사진전이 열리기도 한다.

경주시 노동동 14, 노서동·노동동 커피 거리 경주 고속터미널, 경주역(경주 우체국)에서 60번, 61번, 500번 버스 이용하여 천마총(대릉원) 후문 하차, 노서동 고분군 방향 도보 3분 경주 고속터미널 또는 경주역에서 천마총(대릉원) 후문 방향, 후문에서 노서동 고분군 방향 더치커피, 아메리카노, 에스프레소, 카푸치노 등 5,000원 내외 ☎070-7631-4620

무위산방

전통 찻주전자 자사호로 따라 주는 전통차

노서동 고분군 북쪽 원효로에 위치한 전통찻집으로 내부에는 전통차를 마실 때 쓰는 자사호라는 찻주전자와 각종 차 등으로 장식되어 있다. 주인장이 자사호를 데워 따라 주는 전통차가 향긋하고 이런저런 전통차에 관한 이야기를 듣는 것도 흥미롭다.

경주시 노서동 69-1, 노서동·노동동 커피 거리 경주 고속터미널, 경주역(경주 우체국)에서 60번, 61번, 500번 버스 이용하여 천마총(대릉원) 후문 하차, 노동동 고분군 방향 도보 10분 경주 고속터미널 또는 경주역에서 천마총(대릉원) 후문 방향, 후문에서 노동동 고분군 지나 원효로 방향 녹차, 우롱차, 보이차 등 5,000원 내외 ☎070-7558-4889

스타벅스 중앙점

경주 번화가 구경하고 커피도 마시고

노동동 고분군 북쪽, 경주 번화가인 원효로에 위치한 스타벅스 중앙점으로 스타벅스 마니아라면 찾아가 볼 만하다. 2층에는 동궁과 월지의 야경이 담긴 액자가 걸려 있어 눈길을 끈다. 스타벅스 건너편에는 탐앤탐스 커피점도 있다.

경주시 노동동 84-2, 노동동 고분군 북쪽 경주 고속터미널, 경주역(경주 우체국)에서 60번, 61번, 500번 버스 이용하여 천마총(대릉원) 후문 하차, 노서동 고분군 지나 원효로 방향 도보 10분 경주 고속터미널 또는 경주역에서 천마총(대릉원) 후문 방향, 후문에서 노서동 고분군 지나 원효로 방향 아메리카노, 에스프레소, 카푸치노 등 5,000원 내외 ☎054-749-8577

김유신과 무열왕을 만나는

서악권

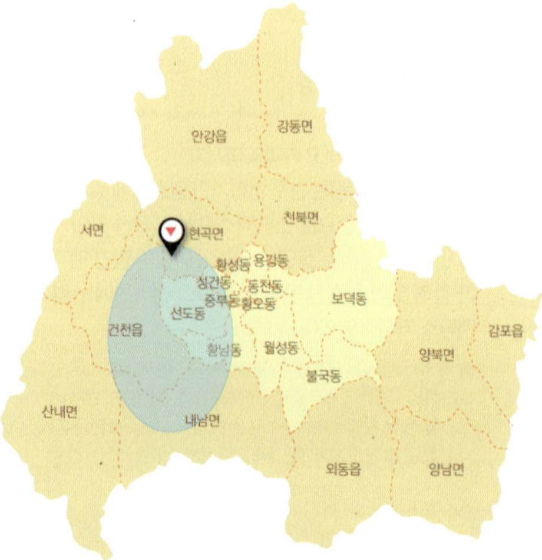

삼국 통일의 주역들이 잠든 땅

경주를 남북으로 가로지르는 형산강 서쪽 너머가 경주 서악으로 선도산, 단석산 등 크고 작은 산들이 있는 곳이다. 서악에는 삼국 통일에 크게 기여한 김유신과 무열왕의 유적이 있어 눈길을 끈다. 김유신은 어려서 단석산에서 수련을 했고 삼국 통일을 이룬 뒤 서악에 묻혔으며, 무열왕은 삼국 통일의 기틀을 마련하고 동생인 김인문과 함께 서악에 묻혔다. 공교롭게도 삼국 통일의 세 주역 중에서 김유신과 무열왕은 경주 서쪽에, 문무왕은 경주 동쪽에 묻혀 있으니 죽어서도 나라를 지키려는 듯 보인다.

서악권

황룡사
국립 경주 박물관
동궁과 월지
월성동
첨성대
대릉원
오릉
황남동
중부동
성건동
동대 막창
금장대
석장동 암각화
동국대 경주 캠퍼스
동국대 경주 캠퍼스 박물관
카페 마운틴
슈만과 클라라
충효동
김유신 묘
서라벌 대학교
서악동 마애삼존입상
서악 서원
김인문 묘
김양 묘
무열왕릉
서악동 왕릉군
서악동 고분군
선도산
선도동
송화산
헌안왕릉 · 문성왕릉
진지왕릉 · 진흥왕릉
서악동 삼층석탑
효현동 삼층석탑
경주 대학교
법흥왕릉
형산강
서라벌 광장
경주
율동역
율동 마애여래삼존입상
하염불지
상염불지
망성리
희강왕릉
전 민애왕릉
벽도산
포석정
삼릉
경애왕릉
남산
용장 계곡
용장리
부지리
경덕왕릉
904
신경주역
화천리
심곡지
옥녀봉
용림산
대곡리
금척리 고분군
금척리
모량역
모량리
건천 휴게소
건천리
육림 한우 식육 식당
대림 농장 식육 식당
영남 암소 숯불
건천읍사무소
건천역
건천 공단
대천대교
건천 운동장
조전리
건천
경부 고속
신평리
건천 농공 단지
도계리
천촌리
장군봉
송선 저수지
방내리
단석산
신선사
신선사 마애불상군
경주 국립 공원 단석산 지구
우중골 계곡
비지리
OK그린 청소년 수련원
감산리

서악권 하루 코스

신선사 & 마애불상군 → 무열왕릉 → 서악동 왕릉군 & 삼층석탑 → 서악 서원 → 김유신 묘

경주 서악권의 핵심은 김유신 장군의 발자취를 따라가는 것이다. 신선사와 마애불상군이 있는 단석산은 조금 가파르긴 하지만 별로 높지 않으니, 쉬엄쉬엄 오르다 보면 한 시간 내에 신선사에 도착할 수 있다. 무열왕릉에서는 서악동 고분군, 서악동 왕릉군, 김인문 묘 등이 가까우니 가능하면 함께 돌아보도록 하자.

출발!

신선사 & 마애불상군

소년 김유신이 수련했던 절 옆의 마애불 둘러보기 (30분)

도보 40분 + 단석산 입구에서 택시 30분

무열왕릉

삼국 통일의 기틀을 마련한 태종 무열왕의 능 (30분)

도보 20분

서악동 왕릉군 & 삼층석탑

선도산 입구에 위치한 4기의 왕릉과 통일 신라 시대의 석탑 (30분)

도보 3분

서악 서원

김유신, 설총, 최치원의 위패를 모신 서원 (20분)

택시 20분

도착!

김유신 묘

삼국 통일에 가장 큰 공을 세운 김유신 장군의 묘 (20분)

금장대

날아가던 기러기도 쉬어 간다는 정자

경주 동국 대학교 인근 형산강가에 위치한 정자로 경주 시내를 한눈에 조망할 수 있다. 이곳의 경치가 어찌나 아름다운지 날아가던 기러기도 쉬어 간다고 해서 '금장낙안(金藏落雁)'으로 불리기도 했다. 지금의 정자는 2010년 발굴된 석축을 토대로 하여 복원된 것이다. 금장대는 야경으로도 인기를 끌고 있는데, 밤에 사람이 없어 으스스한 금장대로 가기보다는 형산강 건너편에서 바라보는 것이 좋다.

경주시 석장동 산38-1, 동국 대학교 인근 경주 고속터미널에서 40번, 51번 버스 이용하여 동국 대학교 하차, 도보 15분 경주 고속터미널 또는 경주역에서 동대교 건너 동국 대학교 방향

석장동 암각화

청동기 시대의 그림은 어떤 모양일까

금장대 아래에는 청동기 시대의 그림이 그려진 석장동 암각화가 있다. 1994년 동국대 학술 조사단에 의해 발견된 것으로, 자연석에 방패, 사람 얼굴, 돌칼, 꽃무늬 등이 새겨져 있는데 마모가 심해 알아보기 힘든 것이 아쉽다.

경주시 석장도 산38-1, 금장대 아래

동국 대학교 경주 캠퍼스 박물관

다양한 유물이 있는 작은 경주 박물관

박물관은 동국 대학교 경주 캠퍼스 내의 도서관 1층에 있다. 1983년 불교 유적의 수집, 발굴, 전시 등을 위해 설립되었고 금속류 165점, 옥석류 175점, 토기류 1,148점 등 총 3,000여 점을 보유하고 있으며 이 중에서 불상, 불화 등 450여 점을 전시한다. 작지만 다양한 유물이 전시되고 있고 불상, 기와 등에 대한 설명이 되어 있어 들를 만하다.

경주시 석장동 707, 동국 대학교 경주 캠퍼스 내 경주 고속터미널, 경주역(경주 우체국)에서 40번, 51번 버스 이용하여 동국 대학교 하차, 도서관 방향 도보 5분 경주 고속터미널 또는 경주역에서 동대교 건너 동국 대학교 방향 09:00~18:00 054-770-2462 www.dongguk.ac.kr/~museum

김유신 묘

삼국 통일의 주역, 김유신 장군의 묘

경주 서쪽 송화산 자락에 위치한 김유신의 묘는 674년 신라 문무왕 14년에 축조되었다. 봉분 둘레에 판석으로 호석을 둘렀고 호석 중간에 십이지신상을 새긴 탱석을 두었으며 봉분 앞에 혼유석과 비석을 세워, 여느 왕릉 못지않은 모습을 자랑한다. 아울러 김유신묘 옆에는 김유신의 위패를 모신 숭무전을 두어 고인의 명복을 빌고 있다.

〈삼국유사〉 중에 김유신은 595년 신라 진평왕 17년에 일(日), 월(月), 목(木), 화(火), 토(土), 금(金), 수(水) 등 7요의 정기를 받고 태어나 등에 7성의 무늬가 있었다고 기록되어 있다. 그는 각간 김서현의 장자이고 동생은 흠순, 맏누이는 보희, 누이동생은 문희이다. 문희는 서산에 올라 오줌을 누니 온 장안이 물에 잠겼다는 언니 보희의 꿈을 산 덕분에 김춘추와 혼인하였고, 김유신은 김춘추와 처남 매부 사이가 되었다. 훗날 김유신은 김춘추의 딸과 혼인하여 장인과 사위 사이가 되기도 한다.

〈삼국사기〉에 따르면, 김유신은 15세에 화랑이 되고 훗날 장군이 되어 고구려에 잡혀 있던 김춘추를 구하고 김춘추가 태종 무열왕에 오르자 당나라와 연합하여 백제와 고구려를 멸망시키고 삼국 통일의 대업을 이룬다. 고구려 정벌 후, 최고 지위인 태대각간에 올랐고 673년 신라 문무왕 13년에 숨을 거둬, 금산원에 장사를 지냈다. 835년 신라 흥덕왕 10년 흥무대왕으로 추봉되고 경주 서악 서원에 제향되었다. 김유신 묘 입구에는 김유신을 기리는 숭무전과 흥무대왕 이름을 딴 흥무 공원이 있어 잠시 들러도 좋다.

경주시 충효동 산7-10, 경주시내 서쪽 경주 고속터미널, 경주역(경주 우체국)에서 41번, 51번, 70번, 203번, 700번 버스 이용하여 경주 여중 하차, 도보 20분 경주 고속터미널 또는 경주역에서 서천교 지나 김유신 묘 방향 ₩ 성인 1,000원, 청소년 600원, 어린이 400원 09:00~18:00 054-749-6713

서악 서원

김유신을 모시는 서원으로 서원 스테이도 가능

서악 서원은 원래 김유신을 모시는 곳이었는데, 나중에 지방 유림의 의견으로 설총과 최치원을 함께 모시게 됐다. 원래는 선도산 아래에 있었으나 임진왜란 당시 불에 타 사라졌고 1602년 조선 선조 35년에 신위를 모신 집인 묘우를, 1610년에는 강당과 재사를 다시 지었다. 1623년 조선 인조 1년, 임금으로부터 편액, 토지, 노비 등을 하사받는 사액 서원이 되었다. 서원은 앞쪽에 공부하는 강당을 두고 뒤쪽에 위패를 모시는 묘우를 두는 전학후묘(前學後廟) 구조이며, 묘우, 공부방인 시습당과 절차헌, 강론장인 조설헌, 제사를 준비하는 전사청, 누각인 영귀루, 도동문으로 되어 있다. 매년 2월과 8월 음력 중순에 드는 정일(丁日)에 향사를 지낸다. 최근에는 서원 스테이를 실시해 고즈넉한 서원에서의 하룻밤을 보낼 수도 있다.

경주시 서악동 615, 김유신 묘 남쪽 경주 고속터미널, 경주역(경주 우체국)에서 60번, 61번 버스 이용하여 무열왕릉 하차, 도보 5분 경주 고속터미널 또는 경주역에서 서천교 지나 무열왕릉 방향(무열왕릉에 주차하고 서악 서원으로 걸어간다.) 09:00~18:00 054-774-1950

서악동 왕릉군

경주 선도산 자락에 신라 제47대 헌안왕릉, 제46대 문성왕릉, 제25대 진지왕릉, 제24대 진흥왕릉이 모여 왕릉군을 이루고 있다. 삼국 통일을 이룬 무열왕릉이 생각보다 작은 것처럼 이곳의 네 왕릉도 생전의 업적과 상관없이 크기가 작고 장식이 없는 편이다. 이 때문에 일부 능은 실제 주인이 아닐 수도 있다는 추측을 하기도 한다.

경주시 서악동 산92-2, 선도산 방향 경주 고속터미널, 경주역(경주 우체국)에서 60번, 61번 버스 이용하여 무열왕릉 하차, 무열왕릉 옆 골목 이용하여 선도산 방향 도보 10분 / 서악 서원에서 동네 길 이용하여 선도산 방향 도보 5분 경주 고속터미널 또는 경주역에서 서천교 지나 무열왕릉 방향

헌안왕릉

서악동 왕릉군의 제일 앞에 있는 왕릉

서악동 왕릉군 제일 앞에 위치한 신라 제47대 헌안왕의 능은 높이 4.3m, 지름 15.3m이고 원형 봉분 모양을 하고 있다. 헌안왕은 신무왕의 이복동생으로 문성왕의 유언으로 왕위에 올랐으나 재위 기간이 3~4년에 불과했다. 헌안왕은 왕위를 두 딸이 아니라 사위인 왕족 응렴에게 물려주었다.

〈삼국사기〉에 따르면, 헌강왕이 응렴의 지혜로움을 알고 두 딸 중 하나와 혼인을 시키고자 했다. 이에 응렴의 부모는 동생의 미모가 언니보다 낫다며 동생에게 장가가라고 했으나 응렴은 쉽게 결정하지 못하고 흥륜사 스님에게 물었다 스님은 언니에게 장가들면 세 가지 이익, 동생에게 장가들면 세 가지 손해가 있을 것이라고 했다. 이에 응렴은 언니를 선택

하여 왕에게 더욱 총애를 받아 첫 번째 이익, 왕에 올라 두 번째 이익, 나중에 동생까지 차비로 맞아 세 번째 이익을 모두 얻었다. 헌안왕은 죽은 뒤 공작지에 묻혔다고 전해지는데, 공작지는 선도산 일대로 추정하고 있다.

문성왕릉

장보고의 난을 평정한 왕

서악동 왕릉군에 위치한 신라 제46대 문성왕의 능으로 높이 5.5m, 지름 20.6m이고 원형 봉분을 하고 있다. 〈삼국사기〉에 따르면, 문성왕은 신무왕의 아들로 청해진 대사 장보고가 자신의 딸을 왕비로 삼지 않은데 앙심을 품고 반란을 일으키자 이를 평정하였고 임해전(동궁과 월지)을 크게 보수하였다. 857년 문성왕 19년에 왕이 죽자 공작지에 장사 지냈다고 전해진다.

진지왕릉

거칠부의 지원으로 왕위에 오른 왕

서악동 왕릉군에 위치한 신라 제25대 진지왕의 능으로 높이 3m, 지름 약 20m이고 원형 봉분 모양을 하고 있다. 진지왕은 진흥왕의 둘째 아들로 572년 신라 진흥왕 33년에 왕태자였던 형 동륜이 개에 물려 죽자, 동륜의 자식(백정, 훗날의 진평왕)이 있음에도 왕위에 올랐다. 이는 진흥왕 때부터 관직에 있던 상대등 거칠부의 지원에 따른 것이라 추측된다. 거칠부는 승려였다가 관직에 오른 자로 〈국사〉라는 책을 편찬하고 신라와 백제 연합군으로 고구려를 공격한 인물이다. 진지왕은 거칠부에게 전권을 맡기고 국정을 소홀히 한 까닭에 579년 왕위에서 폐위되고 죽음을 맞이한다. 〈삼국사기〉에는 그의 장지를 영경사 북쪽이라고 전하고 있다.

진흥왕릉

불교를 장려하고 〈국사〉를 편찬한 왕

서악동 왕릉군 중 제일 위쪽에 위치한 신라 제24대 진흥왕의 능으로 높이 5.8m, 지름 20m이고 원형 봉분을 하고 있다. 원래는 봉분 둘레로 자연석을 쌓아 호석을 둘렀으나 점차 흙이 허물어져 드문드문 돌이 보일 뿐이다. 〈삼국사기〉에 의하면, 진흥왕은 흥륜사를 세워 불교를 장려하였고 거칠부 등에게 〈국사〉를 편찬케 했으며 가야에서 우륵의 가야금을 즐겼고 가야와 한강 유역을 신라에 편입시켰으며 인재 양성을 위해 화랑제를 도입하는 등 공적이 많았다. 576년 진흥왕 37년에 왕이 죽자, 애공사 북쪽 봉우리에 장사 지냈다고 전해진다. 그의 많은 공적에 비하면 왕릉이 매우 소박하게 느껴진다.

서악동 삼층석탑

투박한 이중 기단이 눈길을 끄는 석탑

서악동 왕릉군 옆에 위치한 삼층석탑으로 보물 제65호이고 통일 신라 때의 것으로 추정된다. 얇고 평평한 하층 기단과 높고 투박한 정방형의 상층 기단의 이중 기단 위에 삼층의 탑신을 올렸는데 아래 투박하고 두꺼운 상층 기단과 삼층 탑신이 어울리지 않는 느낌이 든다. 하층 탑신 정면에는 좌우 두 명의 인왕상이 부조되어 있다.

서악동 마애여래삼존입상

선도산에서 경주 시내를 내려다보는 삼존

선도산 정상 부근에 위치한 마애여래삼존입상은 보물 제62호로 7세기 중엽에 만들어졌다. 가운데에 있는 본존불은 아미타여래입상이며 높이는 6.9m나 된다. 왼쪽의 관음보살상은 4.6m, 오른쪽의 대세지보살은 4.6m이다. 본존불은 암벽에 새겨진 마애불로, 양 어깨를 모두 덮은 법의를 입고, 한 손은 위로 손바닥을 펼치고 다른 손은 아래로 손바닥을 펼친 자세를 하고 있다. 특이하게도 좌우 보살상은 몸체를 따로 화강암에 조각하여 '凹'자 모양으로 홈이 파인 대좌에 끼운 형태를 띤다. 관음보살상은 화불 보관을 쓰고 왼손에 정병을 들고 있다.

마애여래삼존입상 옆에는 '성모사'라는 작은 사당이 있다. 선도산은 예로부터 신라를 지켜 주는 신령스런 성모가 있는 곳으로 알려졌다. 전설 속의 성모는 본래 중국 황실의 딸로서 이름은 사소라고 하는데, 신선술을 배워 진한(신라)에 왔고 신라의 시조인 박혁거세를 낳았다고 한다. 그 후 선도산에서 신비한 일이 자주 일어나므로 나라의 제를 지내는 삼사(三祠) 중의 하나로 삼고 매년 성모에게 제사를 지냈으며, 지금도 성모를 모시는 단체가 선도산에 있다.

경주시 서악동 704, 서악 서원 서쪽 · 서악 서원에서 도보 20분

선도산

경주의 서악에서 경주 시내 바라보기

경주 서쪽에 위치한 산으로 높이는 380m이고 서연산, 서형산, 서악이라고도 했으며 정상 아래에 서악동 마애여래삼존입상이 있다. 나무가 우거진 정상보다는 서악동 마애여래삼존입상이 있는 성모회 건물 부근에서 경주 시내를 내려다보기 좋다. 경주의 서악인 선도산과 송화산은 동악의 명활산과 토함산, 남악의 남산, 북악의 소금강산과 금학산과 더불어 경주를 에워싸고 있다. 산 아래 서악동 왕릉군을 돌아본 뒤, 서악동 마애여래삼존입상도 볼 겸 임도를 따라 천천히 걸어 보자. 서악동 왕릉군에서 정상까지는 1.5km이다.

경주시 서악동 704, 경주 시내 서쪽 · 경주 고속터미널, 경주역(경주 우체국)에서 60번, 61번 버스 이용하여 무열왕릉 하차, 무열왕릉 옆 골목 이용하여 도보 20분 · 경주 고속터미널 또는 경주역에서 서천교 지나 무열왕릉 방향

무열왕릉

삼국 통일의 기틀을 마련한 왕

신라 제29대 태종 무열왕의 능으로 높이 8.7m, 지름 36.3m이다. 봉분에 군데군데 호석으로 둘렀던 자연석이 노출되어 있고 봉분 앞에 혼유석이 놓여 있다. 무열왕은 진지왕의 아들로 이름은 김춘추이고, 김유신의 누이 문희와 결혼해 김유신과 처남 매부 사이이며 훗날 김유신이 김춘추의 딸과 결혼해 김유신의 장인이 된다. 〈삼국사기〉의 기록을 보면, 김춘추는 642년 신라 선덕여왕 11년 백제가 대야성을 함락하자 고구려로 가서 연개소문을 만나 연합하여 백제를 치자는 제의를 했으나 오히려 사로잡히고 김유신의 결사대에 의해 구출된다. 654년 진덕여왕이 죽은 후 군신의 추대로 진골 최초로 신라의 왕이 되었고 660년 신라 무열왕 7년에 당나라와 연합하여 백제를 멸망시켰다. 이어 고구려를 공격하다 죽어, 영경사 북쪽에 장사 지냈다고 전해진다. 668년 무열왕의 맏아들 법민(문무왕)이 고구려를 멸망시키고 676년 당나라 군사를 몰아내 삼국 통일의 위업을 달성했다.

경주시 서악동 842, 서악 서원 옆 경주 고속터미널, 경주역(경주 우체국)에서 60번, 61번 버스 이용하여 무열왕릉 하차 경주 시외버스터미널 또는 경주역에서 서천교 건너 무열왕릉 방향 ₩ 성인 1,000원, 청소년 600원, 어린이 400원 09:00~18:00 ☎ 054-772-4531

태종무열왕릉비

정교한 조각이 돋보이는 귀부와 이수

무열왕릉 앞에 있는 비석으로 국보 제25호이며 태종 무열왕의 업적을 기리기 위해 세워졌다. 현재 탑신은 사라지고 없고 거북 모양의 받침돌인 귀부와 머릿돌인 이수만 남아 있는데 이수 중앙에 '태종무열대왕지비(太宗武烈大王之碑)'라고 적혀 있다. 귀부에는 거북이가 머리를 치켜들고 있고 이수에는 좌우 여섯 마리의 용이 서로 세 마리씩 엉켜 여의주를 물고 있는 형상을 하고 있다.

Travel Tips

비석의 구조

무열왕릉이나 김인문 묘 앞에 있는 비석은 대개 능이나 묘를 조성한 내력을 적고 있다. 이들 비석은 살아 있는 듯 생생하게 조각된 거북이 등에 비석이 세워져 있고 그 위에 용이 또아리를 튼 모양의 머릿돌이 올려져 있다. 비석의 각 부분에도 세세한 명칭이 있어 알아 두면 이해하는 데 도움이 된다.

비석은 크게 거북 모양의 받침돌인 '귀부', 글씨를 새기는 부분인 '비신', 용을 새겨 장식한 머릿돌인 '이수'로 나눌 수 있다. 넓적한 지대석 위에 놓인 귀부의 등에는 비신을 꽂기 위한 '비좌'가 있어 비신을 꽂고, 비신 위에 머릿돌인 이수가 올라가는데 이수는 대개 용 모양이지만, 나중에는 용이 아닌 해태 모양을 한 것도 있다. 이수의 옆부분에는 '제액'이라 하여 비석의 이름을 새긴다.

서악동 고분군

왕릉보다 더 큰 고분들은 누구의 능?

무열왕릉 뒤쪽에 위치한 4기의 고분으로 무열왕릉보다 크다. 서악동 고분군의 크기는 높이 약 15m, 지름 약 30m에 달하고 원형 또는 타원형 봉분 모양을 하고 있다. 평지인 대릉원의 고분이 돌무지덧널무덤(적석 목곽분)인데 비해, 서악동 고분군처럼 구릉지에 위치한 고분의 구조는 돌방무덤(석실분)인 경우가 많다. 서악동 고분군이 무열왕릉과 가깝게 있고 크기가 더 크거나 비슷하므로 무열왕과 가까운 사람이 묻힌 것으로 추정된다. 무열왕릉을 지나

거대한 4기의 고분군 주위를 산책하다 보면 고분 크기에 압도되어 이색적인 느낌이 든다.

경주시 서악동 842, 무열왕릉 뒤

김인문 묘

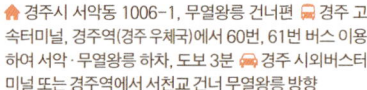

삼국 통일의 막후 기여자, 김인문의 묘

무열왕릉 건너편에 위치한 신라 공신 김인문의 묘로 높이 4m, 지름 23m이다. 김인문은 태종 무열왕의 둘째 아들로 형은 문무왕이다. <삼국사기>를 보면, 김인문은 651년 신라 진덕여왕 5년 23세 때 왕명으로 당나라를 일곱 번이나 오가며 외교에 기여했고 삼국 통일을 위한 당나라 연합군을 청하는 데 큰 역할을 했다. 694년 신라 효소왕 3년에 당나라에서 죽었고 효소왕이 그를 태대각간에 임명하여 서라벌 서쪽 언덕에 장사 지냈다.

경주시 서악동 1006-1, 무열왕릉 건너편 경주 고속터미널, 경주역(경주 우체국)에서 60번, 61번 버스 이용하여 서악·무열왕릉 하차, 도보 3분 경주 시외버스터미널 또는 경주역에서 서천교 건너 무열왕릉 방향

서악동 귀부

섬세한 조각이 인상적인 귀부

서악동 귀부는 김인문 묘 옆의 비각 안에 놓여 있으며, 보물 제70호이다. 원래의 비석 중에서 내용이 적힌 비신과 머릿돌인 이수가 없고, 받침돌인 귀부만 남아 있다. 귀부의 크기는 높이 1.2m, 길이 2.8m, 너비 2.1m로 섬세한 거북 조각이 인상적이다. 이 귀부 위에 놓여 있던 묘비는 국립 경주 박물관에 소장되어 있다.

김양 묘

신무왕을 왕위에 올린 공신

김인문 묘 옆에 위치한 신라 공신 김양의 묘로 높이 3m, 지름 20m이고 원형 봉분만 있다. 〈삼국사기〉에 따르면, 김양은 태종 무열왕의 9대손으로 태어나면서부터 영특했다. 신라 흥덕왕이 죽은 후, 흥덕왕의 사촌동생의 아들인 제륭(희강왕)과 왕의 다른 사촌동생 균정이 왕위를 놓고 다투게 되었는데, 김양은 균정의 편을 들었다가 제륭에게 쫓겨 청해진으로 갔다. 839년 청해진에서 장보고의 군사를 빌려서 제륭 사후 왕이 된 김명(민애왕)을 물리치고 균정의 아들 우징(신무왕)을 왕위에 올렸다. 857년 김양이 죽자 신무왕의 아들 문성왕이 대각간에 임명하고 태종대왕 곁에 묻었다고 전해진다.

효현동 삼층석탑

이중 기단의 크기에 비해 탑신이 작은 듯

경주 효현동 마을 안에 위치한 삼층석탑으로 보물 제67호이고 통일 신라 때의 것으로 추정된다. 4개의 넓적한 돌판을 깐 하층 기단과 정방형 판석으로 만든 상층 기단이 있는 이중 기단 위에 삼층 탑신을 올렸으나 기단의 크기에 비해 삼층 탑신의 크기가 작아 보인다. 〈동경잡기〉에 따르면, 탑이 있는 곳에 애공사라는 절이 있었다고도 한다.

경주시 효현동 420, 마을 안 경주 고속터미널, 경주역(경주 우체국)에서 60번, 61번 버스 이용하여 무열왕릉 지나 효현동 하차, 마을 길 따라 도보 20분 경주 시외버스터미널 또는 경주역에서 무열왕릉 지나 효현교 전에 우회전, 마을 안쪽 방향

법흥왕릉

이차돈의 순교로 불교를 공인한 왕

효현동 삼층석탑 부근 야산에 위치한 신라 제23대 법흥왕의 능으로 높이 3m, 지름 13m이고 봉분 앞에 혼유석이 놓여 있다. 〈삼국사기〉에 따르면, 법흥왕은 지증왕의 아들로 520년 신라 법흥왕 7년에 율령을 반포하였고, 527년 법흥왕 15년에는 이차돈의 순교로 처음으로 불교를 공인하였다. 532년 법흥왕 19년 본가야(금관국)를 병합해 금관군을 두었고, 536년 법흥왕 23년 신라 독자적인 연호인 건원을 사용했다. 540년 법흥왕 27년 왕이 죽자, 애공사 북쪽 봉우리에 장사 지냈다고 전해진다. 이처럼 많은 업적에도 불구하고 법흥왕의 능은 소박하기 그지없다.

경주시 효현동 산63, 무열왕릉 서쪽 효현동 삼층석탑이 있는 마을에서 나와 마을 길 따라 서쪽으로, 산 사이로 지나는 첫 번째 길 지나, 두 번째 야산 가운데로 향하는 마을 길 이용하여 도보 10분

율동 마애여래삼존입상

산기슭에 숨은 신비한 삼존불

율동 벽도산 기슭에 위치한 마애여래삼존입상으로 보물 제122호이고, 8세기경 만들어진 것으로 추정된다. 두대 마을 안쪽 산기슭에 있어 현지 표지판에는 '두대리 마애여래삼존입상'이라 적혀 있다. 율동 마애여래삼존입상은 서쪽을 향한 것으로 보아 아미타삼존불로 추정되므로 중앙 본존불이 아미타불이고, 왼쪽 보살이 정병을 든 것으로 보아 관음보살임을 알 수 있다. 본존불은 튼실한 얼굴에 균형 잡힌 몸매를 하고 있고 좌우 보살은 본존불에 비해 두드러지지 않게 조각되었다. 마애여래삼존입상 옆에는 작은 사찰이 있으나 인기척은 들리지 않는다.

경주시 율동 1079-1, 벽도산 서쪽 경주 고속터미널, 경주역(경주 우체국)에서 60번, 61번 버스 이용하여 두대 마을 입구 하차, 마을 안쪽 산기슭으로 올라 도보 20분 경주 고속터미널 또는 경주역에서 무열왕릉 지나 율동 방향

전(傳) 민애왕릉

장보고의 군사에게 공격을 받은 왕

신라 제44대 민애왕의 능으로 봉분 둘레에 정방형의 돌로 호석을 둘렀고 지주석을 놓았으며 높이는 3.8m, 지름은 12.6m이다. 민애왕은 원성왕의 증손으로 836년 제륭과 균정의 왕위 다툼에서 제륭을 도와 희강왕이 되게 하였으나, 838년 시중과 함께 희강왕을 협박해 자살케 하고 스스로 왕이 되었다. 이 소식을 들은 균정의 아들 우징이 청해진의 장보고에게서 군사를 빌려 민애왕을 공격해 대승을 거두었고 민애왕은 패잔병에게 목숨을 잃었다. 1984년 왕릉을 수리했을 때 '원화십년(元和十年, 815년)'이라고 쓰인 뼈 단지가 발견되었기 때문에, 민애왕릉이 아닌 헌덕왕 앞대의 왕릉으로 보기도 한다. 마을에서 산 쪽으로 올라가면 있는데 인적이 드문 곳이므로 동행과 함께 가는 것이 좋다.

경주시 내남면 망성리 산42, 상염불지 저수지 부근 경주 시외버스터미널에서 330번 버스 이용하여 율동못안 하차, 마을로 들어가 산 쪽 방향 도보 15분 경주 고속터미널 또는 경주역에서 서천교 건너 무열왕릉, 율동 지나 망성리 방향, 상염불지 지나 마을 방향

희강왕릉

한적한 숲 속에 있는 왕릉을 찾아서

전 민애왕릉에서 남쪽으로 난 산길을 걸어가면 신라 제43대 희강왕의 능이 보인다. 별다른 특징이 없는 원형 봉분으로 높이는 2.8m, 지름은 14m이다. 희강왕은 원성왕의 손자로, 흥덕왕이 후손 없이 죽은 이후 삼촌인 균정과의 권력 다툼에서 이겨 왕이 되었으나, 상대등 김명(민애왕)이 난을 일으키자 자결하였다. 〈삼국사기〉에 소산에 장사 지냈다고 기록되어 있다.

경주시 내남면 망성리 산34 경주 시외버스터미널에서 330번 버스 이용하여 율동못안 하차, 마을로 들어가 산 쪽 방향 도보 15분 경주 고속터미널 또는 경주역에서 서천교 건너 무열왕릉 지나고 효천교 건너 망성리 방향, 상염불지 지나 마을 방향

경덕왕릉

땅 이름과 관직명을 중국식으로 바꾼 왕

신라 제35대 경덕왕의 능으로 높이는 약 4m, 지름은 약 20m이다. 봉분 둘레에는 판석으로 호석을 둘렀고 호석 중간에 십이지신상이 새겨진 탱석을 두었으며 난간석을 설치하였다. 〈삼국사기〉에 따르면, 경덕왕은 효성왕의 동생으로 효성왕이 후사가 없어 왕위를 이었다. 747년 신라 경덕왕 6년에 중시라는 관직명을 시중으로 바꾸었고 국학에 박사와 조교를 두었으며, 757년 경덕왕 16년 이후에는 신라의 땅이름과 관직명을 모두 중국식으로 바꾸는 정책을 썼다. 이는 왕권 강화를 위한 것이었다. 765년 경덕왕 24년 왕이 죽자 모지사 서쪽에 장사 지냈다고 전해진다.

🏠 경주시 내남면 부지리 산8 🚌 경주 시외버스터미널에서 502번 버스 이용하여 부지2리 하차, 도보 10분 🚗 경주 고속터미널 또는 경주역에서 서천교 건너 무열왕릉 지나고 효천교 건너 망성리 지나 부지리 방향 또는 터미널에서 포석정·용장골 지나 인천교 건너 부지리 방향

금척리 고분군

들판에 산재한 고분들

경주 건천읍 금척리에 위치한 고분군으로 도로 양측으로 크고 작은 52기의 고분들이 산재해 있으며, 신라 시대 귀족의 무덤으로 추측된다. 금척리라는 이름은 이들 고분 중에 금척(金尺, 금으로 된 자)이 부장되었다는 전설에 기인한다. 전설에 따르면 금척은 박혁거세가 신인으로부터 받은 것으로 왕위의 신표이며 병든 자를 치료하는 신기한 능력이 있었다. 세월이 지나 금척의 소문을 들은 당나라 황제가 금척을 바치라고 하자 김춘추가 땅에 묻어 감췄고 이 때문에 훗날 신라가 망하게 되었다고 한다.

대구-경주 국도를 건설할 당시 2기의 고분이 발굴되어 고분의 구조가 돌무지덧널무덤(적석 목곽묘)임이 밝혀졌으며, 금귀걸이인 세환식 금이식, 호박옥, 철도 등이 출토되었다. 금척리 고분군 길가에는 주차할 곳이 마땅치 않으니 주의한다.

🏠 경주시 건천읍 금척리 192-1, 무열왕릉 서쪽 🚌 경주 고속터미널, 경주역(경주 우체국)에서 300번, 305번, 337번 버스 이용하여 금척 하차 🚗 경주 고속터미널 또는 경주역에서 무열왕릉 지나 금척리 고분군·건천 방향

신선사

소년 김유신이 수련을 했던 곳

단석산 서쪽 기슭에 위치한 사찰로 7세기 자장의 제자 잠주가 창건했다. 전설에 따르면 김유신이 삼국통일의 큰 뜻을 품고 중악(단석산)의 석굴에서 기도하던 중에 한 노인이 나타나 보검을 주었는데, 그 보검으로 바위를 내리쳤더니 바위가 갈라져 단석산이란 이름이 생겼다. 또한 그 바위가 갈라진 곳에 단석사(신선사)를 세웠다고 한다. 김유신이 기도했다는 석굴은 신선사 북쪽에 위치하고 있다. 신선사(神仙寺)라는 이름은 1969년 신라 오악 조사단이 바위에 새겨진 명문을 찾아 절이 있던 석굴의 이름이 단석사가 아닌 신선사임을 밝혀 냈다. 현재 신선사에는 관음전, 산령각, 요사채 등의 건물이 있고 신선사 마애불상군을 구경하고 단석산 오르는 길에 쉬어 가기 좋다. 다만, 국립 공원 지킴터에서 신선사까지 오르는 길이 내내 오르막이어서 조금 힘들 수도 있다.

경주시 건천읍 송선리 산89, 단석산 서쪽 경주 고속터미널, 경주역(경주 우체국)에서 350번 좌석버스 이용하여 우중골(단석산 입구) 하차, 우중골에서 오덕선원, 국립 공원 지킴터 지나 신선사까지 도보 1시간 경주 고속터미널 또는 경주역에서 무열왕릉 · 금척리 고분군 · 건천 지나 단석산 우중골 방향 054-751-0209 www.sinseonsa.com

신선사 마애불상군

거대한 바위 사면에 새겨진 불상들

신선사 옆에 위치한 신라 6세기 무렵의 마애불상군으로 국보 제199호이다. 커다란 바위가 'ㄷ'자 모양으로 높이 솟아 석실을 이루고 있고, 이 바위에 총 10개의 불상과 보살상이 새겨져 있다. 동북쪽 바위의 미륵본존불, 동쪽 바위의 관음보살상, 남쪽 바위의 지장보살상이 삼존상을 이룬다. 북쪽 바위에는 여래입상과 보살상, 공양상, 반가사유상 등이 조각되어 있다. 이중 반가사유상은 고대 신라 마애상으로 유일한 것이다.

경주시 건천읍 송선리 산89, 단석산 서쪽 신선사에서 도보 1분 신선사 054-751-0209, 경주 국립 공원 054-741-7612 신선사 www.sinseonsa.com

단석산

칼로 바위를 가른 김유신의 전설이 서린 산

경주시 건천읍 방내리에서 내남면 비지리에 걸쳐 위치한 산으로 높이는 829m이고 신라 시대 화랑들의 수련장이었다. 전설에 따르면 김유신이 17세 때 삼국 통일의 위업을 이룰 비법을 찾고자 단석산에 들어가 기도하다가, 난승이라는 도승을 만나 보검을 얻어 시험 삼아 보검으로 바위를 내리치니 갈라졌다고 한다. 그로 인해 단석산(斷石山)이란 이름이 생겼다. 산 정상의 표지돌 옆에 반으로 갈라진 바위가 있는데, 이것이 바로 그 단석이다. 단석산은 경주의 지붕이라고 할 만큼 경주 일대에서 가장 높은 산으로 산세가 웅장하고 봄이면 진달래꽃이 만발해 등산객이 즐겨 찾는다. 단석산 내 신선사, 신선사 마애불상군, 인근 금척리 고분군, 율동 마애여래삼존불상 등을 둘러보아도 좋다. 다만, 산 아래의 국립 공원 지킴터에서 신선사를 거쳐 단석산 정상까지 가는 길이 내내 오르막이어서 조금 힘들 수 있다.

경주시 건천읍 방내리~내남면 비지리 경주 고속터미널, 경주역(경주 우체국)에서 350번 좌석버스 이용하여 우중골(단석산 입구) 하차, 우중골에서 오덕선원, 국립공원 지킴터, 신선사 지나 도보 2시간 경주 고속터미널 또는 경주역에서 무열왕릉 · 금척리 고분군 · 건천 지나 단석산 우중골 방향, 우중골에서 오덕선원 부근까지 진입가능. ☎ 경주 국립 공원 054-741-7612

동대 막창

지글지글 고소한 막창, 삼겹살 익는 냄새

경주 동국 대학교 앞에는 이렇다 할 유흥가가 없는 대신, 동대교 건너 경주 여고 사거리 부근에 동대생이 모이는 유흥가가 형성되어 있다. 경주 여고 사거리 서쪽은 퓨전 주점, 바, 식당, 카페 등이 모여 있고, 동쪽은 막창 거리로 구분된다. 동대 막창은 1980년에 개업한 전통의 막창, 삼겹살 전문점이다.

경주시 성건동 620-379, 경주 여고 사거리 동쪽 막창 거리 경주 고속터미널, 경주역(경주 우체국)에서 40번, 41번, 50번, 51번 버스 이용하여 경주 여고 사거리 하차, 도보 5분 경주 고속터미널 또는 경주역에서 성건동 · 경주 여고 사거리 방향 돼지막창 6,000원, 삼겹살 6,000원, 대패삼겹살 5,000원(모두 3인분 기본) 054-776-5500

육림 한우 식육 식당

돼지고기 없는 정통 한우구이집

건천 식육 식당 거리에 위치해 있으며, 한우 전문 식당으로 돼지고기는 취급하지 않는다. 신선한 한우를 엄선해 숯불에 구워 먹는 맛은 둘이 먹다 하나가 사라져도 모를 지경이다.

경주시 건천읍 건천리 221-22, 건천 농협 사거리 동쪽 경주 고속터미널에서 300번, 305번 버스 이용하여 건천 시장 하차, 건천농협 사거리에서 오른쪽으로 도보 5분 경주고속터미널 또는 경주역에서 무열왕릉 · 금척리 고분군 지나 건천 방향 한우 갈비살 20,000원, 등심 20,000원 054-751-7272

대림 농장 식육 식당

농장에서 직접 공수한 신선한 고기 제공

건천 식육 식당 거리에 위치하고 있고 돼지 농장에서 직접 공수한 신선한 고기만을 이용하여 고기의 쫄깃함을 더한다. 두툼한 돼지고기를 숯불에 올려 구우면 이내 탱탱하고 먹기 좋은 돼지고기 구이가 된다.

🏠 경주시 건천읍 건천리 224, 건천 농협 사거리 동쪽 🚌 경주 고속터미널에서 300번, 305번 버스 이용하여 건천 시장 하차, 건천 농협 사거리에서 오른쪽으로 도보 5분 🚗 경주 고속터미널 또는 경주역에서 무열왕릉 · 금척리 고분군 지나 건천 방향 🍲 돼지갈비 7,000원, 삼겹살 7,000원, 목살 7,000원, 공기밥 1,000원 ☎ 054-751-3332

영남 암소숯불

쫄깃한 삼겹살이 맛있고 된장찌개도 구수한 곳

건천 식육 식당 거리에 위치해 있고 신선하고 육질이 좋은 고기를 내고 있어 손님에게 환영을 받고 있다. 한우 갈비살이나 돼지고기 삼겹살 등 어느 고기를 선택해도 맛있게 먹을 수 있다. 아울러 한 냄비 끓여 내는 된장찌개의 맛도 구수하다.

🏠 경주시 건천읍 건천리 221-30, 건천 농협 사거리 동쪽 🚌 경주 고속터미널에서 300번, 305번 버스 이용하여 건천 시장 하차, 건천 농협 사거리에서 오른쪽으로 도보 5분 🚗 경주고속터미널 또는 경주역에서 무열왕릉 · 금척리 고분군 지나 건천 방향 🍲 돼지갈비 7,000원, 삼겹살 6,000원, 한우 갈비살 15,000원, 등심 15,000원, 공기밥 1,000원 ☎ 054-751-3628

카페 마운틴

동국대 박물관 구경도 하고 커피도 마시고

경주 동국 대학교 도서관 옆에 위치한 노천카페이다. 학생을 대상으로 하기 때문에 가격이 저렴하고 양도 많아 학생들이 줄을 선다. 동국대 도서관 1층에 있는 박물관을 구경한 뒤, 학교 카페의 커피 맛을 보아도 좋을 듯. 도서관 건너편 학생회관 내에는 학생식당도 있다.

경주시 석장동 707, 도서관 옆 경주 고속터미널, 경주역(경주 우체국)에서 40번, 41번, 50번, 51번 버스 이용하여 동대 하차, 도보 5분 경주 고속터미널 또는 경주역에서 동대교 건너 동대 방향 아메리카노, 에스프레소, 스무디 등 5,000원 내외

슈만과 클라라

형산강과 금장대를 바라보며 커피 한잔

경주 동대교 남쪽 강가에 위치한 커피 전문점으로, 1층에 꽤 규모가 큰 로스팅장을 갖추고 있고 2층에 커피숍이 있다. 신선한 원두로 직접 로스팅한 커피를 맛볼 수 있어 좋고 커피숍 창을 통해 건너편 형산강과 동대 풍경을 바라볼 수도 있다.

경주시 성건동 690-14, 동대교 남쪽 강변 경주 고속터미널, 경주역(경주 우체국)에서 40번, 41번, 50번, 51번 버스 이용하여 성건 주공 아파트 하차, 성건 주공 아파트 지나 강변 방향 도보 5분 경주 고속터미널 또는 경주역에서 동대교 방향, 동대교 못 미쳐 강변 도착 아메리카노, 에스프레소, 카푸치노 등 10,000원 내외 054-749-9449

살아 있는 불교 박물관

남산권

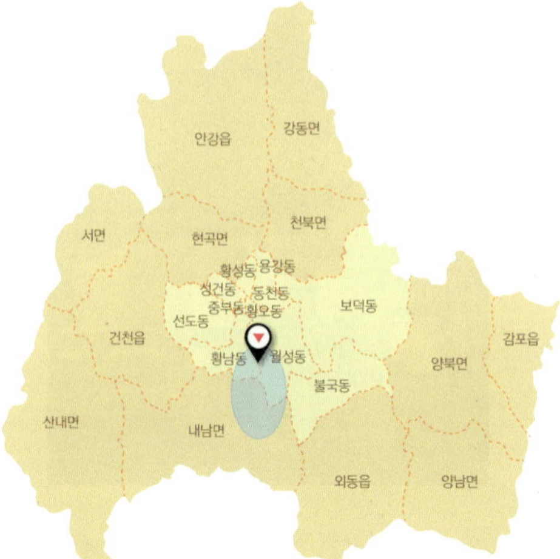

불교 유적과 왕릉이 곳곳에 숨어 있는 산

남산은 경주 남쪽에 위치한 물방울 모양의 산으로 산골짜기마다 사찰과 불탑, 불상이 있어 살아 있는 불교 박물관으로 불린다. 남산의 동쪽과 서쪽, 어느 쪽으로도 오르기 쉽고 발길 닿는 곳마다 불교 유적을 만날 수 있다. 산 중턱에서 경주를 내려다보는 불상과 불탑들은 찬란했던 신라 불교 문화의 진수를 보여 준다. 또한 남산에는 신라의 시조인 박혁거세가 태어난 나정과 경애왕이 견훤에게 죽임을 당한 포석정이 있어 신라 왕가의 처음과 끝을 함께 볼 수 있는 곳이기도 하다.

남산권

월성
7
국립 경주
박물관
천관사지
오릉
선덕여왕릉
효공왕릉
신문왕릉
양산재
나정
월암재
남간사지 석정
해목령
일성왕릉
남간사지 당간지주
경상북도
산림 환경 연구원
보리사
35
서라벌 광장
창림사지 삼층석탑
부성 식당
포석정
윤을곡 마애불좌상
지마왕릉
화랑 교육원
일천바위
헌강왕릉
삼불사
단감 농원
할매 칼국수
배동 석조여래삼존입상
부흥사
정강왕릉
서남산 주차장
삼릉
늠비봉 오층석탑
금오정
통일전
삼릉 계곡
경애왕릉
바둑바위
서출지
상선암
상사바위
여기당
칠불암 식당
1
남산동 동·서 삼층석탑
팔각정 터
남산 부석
남정 부일 기사 식당
염불사지 동·서 삼층석탑
사자봉
냉곡 석조여래좌상
삼릉 계곡 마애관음보살입상
남산 정상(금오산)
삼릉 계곡 선각육존불
삼화령 대연화대
삼릉 계곡 선각여래좌상
삼릉 계곡 석조여래좌상
삼릉 계곡 마애석가여래좌상
용장사지
용장사곡 석조여래좌상
용장사곡 마애여래좌상
용장사곡 삼층석탑
칠불암
용장리
용장 계곡
칠불암 마애불상군
이무기바위
곰바위
신선암 마애보살반가상
고위산
경부 고속
부지리
35
경덕왕릉
열암곡 석불좌상·마애여래입상
형산강
이조리
용산 서원
수리뫼
내남면사무소
노곡리
이조교
백운교
경부 고속
내남 농공 단지

남산권 하루 코스

서출지 → 칠불암 마애불상군 → 신선암 마애보살반가상 → 열암곡 석불좌상 & 마애여래입상 → 삼릉 → 포석정

경주 남산의 하이라이트인 칠불암, 신선암, 열암곡의 불교 유적과 포석정, 삼릉 계곡의 여러 왕릉을 하루에 돌아보는 코스로, 칠불암에서 열암곡(새갓골)으로 넘어가는 산길이 조금 부담스럽지만 남산의 높이가 낮고 길도 무난하여 금방 넘어갈 수 있다. 다만 열암곡에서 내려와 삼릉으로 이동할 때 버스 배차 간격이 길기 때문에, 시간대가 안 맞는다면 택시를 이용하는 방법을 추천한다. 전체적으로는 하루를 조금 일찍 시작해야 하는 코스이다.

출발!

서출지

〈삼국유사〉 이야기의 배경이 된 아름다운 연못과 정자 (10분)

도보 50분

칠불암 마애불상군

두 개의 바위에 새겨진 삼존불과 사면불상 (20분)

도보 10분

신선암 마애보살반가상

절벽 위에서 속세를 굽어보고 있는 보살상 (20분)

도보 1시간

열암곡 석불좌상·마애여래입상

석굴암 본존불을 닮은 석불좌상과 거대한 마애여래입상 (10분)

도보 30분
+노곡2리
노인정에서
버스 40분

삼릉

나란히 솟은 신라 아달라왕, 신덕왕, 경명왕의 능 (20분)

버스 20분

도착!

포석정

구불구불 수로에 잔을 띄우고 시를 지으며 놀던 곳 (20분)

나정

신라 시조 박혁거세가 탄생한 곳

남산 북쪽 탑동에 위치한 우물로, 신라의 시조 박혁거세가 탄생한 신령스러운 곳이다. 발굴 당시 팔각 건물 터, 우물 터, 담장 터, 부속 건물 터 등이 발견되어 신라 신궁 또는 박혁거세에게 제사를 지내던 신궁일 것으로 추정된다. 〈삼국유사〉에 따르면, 양산(남산) 나정가에 번개 같은 이상한 빛이 드리우고 백마가 무릎을 꿇고 절하는 모습이 보였는데 그곳에 자줏빛 알이 있었다. 알 속에서 사내아이가 나와 동천에서 목욕을 시키니 몸에서 광채가 나고 새와 짐승이 춤추며 천지가 진동하고 해와 달이 밝아졌다. 알이 박처럼 생겼다고 해서 성을 박(朴)이라 하고, 밝은 빛으로 세상을 다스린다고 하여 이름을 혁거세로 지었다고 전해진다. 현재 복원 공사 중이다.

경주시 탑동 700-1, 오릉 남동쪽 / 경주 고속터미널, 경주역(경주 우체국)에서 500번 버스 이용하여 나정 입구 하차, 도보 5분 / 경주 고속터미널 또는 경주역에서 오릉 지나 나정 방향

양산재

신라 초기 6촌의 촌장 위패를 모신 곳

나정 안쪽에 있는 사당으로 신라 초기 6촌의 촌장 위패를 모시고 있다. 〈삼국사기〉에 따르면, 고조선 유민들이 알천의 양산촌, 돌산의 고허촌, 취산의 진지촌(또는 간진촌), 무산의 대수촌, 금산의 가리촌, 명활산의 고야촌 등 6촌을 이루고 살았고 이것이 진한 6부가 된다. 기원전 57년 진한 6부의 추대로 박혁거세가 왕위에 오르고 나라 이름을 서라벌이라고 했다. 3대 유리왕 때 그 공로를 인정해 양산촌은 이씨, 고허촌은 최씨, 진지촌은 정씨, 대수촌은 손씨, 가리촌은 배씨, 고야촌은 설씨로 성씨를 내려 각각 그 성씨의 시조가 되었다. 지금의 양산재는 1970년에 지은 재실 양식의 건물로 제일 안쪽 입덕묘에 여섯 성씨 시조의 위패가 모셔져 있고 홍익문, 사당인

윤적당과 익익재, 대덕문 등으로 되어 있다. 아쉽게도 안으로 들어가 볼 수는 없다.

경주시 탑동 690-3, 오릉 남동쪽 / 나정에서 동쪽으로 도보 5분

남간사지 당간지주

신라 시대 남간사의 당간지주

남간 마을 앞에 위치한 남간사지 당간지주는 보물 제909호이고 높이는 3.6m, 두 기둥의 간격은 0.7m이다. 당간지주에는 중간에 장대를 고정할 수 있는 두 개의 구멍이 뚫려 있고 당간지주 위쪽에는 독특하게 십자형의 홈이 파여 있는 것을 볼 수 있다.

당간이란 부처나 보살의 공덕을 기리거나 악귀를 물리칠 목적으로 사찰 앞 기둥에 매달았던 깃발을 뜻하며, 당간지주는 이 깃발을 매단 장대를 세우던 지지대를 가리킨다.

경주시 탑동 858-6, 남간 마을 앞 남간사지 석정에서 도보 5분

남간사지 석정

현대까지 보존된 신라 때의 우물

나정과 양산재 안쪽의 마을이 남간 마을이고 이 마을에 신라 우물이 남아 있다. 우물은 한 면이 약 1.2m인 사각형이고 현재 깊이는 1.4m이다. 우물 내부는 돌로 쌓고 입구는 2개의 원형 틀로 마감했는데 원형 틀의 지름은 0.88m이다. 남간사지 석정은 재매정 우물과 함께 신라 고유의 우물 형태를 잘 보여 준다. 우물은 남간사라는 절이 있었던 터에 위치해 있는데, 〈삼국사기〉에 따르면 남간사는 820년 헌덕왕 12년 이전에 있었다고 하고 남간 마을 앞쪽에 당간지주가 있는 것으로 보아 사찰이 꽤 컸던 것으로 짐작된다.

경주시 탑동 902, 남간 마을 안쪽 양산재에서 남간 마을 안쪽으로 도보 10분

일성왕릉

농업을 장려한 왕

남간 마을 안쪽, 남산 해목령 서쪽 자락에 위치한 신라 제7대 일성왕의 능으로 높이는 5m, 지름 15m이고 원형 봉분을 하고 있다. 일성왕의 성씨는 박씨이고 〈삼국사기〉에는 유리왕의 아들로 기록되어 있지만, 〈삼국유사〉에는 유리왕의 조카 또는 지마왕의 아들이라는 설이 있다. 일성왕은 농토를 늘리고 제방을 쌓는 등 농업을 장려했다. 일설에는 해목령 자락에 있는 것으로 보아 경애왕릉으로 추정하는 의견도 있다.

경주시 탑동 산23, 남간 마을 안쪽 남간사지 석정에서 야산 방향, 작은 사찰 지나 도보 10분

창림사지 삼층석탑

신라 최초의 궁궐 터에 서 있는 석탑

남간 마을 남쪽의 산기슭에 위치한 삼층석탑으로, 석탑 속에서 발견된 〈창림사 무구정탑원기〉에 따르면 855년 신라 문성왕 17년에 건립되었다. 삼층석탑은 2단 기단 위에 삼층의 탑신이 올라간 형태를 띤 전형적인 통일 신라 석탑이며, 2단 기단 중 상층 기단에는 인왕상이 부조되어 있다. 〈삼국유사〉에는 창림사지가 신라 최초의 궁궐지였다고 기록되어 있다. 통일 신라 때 사찰이 창건된 이래 고려를 거쳐 조선 초까지 유지되었으나 이후 폐허가 되어 석탑과 주춧돌 등만 남게 되었다.

창림사지 삼층석탑은 산 중턱에 위치해 있어서 남산 서쪽의 풍경을 조망하기 좋고, 산 아래에서도 언덕 위에 세워진 삼층석탑이 한눈에 들어온다.

경주시 배동 6-2, 남간 마을 남쪽 산기슭 남간사지 당간지주에서 도보 10분

포석정

구불구불 수로에 술잔을 띄우며 놀던 곳

통일 신라 때의 정원 시설로, 남산에서 흘러내린 물이 돌로 만든 구불구불한 수로를 통해 한 바퀴 돌아 나오게 만들었다. 신라 왕이 이곳에서 연회를 열어 곡선 수로에 술잔을 띄우고 시를 지으며 풍류를 즐긴 것으로 추측된다. 〈삼국사기〉에는 927년 경애왕 4년 후백제의 견훤이 포석정에서 유희를 즐기던 경애왕을 습격해, 왕을 죽이고 경순왕을 왕위에 올렸다는 기록이 전해진다. 하지만 〈화랑세기〉 필사본에는 포석정을 포석사로 칭하고 있고 포석정 발굴 당시 근처에서 건물터와 제사 때 쓰는 제기들이 출토되어, 포석정이 유희 장소가 아닌 제를 지내던 곳일 수 있다는 견해도 있다.

경주시 배동 454-3, 남산 서쪽 경주 고속터미널, 경주역(경주 우체국)에서 500번 버스 이용하여 포석정 하차, 도보 5분 경주 고속터미널 또는 경주역에서 오릉 지나 포석정 방향 ₩ 성인 1,000원, 청소년 600원, 어린이 400원 09:00~18:00 054-745-8484

지마왕릉

가야와 말갈을 물리친 왕

포석정 옆에 위치한 신라 제6대 지마왕의 능으로 높이는 3.4m, 지름은 12m이고 봉분 앞에 혼유석이 놓여 있다. 〈삼국사기〉에 따르면, 지마왕은 파사왕의 맏아들로 백제와 외교를 하였고 115년 신라 지마왕 4년 신라 변방을 노략질하는 가야를 직접 정벌하였으며 125년 지마왕 14년 신라 북방을 말갈족이 침략하자 백제에 원군을 청해 물리쳤다. 134년 지마왕 23년에 후손을 남기지 못한 채로 숨을 거두었다고 전해진다.

경주시 배동 30, 포석정 입구 포석정에서 도보 3분

윤을곡 마애불좌상

남산 기슭에 숨어 있는 불상

포석정 인근의 남산 윤을곡 내에 위치한 마애불좌상으로 통일 신라 시대인 835년에 만들어졌고 본존불의 높이 1.09m, 오른쪽 불상의 높이 1.08m이다. 'ㄱ'자 모양의 바위에 석가모니불로 추정되는 본존불, 오른쪽에 약함을 들고 있는 약사여래보살, 왼쪽에 미륵불로 추정되는 불상이 조각되어 있다. 약사불(실제는 연등불), 석가모니불, 미륵불을 합쳐서 '삼세불'이라고도 하는데 이는 과거, 현재, 미래의 부처라는 의미를 담고 있다. 본존불은 긴 타원형 얼굴에 연화 대좌 위에 결가부좌를 했고, 약사불은 본존불에 비해 조금 작고 긴 타원형 얼굴이며 왼손에 약합을 들고 있고, 미륵불은 조각이 희미하지만 연화 대좌에 앉아 있는 것으로 보인다. 포석정을 돌아본 뒤, 남산 순환 임도를 통해 산책 삼아 윤을곡 마애불좌상까지 가 보아도 좋을 듯.

경주 배동 산15-1, 남산 윤을곡 내 포석정에서 남산 순환 임도(자동차 출입 불가) 방향, 임도를 이용하여 도보 15분

늠비봉 오층석탑

남산 중턱에 우뚝 세워진 석탑

경주 남산의 금오정 전망대 서쪽에 있는 늠비봉에 위치한 오층석탑으로 통일 신라 시대의 것으로 추정되고 높이는 6.5m이다. 2002년 늠비봉 주위에 산재한 탑재를 모아 복원했다. 늠비봉에서는 남산 능선과 남산 서쪽으로 흐르는 형산강, 남산 서쪽 지역이 한눈에 들어온다. 남산 늠비봉 오층석탑 아래의 옛 절터에는 부흥사라는 사찰이 있어 늠비봉을 등산하다가 잠시 쉬어 가기 좋다. 포석정에서 늠비봉으로 가는 길은 두 가지인데, 하나는 편안하게 남산 순환 임도를 이용하여 부흥사를 거쳐 늠비봉으로 가는 길이고, 또 하나는 남산 순환 임도 초입의 배상지 저수지에서 부엉골 등산로를 이용하는 것이다. 산을 좋아하는 사람이라면 아기자기한 산길과 남산에서 보기 힘든 넓은 계곡이 있는 부엉골 등산로를 추천!

경주 배동 늠비봉, 남산 금오정 전망대 서쪽 포석정에서 남산 순환 임도 이용하여 부흥사에서 늠비봉 방향, 도보 1시간 / 포석정에서 남산 순환 임도 초입의 배상지 저수지에서 부엉골 방향, 등산로 이용하여 도보 1시간

배동 석조여래삼존입상

4등신 비율의 귀여운 삼존입상

남산 삼불사 앞에 위치한 삼존입상으로 보물 제63호이고 삼국 시대 작품으로 추정된다. 원래는 선방사곡 입구에 쓰러져 있던 것을 일제 강점기인 1923년에 다시 세운 것이다. 본존불의 높이는 2.75m, 왼쪽 관음보살과 오른쪽 대세지보살의 높이는 2.36m이다. 본존불은 불상 특유의 곱슬머리인 나발에, 정수리가 상투처럼 올라오는 육계가 이중으로 되어 있고, 튼실한 얼굴을 하고 있으며 옷에는 다섯 주름이 져 있다. 오른쪽 협시보살은 발까지 내려오는 육중한 목걸이가 인상적이다. 삼존불 모두 약 4등신의 신체 비율을 지니고 있어 어린아이의 모습을 보는 듯하다.

경주시 배동 산65-1, 삼불사 앞 경주 고속터미널, 경주역(경주 우체국)에서 500번 버스 이용하여 삼불사 하차, 삼불사 방향으로 도보 10분 경주 고속터미널 또는 경주역에서 포석로 이용하여 오릉·포석정 지나 삼불사 방향

Travel Tips

서남산·통일전 경주 남산안내소

경주 남산의 유적을 안내하는 경주 남산 연구소의 안내소가 남산 서쪽의 서남산 주차장과 남산 동쪽의 통일전 앞에 위치해 있다. 경주 남산 연구소에서는 토요일 오후와 일요일·공휴일 오전에 무료 경주 남산 유적 답사를 실시하며, 신청은 경주 남산 연구소 홈페이지에서 하면 된다. 그 밖에 남산에 대한 궁금증이 있다면 서남산 주차장과 통일전에 있는 경주 남산 안내소를 찾아가 보자.

서남산 주차장과 통일전 앞 서남산 안내소_목~일·공휴일 09:00~17:00(동절기 16:00) | 통일전 안내소_토·일·공휴일 09:00~17:00(동절기 16:00) | 무료답사_토요일 13:30, 일요일·공휴일 09:30, 여름 방학 중 매일 09:30 | 무료 답사 코스_삼릉골(토·일·공휴일, 방학 중 월·수·금), 동남산 산책(2·4주 토, 방학 중 화·목), 삼릉 가는길(1·3·5주 토), 동남산(2주 일), 서남산(3주 일), 남남산(4주 일) 경주 남산 연구소 www.kjnamsan.org 경주 남산 연구소 054-777-7142, 서남산 안내소 054-742-1942, 통일전 안내소 054-743-1942

삼릉

신라 초기의 왕릉과 후기의 왕릉이 나란히

남산 삼릉 계곡 아래에 위치한 3기의 왕릉으로, 신라 제8대 아달라왕, 제53대 신덕왕, 제54대 경명왕의 능이라고 전해진다. 아달라왕릉은 높이 5.4m, 지름 18m이고, 신덕왕릉은 높이 5.8m, 지름 18m이며, 경명왕릉은 높이 4.5m, 지름 16m이다. 가운데에 있는 신덕왕릉은 조사를 통해 내부 구조가 밝혀졌는데, 통일 신라 시대의 일반적인 굴식돌방무덤으로 석실 벽면이 붉은색, 황색, 백색, 군청색, 감청색의 5가지 색으로 칠해져 있다.

〈삼국사기〉에 따르면, 아달라왕은 일성왕의 맏아들이며 키가 일곱 자(약 2m10cm)이고 콧마루가 높은 기이한 모습이었다. 즉위 후에는 계립령과 죽령의 길을 열고 백제를 공격하여 영토를 확장하였으며, 31년간 통치하다가 184년 숨을 거뒀다. 신덕왕은 아달라왕의 먼 후손으로 헌강왕의 사위인데, 효공왕이 자식 없이 죽자 추대를 받아 왕위에 올랐다. 신덕왕 때의 신라는 국력이 쇠하여 경주 지역을 다스리는 데 그쳤고, 국토의 대부분은 궁예와 견훤의 세력권 속에 들어가 있었다. 신덕왕이 즉위 6년 만인 917년 숨을 거두고 나서 그 뒤를 이은 것이 아들 경명왕이다. 그는 기울어 가는 나라를 다시 일으키려고 후당에 조공을 바치며 도움을 청하거나 고려의 도움을 얻어 견훤의 침공을 격퇴하는 등 애를 썼으나, 큰 성과를 얻지 못하고 924년 숨을 거두었다.

배동 삼릉 주위, 삼릉 숲에는 구불구불 자란 소나무들이 신비한 느낌을 주고 있어 나만의 작품 사진을 찍어도 좋다.

🏠 경주시 배동 73-1, 삼릉 계곡 아래 🚌 경주 고속터미널, 경주역(경주 우체국)에서 500번 버스 이용하여 배동 삼릉 하차, 도보 5분 🚗 경주 고속터미널 또는 경주역에서 오릉 · 포석정 지나 배동 삼릉 방향 ☎ 서남산 경주 남산 안내소 054-742-1942

경애왕릉

견훤의 손에 죽은 비운의 왕

삼릉 옆에 위치한 신라 제55대 경애왕의 능으로 높이 4.2m, 지름 12m이고 원형 봉분으로 되어 있다. 〈삼국사기〉에 따르면, 경애왕은 경명왕의 동생으로 924년 왕위에 올랐다. 927년 견훤이 공격하자 고려에 원군을 청했으나, 고려의 원군이 오기 전에 견훤이 먼저 신라에 당도했다. 견훤은 포석정에서 연회를 즐기던 경애왕을 죽이고 경순왕을 왕위에 올렸다고 전해진다.

🏠 경주시 배동 산73-1, 배동 삼릉 옆 🚌 배동 삼릉에서 도보 3분

삼릉 계곡

삼릉 계곡은 초입에 삼릉과 경애왕릉이 있어 신라 왕릉을 둘러보기 좋고 그 위쪽으로 냉곡 석조여래좌상에서 삼릉 계곡 마애석사여래좌상까지 다양한 마애상과 선각상이 있어 경주 남산이 살아있는 불교 박물관임을 실감하게 한다. 산 중턱에는 상선암이 있어 쉬어 가기 좋고 전설이 서린 바둑바위, 상사바위도 볼 만하며 남산의 금오산 정상도 멀지 않다.

냉곡 석조여래좌상

몸통의 가사 주름이 잘 표현된 석조여래좌상

삼릉 계곡에 위치한 석조여래좌상으로 통일 신라 때의 것으로 추정된다. 높이는 1.5m, 가로 1.6m이며, 머리와 양쪽 무릎이 훼손되어 있으나 몸체는 비교적 잘 보존되어 있다. 몸체의 가사 주름, 왼쪽 어깨와 가슴 중앙의 매듭 등이 정교하게 표현되어 있다. 냉곡이라는 지명은 삼릉 계곡이 연중 시원해 붙여진 이름이다.

경주시 배동, 삼릉 계곡 내 삼릉에서 도보 15분

삼릉 계곡 마애관음보살입상

튼실한 얼굴과 잘록한 허리가 잘 조각된 보살상

삼릉 계곡 내에 위치한 마애관음보살입상으로 통일 신라 때의 것으로 추정되며 높이는 약 2.4m이다. 마애관음보살입상은 머리에 보관을 쓰고 한 손에 보병을 들고 연화좌 위에 서 있으며 입상 뒤의 기다란 바위인 석주가 부처님의 아우라(광배)로 표현됐다. 튼실한 얼굴과 잘록한 허리 묘사 등을 보아 통일 신라 때인 8~9세기에 만들어진 것으로 보인다.

경주시 배동 산72-6, 삼릉 계곡 내 냉곡 석조여래좌상에서 도보 5분

삼릉 계곡 선각여래좌상

갈라진 바위에 새겨진 여래좌상이 공중 부양

삼릉 계곡 내에 위치한 선각여래좌상으로 고려 시대의 작품으로 추정되고 높이는 1.2m이다. 선각여래좌상이 새겨진 가로 세로 10m의 바위는 중간에 반으로 갈라져 있으며, 위쪽에는 여래좌상, 아래쪽에는 연화 대좌를 선각하였다. 얼굴의 눈과 코, 볼 등을 양각하여 입체감을 살렸고 몸체와 광배는 선각하여 표현했다. 아래쪽에서 올려다보면 마치 선각여래좌상이 하늘로 공중 부양하는 것처럼 보인다.

경주시 배동, 삼릉 계곡 내 선각육존불 뒤의 바위 위로 올라가 도보 5분

삼릉 계곡 선각육존불

커다란 두 개의 바위에 선으로 그려진 육존불

삼릉 계곡 마애관음보살입상 위쪽에 위치한 2개의 큰 바위에 각각 삼존불을 새긴 것으로 통일 신라 때의 것으로 추정된다. 선각(線刻)은 말 그대로 바위에 선으로 조각해 표현한 것이다.

앞쪽 바위의 삼존불은 본존불이 입상이고 좌우 협시보살이 좌상으로 되어 있으며 본존불의 높이는 약 2.7m, 협시보살의 높이는 약 1.8m이다. 좌우 협시보살이 무릎을 꿇고 본존불을 향해 공양하는 모습을 하고 있다. 뒤쪽 바위의 삼존불은 본존불이 좌상이고 좌우 협시보살이 입상으로 되어 있으며 본존불의 높이가 약 2.4m, 협시보살의 높이는 약 2.6m이다. 본존불은 연화 대좌에 앉아 있는 모습이 선각되어 있다. 보통 앞의 삼존을 석가삼존, 뒤의 삼존을 아미타삼존이라고 한다.

경주시 배동, 삼릉 계곡 내 삼릉계곡 마애관음보살입상에서 도보 15분

삼릉 계곡 석조여래좌상

악마를 제압하는 항마촉지인을 한 여래좌상

삼릉 계곡 내에 위치한 석조여래좌상으로 보물 제666호이고 통일 신라 때의 것으로 추정되며 높이는 1.4m, 대좌 높이는 0.97m이다. 불상 뒤의 광배는 훼손된 상태이고 불상의 머리 중에서 코 아랫부분도 보수되었다. 석조여래좌상은 불상 특유의 곱슬머리인 나발에, 정수리가 상투처럼 올라오는 육계를 하고, 튼실한 얼굴에 긴 귀를 가지고 있다. 손 모양(수인)은 석가불이 많이 하는 항마촉지인을 하고 연화 대좌에 결가부좌하고 앉아 있다. 항마촉지인이란 왼손을 펴서 단전에 두고 오른손은 펴서 오른쪽 무릎에 놓고 손가락을 땅으로 향한 자세로, 깨달음을 얻고 악마를 굴복시켰음을 표현한다. 불상이 앉아 있는 대좌는 상·중·하로 이루어져 있는데, 상은 크고 화려한 연꽃잎, 중은 눈 모양의 장식인 안상, 하는 팔각 대석으로 되어 있다.

경주시 배동, 삼릉 계곡 내 / 삼릉 계곡 선각여래좌상에서 도보 5분

삼릉 계곡 마애석가여래좌상

산 중턱 커다란 바위에서 세상을 내려다보다

삼릉 계곡 상선암 위쪽에 위치한 마애석가여래좌상으로 통일 신라 때의 것으로 추정되며, 높이는 6m로 남산의 좌불 중 가장 크다. 마애석가여래좌상은 너비 4.2m의 연화 대좌에 결가부좌로 앉아 있으며, 손 모양은 왼손을 펴서 단전에, 오른손을 펴서 가슴에 두고 두 손바닥이 마주 보게 하는 설법인을 하고 있다. 좌상의 머리는 불상 특유의 곱슬머리인 나발에, 정수리가 상투처럼 올라오는 육계를 하고 있으며, 튼실한 얼굴로 조각하였고 몸체는 바위에 선각으로 표현하였다.

2013년 현재 마애석가여래좌상 인근에서 낙석이 발생하여 출입을 통제하고 있으나 바둑바위 지나 전망이 트이는 곳에서 마애석가여래좌상을 조망할 수 있다.

경주시 배동, 삼릉 계곡 내 / 삼릉 계곡 석조여래좌상에서 상선암 지나 도보 30분

바둑바위

바둑을 두어도 좋고 가야금을 타도 좋고

삼릉 계곡 냉골 정상에 위치한 널찍한 바위를 말하는데 옛날 신선이 내려와 바둑을 두었다고 하여 바둑바위라 한다. 〈동경잡기〉에서는 신라 시대 거문고의 대가로 유명한 옥보고가 거문고를 타던 곳이라고도 전한다. 바둑바위 부근은 금송정이라는 정자가 있던 곳이기도 하다. 바둑바위에 서면 남산 북서쪽과 멀리 경주 서쪽이 한눈에 들어와 남산 답사 중에 쉬어 가기 좋다. 바둑바위에서 금오산(남산 정상) 방향으로 조금 더 가면 전망이 트인 곳에서 마애석가여래좌상을 볼 수 있으니 놓치지 말자.

경주시 배동, 삼릉 계곡 내 삼릉 계곡 마애석가여래좌상에서 도보 10분

상사바위

사람 눈에는 보이는 않는 상심이 사는 바위

삼릉 계곡 바둑바위 위쪽에 있는 바위로 남산의 신인 상심이 살고 있다고 전해진다. 〈삼국유사〉에 따르면, 신라 49대 헌강왕이 포석정에서 유희를 즐길 때 상심이 나타나 춤을 추었는데 다른 사람에게는 보이지 않고 왕의 눈에만 보였다고 한다. 그때 상심이 추었던 춤을 상심무 또는 어무상심, 어무산신이라고 한다. 상사바위 옆에는 작은 석굴과 남근석, 석불 등이 남아 있어, 예부터 아들을 바라는 사람들이 많이 찾아 기도를 하기도 했다. 상사바위에서 금오산(남산 정상) 정상까지는 약 0.8km 정도 거리이고 남산 순환 임도는 금오산 가는 길에서 화장실 가는 옆길로 빠지면 된다.

경주시 배동, 삼릉 계곡 내 바둑바위에서 도보 10분

Travel Tips

마애와 선각

불상 이름 중에 종종 들어 있는 '마애'나 '선각'은 무슨 뜻일까? 마애(磨崖)는 바위에 불상이나 불화를 부조나 선각으로 나타낸 것을 통칭한다. 선각(線刻)은 입체적인 조각이 아니라 단순히 선으로만 새긴 것을 뜻한다.

마애 서악동 마애여래삼존입상
삼릉 계곡 마애관음보살입상 등

선각 삼릉 계곡 선각육존불
삼릉 계곡 선각마애여래좌상 등

남산 정상

유적도 보고 산행도 하고

경주는 북쪽에 소금강산과 금학산, 동쪽에 낭산과 명활산, 서쪽에 선도산과 벽도산, 옥녀봉이 있고 남쪽에 남산이 있어 산들로 둘러싸여 있다.

이 중에서 남산은 경주 시내 남쪽에 위치한 산으로 북쪽의 금오산(468m)과 남쪽의 고위산(494m)을 합쳐 일컫는 이름이며, 크기는 남북으로 8km, 동서로 4km이다. 미륵골, 서출지, 염불사지가 있는 남산 동남쪽을 동남산이라 하고, 삼릉골, 용장골이 있는 남산 서남쪽을 서남산이라 하고, 열암골, 칠불암, 심수골이 있는 남산 남쪽을 남남산이라 하여 구분하기도 한다. 사람들이 많이 찾는 남산의 금오산에 오르면 남산의 전경이 한눈에 들어온다.

남산에서는 산성지 4개소, 암자터를 포함한 절터 147곳, 불상 118개, 석탑 96개, 석등 22개가 발견되었고 40여 개의 골짜기마다 절터와 석불, 석탑이 있어 산 전체가 불교 박물관이라 할 수 있다.

경주시 인왕동, 배동, 남산동, 내남면 용장리, 노곡리 남산 서쪽_경주 고속터미널, 경주역(경주 우체국)에서 500번 버스 이용하여 포석정, 삼릉 계곡, 용장사지 하차 / 남산 동쪽_경주 고속터미널, 경주역(경주 우체국)에서 10번, 11번 버스 이용하여 통일전(남산, 헌강왕릉, 서출지) 하차 / 남산 남쪽_경주 고속터미널, 경주역(경주 우체국)에서 506번 버스 이용하여 노곡2리 노인정(새갓골 열암곡 석불좌상, 열암곡 마애여래입상) 하차 남산 서쪽_경주 고속터미널 또는 경주역에서 남산 배동 삼릉 방향 / 남산 동쪽_경주 고속터미널 또는 경주역에서 통일전 방향 경주 국립 공원 054-741-7612, 경주 남산 연구소 054-777-7142 경주 국립 공원 gyeongju.knps.or.kr, 경주 남산 연구소 www.kjnamsan.org

남산 부석

아슬아슬 산비탈에 걸쳐진 바위

금오산 정상에서 동쪽 사자봉(432m) 지난 곳에 위치한 바위이다. 허공에 떠 있는 것처럼 보인다고 하여 부석(浮石) 또는 뜬바위라고 하며, 버선을 거꾸로 세운 모양을 닮았다 하여 버선바위라고도 한다. 남산 부석에서는 남산의 동쪽 능선과 경주 동쪽 지역이 한눈에 들어온다. 팔각정에서 부석으로 가는 길이 약간 가파르므로 주의해야 한다. 부석에서 다시 조금 올라갔다가 지바위골을 지나 통일전으로 하산할 수 있으니 참고하자.

남산 금오산 국사골 남산 금오산 정상에서 남산 순환 임도 따라 팔각정 터 · 사자봉 방향, 팔각정 터에서 도보 5분

삼화령 대연화대

불상은 사라지고 대좌만 남아

금오산 정상에서 용장골 가는 길의 삼화령에 위치한 연꽃 모양의 대좌를 말한다. 대연화대의 지름은 2m이고 둘레에 연꽃 무늬가 조각되어 있다. 삼화령은 금오산 · 고위산과 함께 남산의 높은 세 봉우리 중 하나. 대연화대는 정상의 조망이 탁 트인 곳에 놓여 있어 금오산, 용장골, 고위산 등을 바라보는 경치가 매우 좋다. 대연화대에 얽힌 이야기로는, 선덕여왕 때 생의 스님이 꿈에서 한 노인이 알려 준 곳을 파 보았더니 미륵불이 나와 삼화령 정상에 모시고 사찰(생의사)을 지어 공양했다고 한다. 〈삼국유사〉에는 경덕왕 때 안민가와 찬기파랑가를 지은 충담 스님이 매년 3월 3일과 9월 9일에 남산 삼화령의 미륵세존께 차를 올렸다는 기록이 있는데, 같은 미륵불로

짐작된다. 대연화대는 남산 순환 임도에서는 보이지 않으니 대연화대 안내문 주위에서 사람이 올랐던 흔적을 찾아 조심하여 올라가 보자.

남산 삼화령 남산 금오산에서 남산 순환 임도 이용하여 용장골 방향 도보 10분, 대연화대 안내판에서 산 위쪽으로 도보 1분

용장사지

김시습이 금오신화를 집필하던 곳

남산 용장골 중턱에 위치한 고찰 터로 그 크기에 남북 약 40m, 동서 약 70m에 달한다. 용장사에는 신라 경덕왕 때 유가종의 고승 대현이 머물렀고 조선 초기 김시습이 이곳에서 〈금오신화〉를 집필하였다. 〈삼국유사〉에 따르면, 신라 경덕왕 때 용장사에는 석조미륵장륙상이 있었는데, 고승 대현이 장륙상 주위를 돌자 장륙상의 얼굴도 대현을 따라 돌았다고 한다. 753년 경덕왕 12년에는 신라에 가뭄이 들자 대현이 궁궐에서 금광경을 강의하고 단비를 기원했더니 우물에서 커다란 당간지주 높이로 물길이 솟아, 그 우물을 금광정이라 하였다고 한다.

경주시 내남면 용장리 산1-1, 용장골 경주 고속터미널, 경주역(경주 우체국)에서 500번 좌석버스 이용하여 용장리 내남 치안센터 하차, 용장골 방향 도보 1시간 경주 고속터미널 또는 경주역에서 포석정·삼릉 지나 용장리 방향

용장사곡 마애여래좌상

산 중턱 바위에서 세상을 바라보는 여래좌상

용장사지 위쪽에 위치한 마애여래좌상으로 보물 제913호이고 통일 신라의 작품으로 추정된다. 마애여래좌상은 가로세로 약 5m의 자연석에 높이 1.56m로 양각되어 있다. 좌상의 머리는 불상 특유의 곱슬머리인 나발과 정수리 부분이 상투처럼 솟은 육계가 잘 표현되어 있고 튼실한 얼굴을 하고 있다. 불상이 걸친 법의는 왼쪽 어깨에서 오른쪽 옆구리로 사선으로 흘러내리듯 표현했고, 손 모양인 수인은 왼손을 펴서 단전에, 오른손을 펴서 오른 무릎에 두고 손가락을 땅으로 향하는 항마촉지인이다.

경주 남산 용장사지 위쪽 용장사곡 석조여래좌상에서 도보 1분

용장사곡 석조여래좌상

원형 삼단 좌대 위에 있는 여래좌상

용장사지 위쪽에 위치한 석조여래좌상으로 보물 제187호이고 8세기 중엽 통일 신라 시대의 작품으로 추정된다. 석조여래좌상은 머리 부분이 없고 좌상 몸체만 남아 있는데, 대좌와 좌상의 높이는 4.56m, 좌상의 높이는 1.41m이다. 좌상은 왼손에 불탑 꼭대기에 얹는 장식인 보주를 얹고 결가부좌로 대좌에 앉아 있다. 대좌는 자연석 위에 3단의 원형으로 되어 있는데 하층 대좌가 제일 크고 위쪽으로 갈수록 조금씩 작아지며 상층 대좌에는 연꽃이 조각되어 있다. 전체적으로 좌상의 크기보다 3층 대좌의 크기가 더 크다.

남산 용장사지 위쪽 용장사지에서 도보 5분

용장사곡 삼층석탑

하늘과 맞닿은 삼층석탑에 반하다

용장사지 위쪽 전망이 탁 트인 곳에 위치한 삼층석탑으로 보물 제186호이고 통일 신라의 작품으로 추정된다. 삼층석탑은 원래 무너져 있던 것을 일제 강점기인 1922년 복원한 것으로 높이는 4.42m, 너비는 2.13m이다. 전형적인 2단 기단에 3층 탑신을 올렸는데 1층의 탑신이 2~3층의 탑신보다 길다. 삼층석탑과 어우러진 용장골 풍경이 멋지고 삼층석탑에서 바라보는 고위산, 단석산 일대의 풍경도 볼 만하다. 단, 아래쪽의 용장사곡 석조여래좌상에서 올라가는 길이 다소 가파르므로 주의해야 한다.

남산 용장사지 위쪽 용장사곡 석조여래좌상에서 도보 5분

열암곡 석불좌상·마애여래입상

나란히 발견된 두 개의 불상

남산 남쪽 노곡리 열암곡(새갓골)에는 석불좌상과 마애여래입상이 있어 찾아볼 만하다. 석불좌상은 통일 신라의 작품으로 추정되는데, 발견 당시 대좌와 머리가 없이 석불좌상 몸체만 뒹굴고 있었지만 2005년 석불좌상의 머리가 발견되어 석불좌상 몸체와 하나가 되었으며 뒤의 광배까지 복원하여 세워졌다. 불상의 머리는 불상 특유의 곱슬머리인 나발과 정수리 부분이 상투처럼 솟은 육계가 잘 표현되어 있고 튼실한 얼굴을 하고 있으며 귀가 길다. 또한 손 모양은 왼손을 펴서 단전에, 오른손을 펴서 오른쪽 무릎에 놓고 손가락은 땅으로 향한 항마촉지인을 하고 있고 결가부좌로 대좌에 앉아 있다. 대좌는 원형의 상대석과 하대석으로 되어 있는데 하대석에 연꽃 문양이 새겨져 있다.

석불좌상 옆에는 새로 발견된 열암곡 마애여래입상이 있다. 8세기 후반 통일 신라의 작품으로 추정되며, 2007년 가파른 암반 계곡에 넘어진 채 발견되었다. 넘어진 입상의 코 부분이 지면에서 불과 몇 센티미터 떨어진 허공에 떠 있으니 그야말로 부처님의 가호가 있었던 듯하다. 불상의 높이는 약 5m에 무게는 약 70톤에 달하고 오랜 세월 동안 땅속에 묻혀 있

었기에 완벽한 보존 상태를 자랑한다. 머리는 불상 특유의 곱슬머리인 나발이 표현되어 있고 얼굴은 튼실하며 귀가 큰 것이 특징이다. 불상에 걸쳐진 옷은 왼쪽 어깨에서 오른쪽으로 흘러내리고 있다. 현재는 마애여래입상 주위에 장막을 쳐서 일반인의 접근을 막은 상태이나 장막 일부에 관람창을 만들어 놓아 불상의 일부를 들여다볼 수 있다.

경주시 내남면 노곡리 산123, 새갓골 경주 고속터미널, 경주역(경주 우체국)에서 506번 버스 이용하여 노곡2리 노인정 하차, 백운대·새갓골 주차장 방향 도보 20분 경주 고속터미널 또는 경주역에서 포석정·용장리·내남면 거쳐 백운교 건너 노곡리·백운대 방향

경상북도 산림 환경 연구원

봄에는 꽃 향기, 여름엔 풀 향기

남산 동쪽 남산동에 위치한 산림 연구 기관으로 1907년 한국 경영 묘포장이란 명칭으로 출발했고, 장소를 이전하고 연구원 규모를 키워 2008년 경상북도 산림 환경 연구원이 되었다. 주요 업무는 임업 시험 연구 및 실용화, 산불 재해 예방 및 복구 등이고 일반인을 대상으로 연구원 내의 수목원을 개방하고 있다. 수목원에는 수목 전시포, 산림 전시관, 온실, 야생 동물 관찰원 등을 갖추고 있고 단체일 경우 숲 해설 프로그램을 신청할 수도 있다. 경주 여행 중 잠시 들려 수목원 내를 산책하기 좋으나 수학여행 시즌이면 단체 학생들이 찾기도 하므로 다소 소란스러울 수 있다.

경주시 남산동 1156-226, 통일전 북쪽 경주 고속터미널, 경주역(경주 우체국)에서 10번, 11번 버스 이용하여 갯마을 앞 하차, 도보 5분 경주 고속터미널 또는 경주역에서 7번 국도 이용하여 선덕여왕릉 방향, 선덕여왕릉 지나 통일전 방향 ₩ 무료 09:00~18:00(동절기 17:00) ☎ 054-778-3800, 견학 안내 054-746-3225, 778-3851 www.kbfoa.go.kr

헌강왕릉

백성이 숯으로 밥을 짓던 태평성대를 이룬 왕

신라 제49대 헌강왕의 능으로 높이 4m, 지름 15.8m이고 봉분 둘레에 4단의 장대석으로 호석을 둘렀으며 봉분 앞에는 석단이 놓여 있다. <삼국사기>에 따르면, 헌강왕은 경문왕의 맏아들이자 정강왕의 형으로 성품이 총명하며 민첩할 뿐 아니라 책 읽기를 좋아해 한 번 보면 암기할 정도였다고 한다. 875년부터 886년까지 11년간 재위하면서 내치에 힘썼으며 불교와 학문을 장려하였다. 880년 헌강왕 6년 월상루에 올라 주변을 바라보니 민가가 가득하고 연이어 노랫소리가 들렸는데, 왕이 "지금 민가에서 짚이 아닌 기와로 지붕을 하고 나무가 아닌 숯으로 밥을 짓는가?" 하고 물으니 신하가 "그렇습니다." 하였다고 전해진다. 이를 볼 때 신라 헌강왕 무렵 신라는 태평성대를 보내고 있었음을 알 수 있다.

경주시 남산동 산55, 통일전 북쪽 경주 고속터미널, 경주역(경주 우체국)에서 10번, 11번 버스 이용하여 통일전 하차, 정강왕릉 지나 도보 10분 경주 고속터미널 또는 경주역에서 7번 국도 이용하여 선덕여왕릉 방향, 선덕여왕릉 지나 통일전 방향

정강왕릉

황룡사에서 백고좌를 열었던 왕

신라 제50대 정강왕의 능으로 높이 4m, 지름 15m이고 봉분 둘레에 2단의 장대석으로 호석을 둘렀으며 봉분 앞에 석단이 놓여 있다. <삼국사기>에 따르면, 정강왕은 경문왕의 둘째 아들로 886년에 즉위하여 불과 1년간 재위한 왕이다. 재위 기간은 짧았지만, 황룡사에서 고승을 모시고 하는 설법인 백고좌를 열었고 한주에서 이찬 김요가 반역하자 군사를 보내 진압했다. 887년 5월 병이 들자 누이동생인 만(진성여왕)에게 왕위를 물려주었다고 한다.

경주시 남산동 산53, 통일전 옆 경주 시외버스터미널, 경주역(경주 우체국)에서 10번, 11번 버스 이용하여 통일전 하차 경주 고속터미널 또는 경주역에서 원화로 이용하여 선덕여왕릉 방향, 선덕여왕릉 지나 통일로 이용하여 통일전 방향

통일전

삼국 통일의 주역들을 모신 곳

통일 기원 전각으로 1977년 박정희 대통령의 지시로 건립되었고 신라의 화랑 정신과 삼국 통일 정신을 기리고 있다. 통일전 내에는 태종 무열왕, 문무대왕, 김유신 장군의 영정이 있고 통일전 밖에는 삼국 통일 기념비, 태종 무열왕릉비, 대각천 김유신 장군 사적비 등이 세워져 있다. 평소에는 초중고생을 위한 통일 교육장으로 사용되고 일반인들도 지나는 길에 들러 산책하기 좋다. 통일전 앞에는 경주 남산 연구소의 안내소가 주말 동안 운영되고 통일전 옆으로 남산 순환 임도나 등산로를 이용해 남산에 오를 수도 있다.

경주시 남산동 920-1, 남산 동쪽 경주 고속터미널, 경주역(경주 우체국)에서 10번, 11번 버스 이용하여 통일전 하차 경주 고속터미널 또는 경주역에서 7번 국도 이용하여 선덕여왕릉 지나 통일전 방향 ₩ 성인 500원, 청소년 400원, 어린이 300원 09:00~18:00 ☎054-748-1849

서출지

편지를 열면 두 사람, 열지 않으면 한 사람

서출지는 신라 시대의 연못으로 둘레는 약 200m, 면적은 7,000m²이고, 연못가에 조선 시대 임적이 지은 정자가 있다.

〈삼국유사〉에 이곳에 얽힌 이야기가 실려 있다. 488년 신라 소지왕 10년, 소지왕이 남산 기슭의 천천정으로 가고 있는데 까마귀와 쥐가 울더니 쥐가 사람의 말로 까마귀를 쫓아가라고 했다. 이에 한 병사가 까마귀를 쫓다가 지금의 남산 동쪽 남산동 일대인 피촌에 이르러 까마귀를 놓쳤는데, 연못에서 한 노인이 나타나 편지를 건네주었다. 편지 겉봉에는 "이 편지를 열어 보면 두 사람이 죽고, 열어 보지 않으면 한 사람이 죽는다."라고 쓰여 있었다. 왕은 둘이 죽는 것보다는 하나가 죽는 편이 낫다고 여기고 편지를 열어 보지 않으려 했으나, 점치는 관원이 "편지를 열면 서민 둘이 죽고, 열지 않으면 왕 하나가 죽는다."라고 해석하자 편지를 열어 보았다. 편지에는 "거문고집을 활로 쏘아라(射琴匣)."라는 말이 적혀 있었다. 왕이 왕궁으로 돌아가 활로 거문고집을 쏘니 그 안에서 내전에 있던 중과 궁주가 간통을 하고 있었다. 그 후 이곳은 노인이 나와 편지를 바친 연못이라는 뜻에서 서출지라고 불리게 되었다.

서출지는 연못가 정자와 연못에 가득한 연꽃이 어우러져 멋진 풍경을 보여 주며 밤이면 조명이 들어와 환상적인 분위기를 자아낸다.

경주시 남산동 973, 통일전 인근 경주 고속터미널, 경주역(경주 우체국)에서 10번, 11번 버스 이용하여 통일전 하차, 도보 5분 경주 고속터미널 또는 경주역에서 7번 국도 이용하여 선덕여왕릉 방향, 선덕여왕릉 지나 통일로 이용하여 통일전 방향 ☎054-779-8743

남산동 동·서 삼층석탑

기단의 모양이 다른 한 쌍의 석탑

통일전 남쪽 마을 안에 위치한 쌍탑으로 보물 제 124호이고 통일 신라 때의 것으로 추정된다. 동쪽 탑과 서쪽 탑은 기단의 모습이 다를 뿐 탑의 모습은 비슷하다. 서쪽 탑은 높이 5.85m이고 상층 기단에 인왕상이 새겨져 있는 전형적인 이중 기단에 삼층 탑신이 올라가 있고, 동쪽 탑은 높이 7.04m이고 투박한 정방형의 돌로 쌓은 기단에 삼층 탑신이 올라가 있다. 동쪽 탑의 모양은 기단을 투박한 정방형 돌로 쌓은 서악동 삼층석탑과 비슷하다.

경주시 남산동 227-2 통일전 남쪽 경주 고속터미널, 경주역(경주 우체국)에서 10번, 11번 버스 이용하여 통일전 하차, 서출지 방향 도보 5분 경주 고속터미널 또는 경주역에서 7번 국도 이용하여 선덕여왕릉 방향, 선덕여왕릉 지나 통일전 방향, 통일전에서 마을 안쪽

염불사지 동·서 삼층석탑

염불 소리가 성안까지 들렸던 염불사지

통일전 남쪽에 위치했던 염불사는 신라 고찰로, 원래는 피리촌이라는 마을에 있어 피리사라고 했다. 〈삼국유사〉를 보면, 이 사찰에서 한 승려가 늘 나무아미타불을 염불하였는데 그 소리가 성안까지 들렸다고 한다. 그의 염불은 높고 낮음 없이 항상 낭랑하여 그를 공경하는 사람이 많았기 때문에 그를 염불법사라 불렀고, 그가 죽자 사찰의 이름을 염불사로 바꿨다.

염불사지 동·서 삼층석탑은 통일 신라 때의 것으로 추정되고 1963년 이곳에 흩어져 있던 탑재를 모아 불국동에 세웠다가 40여 년 후인 2008년 원래 위치인 염불사지에 다시 세웠다.

경주시 남산동 219-4, 통일전 남쪽 경주 고속터미널, 경주역(경주 우체국)에서 10번, 11번 버스 이용하여 통일전 하차, 마을 안 남산동 동·서 삼층석탑 지나 염불사지까지 도보 15분 경주 고속터미널 또는 경주역에서 7번 국도 이용하여 선덕여왕릉 방향, 선덕여왕릉 지나 통일전 방향, 통일전에서 마을 안쪽 ☎ 054-772-3843

칠불암 마애불상군

산 중턱 바위에 새겨진 불심

남산 고위산 동쪽에 위치한 마애불상군으로 국보 제312호이고 통일 신라 때의 것으로 추정된다. 산 비탈의 암석을 깎아 불상군을 조성했는데, 병풍바위에 삼존불이 조각되어 있고 사각 돌기둥의 네 면에 석불상이 조각되어 있어 총 7개의 불상이 있다.

병풍바위의 삼존불 중에서 본존불의 높이는 2.66m, 오른쪽 협시보살의 높이는 2.11m, 왼쪽 협시보살의 높이는 2.11m이다. 본존불은 여래상으로 빡빡 깎은 머리인 소발을 하고 있고 정수리 부분에 상투처럼 솟은 육계가 잘 표현되었으며 결가부좌로 연화 대좌에 앉아 있다. 양쪽 협시보살은 서 있는 자세인데, 오른쪽 협시보살은 오른손에 보병을 들고 있어 관음보살로 보이고 왼쪽 협시보살은 왼손으로 연꽃을 들고 있다.

사각 돌기둥의 사면석불상 중 동불의 높이는 1.18m, 서불의 높이는 1.13m, 남불의 높이는 1m, 북불의 높이는 0.72m이다. 사면석불상의 불상들은 연화 대좌 위에 앉은 좌불 형태를 하고 있다. 마애불상군이 있는 칠불암에서 잠시 쉬어 가기 좋고 칠불암에서 내려다보는 낭산, 명활산 풍경도 멋지다.

경주시 남산동 산36, 남산 고위산 부근 경주 고속터미널, 경주역(경주 우체국)에서 10번, 11번 버스 이용하여 통일전 하차, 마을 안쪽 염불사지 지나 등산로 입구까지 도보 20분. 등산로 입구에서 칠불암까지 도보 1시간 경주 고속터미널 또는 경주역에서 7번 국도 이용하여 선덕여왕릉 방향, 선덕여왕릉 지나 통일전 방향, 통일전에서 마을 안쪽

신선암 마애보살반가상

절벽에 새겨진 보살상이 날아갈 듯

칠불암 마애불상군 위쪽에 위치한 마애보살반가상으로 보물 제199호이고 통일 신라 시대의 작품으로 추정된다. 마애보살반가상은 암벽에 새겨져 있으며 높이는 1.9m이다. 반가상의 머리는 3면 보관을 쓰고 이마에 머리띠를 두르고 있으며 튼실한 얼굴을 하고 있다. 반가상의 몸체는 오른손으로 꽃을 잡고 왼손은 가슴에 모으고 있으며 오른발을 내려 연화대를 밟는 반가부좌를 하고 있다. 손에 꽃을 잡고 한쪽 다리를 내린 모양 등으로 보아 관세음보살로 추정된다. 반가상은 한쪽 다리를 내린 모양에 따라 붙여진 이름으로 양쪽 다리를 다 겹쳐 올리면 결가부좌가 된다.

절벽 위에 있는 신선암 마애보살반가상 앞에 서면 경주 동쪽 토함산, 불국사 지역이 한눈에 들어와 뛰어난 경치를 자랑한다. 단, 칠불암에서 신선암 마애보살반가상으로 가는 길이 다소 경사가 있으니 주의하고 특히 절벽 위 신선암 마애보살반가상에 다가갈 때 조심한다. 또 하나, 신선암이라는 암자는 현재 남아 있지 않으니 찾지 말 것.

칠불암 마애불상군 위쪽 칠불암 마애불상군에서 산 위쪽으로 도보 10분

꼭 가봐야 할
맛집

부성 식당

방귀 뿡뿡! 몸에도 좋은 토속보리밥정식

포석정 버스정류장 위쪽에 위치한 식당으로 참나물, 버섯, 호박 등이 들어간 토속보리밥정식, 해물파전, 도토리묵 등을 낸다. 토속보리밥정식은 돼지고기볶음과 고등어구이가 나오기에 1인분은 안 되고 2인분부터 주문이 가능하다.

경주시 배동 191, 포석정 정류장 위쪽 경주 고속터미널, 경주역(경주 우체국)에서 500번 버스 이용하여 포석정 하차, 정류장에서 위쪽으로 도보 3분 경주 고속터미널 또는 경주역에서 오릉 지나 포석정 방향 토속보리밥정식 10,000원, 해물파전 10,000원, 도토리묵 10,000원 ☎054-745-2258

단감 농원 할매 칼국수

시골 할매가 끓여 주는 맛있는 칼국수

삼릉 앞 칼국수 거리에 위치한 칼국수집으로 보통 할매집이라고 하지만 정식 명칭은 단감 농원 할매 칼국수이다. 삼릉 휴게소 옆 거리에는 옛날 칼국수, 시골집 칼국수, 송정 칼국수집 등이 있어 칼국수 거리를 형성하고 있다. 칼국수는 진한 멸치 육수에 손으로 만든 면을 넣어 끓이는데 면발이 쫄깃하고 맛이 있다.

경주시 배동 739-2, 삼릉 휴게소 옆 칼국수 거리 경주 고속터미널, 경주역(경주 우체국)에서 500번 버스 이용하여 배동 삼릉 하차, 정류장 남쪽 삼릉 휴게소 옆 거리로 도보 10분 경주 고속터미널 또는 경주역에서 오릉·포석정 지나 배동 삼릉 방향 우리밀손칼국수 6,000원, 냉콩국수 7,000원, 우리밀파전 7,000원 ☎054-745-4761

남정 부일 기사 식당

돼지고기와 낚지가 섞여 이름은 짬뽕, 맛은 따봉

삼릉 지나 교도소 옆에 위치한 식당으로 짬뽕(?)으로 이름난 곳이다. 짬뽕은 중화요리집의 짬뽕이 아니라 돼지고기와 낙지를 함께 볶아 먹는다고 해서 붙여진 이름. 즉석에서 냄비에 돼지고기와 낙지를 넣고 익혀 먹는 재미가 있고 나중에 밥을 비벼 먹어도 맛있다. 참고로 1인이면 2인분, 3인이면 4인분을 시켜야 돼지고기와 낙지를 넉넉하게 맛볼 수 있다.

경주시 배동 948-3, 교도소 옆 경주 고속터미널, 경주역(경주 우체국)에서 500번 버스 이용하여 내남 교도소 하차 경주 고속터미널 또는 경주역에서 포석정·배동 삼릉 지나 교도소 방향 짬뽕(돼지고기+낙지) 8,000원, 낙지볶음 8,000원, 돼지볶음 8,000원, 돼지찌개 7,000원 ☎054-745-9729

수리뫼

고풍스러운 용산 서원 옆 한정식집

남산 용산 서원 옆에 위치한 수리뫼는 전통 음식 체험장 겸 한정식집이다. 구절판, 흑임자죽, 언저육찜, 죽순채, 대하찜, 쇠갈비찜구이, 승기약탕 등 평소에는 잘 맛볼 수 없는 음식을 먹어 볼 수 있다. 예약제로 운영되며, 식사 후에는 조선 시대 정무공 최진립을 기리기 위해 세워진 용산 서원을 둘러보아도 좋다.

🏠경주시 내남면 이조리 659, 용산 서원 옆 🚌경주 고속터미널, 경주역(경주 우체국)에서 500번 버스 이용하여 이조3리(용산 서원) 하차, 용산 서원 방향 도보 5분 🚗경주 고속터미널 또는 경주역에서 포석정 · 배동 삼릉 · 용장골 지나 용산 서원 방향 🍲찬_15,000원, 품_35,000원, 단_55,000원, 자_70,000원, 수라상_10만/15만원(모두 1인 가격) ☎054-748-2507

여기당

몸에 좋은 시래기밥과 시래기전

통일전 남쪽에 위치한 식당으로 한옥 건물을 리모델링해 기와지붕에 통유리를 가진 모양을 하고 있다. 깔끔한 내부 모습은 흡사 카페를 연상케 한다. 메뉴는 단출하여 시래기밥과 시래기전, 막걸리, 동동주뿐이다. 시래기, 호박 등을 넣고 잘 지은 밥에 양념간장을 넣고 비벼 먹으면 다른 반찬이 필요 없다.

🏠경주시 남산동 1008-30, 통일전 남쪽 🚌경주 고속터미널, 경주역(경주 우체국)에서 10번, 11번 버스 이용하여 통일전 하차, 서출지 지나 도보 5분 🚗경주 고속터미널 또는 경주역에서 7번 국도 이용하여 선덕여왕릉 지나 통일전 방향 🍲시래기밥 8,000원, 시래기전 8,000원, 막걸리 3,000원, 동동주 7,000원 ☎054-743-2752

칠불암 식당

칼국수와 추어탕이 맛있는 식당

여기당 옆에 위치한 식당으로, 역사로 치면 여기당보다 한참 오래된 식당이다. 우리 밀을 이용한 칼국수가 맛있고 경상도식 추어탕도 먹을 만하다. 점심 시간에는 근처에서 일하던 농부나 노무자들이 식사를 해 좁은 식당이 붐빌 수 있고, 저녁 시간에는 일찍 문을 닫는다.

🏠경주시 남산동 1008-32, 통일전 남쪽 🚌경주 고속터미널, 경주역(경주 우체국)에서 10번, 11번 버스 이용하여 통일전 하차, 서출지 지나 도보 5분 🚗경주 고속터미널 또는 경주역에서 7번 국도 이용하여 선덕여왕릉 지나 통일전 방향 🍲칼국수 6,000원, 추어탕 8,000원, 도토리묵 8,000원 ☎054-620-0707

봄이면 벚꽃이 만발하는

보문 단지권

고도 경주에 자리 잡은 현대적인 관광 타운

벚꽃 흐드러진 봄날, 사람들의 발길을 따라가면 자연스레 만나게 되는 곳이 바로 보문 단지이다. 보문 단지 길가와 보문호 주위에 심어진 벚꽃은 흰색과 연분홍색의 향연을 벌이고 그 속을 걷는 사람들의 얼굴에는 미소가 번진다. 호텔과 테마파크, 공연장 등 다양한 시설이 밀집한 관광 단지라서 편리하게 휴식과 관광, 오락을 즐길 수 있다. 연인이라면 벚꽃길에서 2인용 자전거를 타거나 보문호에서 백조 보트를 타도 즐겁고, 가족 여행이라면 경주 세계 문화 엑스포장의 경주 타워에 올라 보문 단지 일대를 조망하거나 아이들과 경주 테디베어 박물관, 신라 밀레니엄 파크로 향해도 좋다.

보문 단지권

다정다감 펜션 (다다 하우스)
프린세스 펜션
또 다른 세상 펜션
물천리
시크릿 펜션
와우 하우스
보문 프로포즈 펜션
물천지
물천
경주 승마 클럽
북군지
경주 CC
상북
경주 생활 체육 공원
보문 GC
뽀로로 아쿠아 빌리지
켄싱턴 리조트
한화 콘도
별그린 펜션
티아라 펜션
스텔라 펜션
종오정
손곡
경주 승마 리조트
보문 청소년 수련원
스위트 호텔
나르고랜드
하북
선덕여왕 공원
경주 테디베어 박물관
경주 신라 CC
북군 마을 회관
카페베네 보문점
교원 드림 센터
맷돌 순두부
물너울 공원
라뭉
약산
보문 수상 공연장
현대 호텔
한국 콘도
일성 콘도
경주 동궁원
경주 관광 호텔
토이 빌리지
보문 관광 낚시터
보문 실탄 사격장
경주 조선 온천 호텔
경주 힐링 테마파크
아쿠아 월드
대명 리조트
물레방아 광장
별채반 보문점
4
콩코드 호텔
코모도 호텔
보문호
육부촌
무진장
명활성
보문호 유선장
아트 에스프레소
숲머리
우양 미술관
카페인
힐튼 호텔
스타벅스 보문점
명활산
서라벌 청소년 수련원
경주 월드
The-K 경주 호텔
라궁
조가네 떡갈비쌈밥
경주 월드 리조트
디아망 펜션
캘리포니아 비치
신라 밀레니엄
보문 호수 펜션
보문 월드 펜션
아드리아 펜션
천군 매운탕
삼손 짜장
보덕동 주민센터
천군 휴게소
은하수 펜션
전 흥유후 설총 묘
평왕릉
보문 남촌 펜션
천군동 동 · 서 삼층석탑
경주 세계 문화 엑스포 공원
복각단
경주 타워
3D 애니메이션 월드
솔거 미술관
블루원 워터파크
블루원 리조트
블루원 보문 CC
효공왕릉
영세곡산
하리
장재

보문 단지권 하루 코스

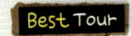

물너울 공원 → 경주 테디베어 박물관 → 보문호 유선장 → 신라 밀레니엄 파크 → 경주 세계 문화 엑스포 공원

보문 단지 여행은 입구의 물너울 공원부터 경주 테디베어 박물관, 경주 세계 문화 엑스포 공원까지 차례대로 둘러보는 것이 가장 효율적인 방법이다. 자전거 대여점에서 자전거를 빌려 타고 둘러보는 것도 재미있지만 의외로 넓은 곳이라서 체력적으로 힘들 수도 있다는 점을 명심하자. 즐길거리가 많은 신라 밀레니엄 파크와 경주 세계 문화 엑스포 공원은 시간이 많이 소요되니 바쁜 사람은 이곳부터 둘러보는 것도 좋은 방법이다.

출발!

물너울 공원

보문호를 배경으로 기념 촬영하기 좋은 곳 (20분)

버스 15분

경주 테디베어 박물관

경주를 테마로 한 귀여운 테디베어와의 즐거운 시간 (30분)

버스 15분

보문호 유선장

보문호에서 연인과 함께 오리 보트나 백조 보트 타기 (1시간)

도보 15분 또는 택시 5분

신라 밀레니엄 파크

신라 역사와 문화를 테마로 한 공연과 전통 문화 체험 (2시간)

도보 5분

도착!

경주 세계 문화 엑스포 공원

경주 타워, 플라잉 공연, 화석 박물관 등 볼거리, 즐길거리가 많은 곳 (2시간)

명활성

반란을 일으킨 비담의 근거지

신라 초기 산성으로 석축을 쌓아 만들었고 둘레는 약 6km이다. 〈삼국사기〉에 405년 신라 실성왕 4년 왜적이 명활성을 공격하였다는 기록이 있으니 실제로는 그 전부터 산성이 있었을 것이다. 475년 자비왕 18년부터 488년 소지왕 10년까지 13년 동안 왕궁으로 사용됐고, 647년 선덕여왕 16년에는 명활성을 근거로 비담과 염종이 반란을 일으키기도 했다. 당시 월성(경주)에 큰 별이 떨어지자 비담은 여왕이 망할 징조라며 좋아했으나, 김유신이 불붙은 연을 하늘로 날려 보내 반란군의 사기를 꺾고 진압하였다.

경주시 보문동 · 천군동, 보문 단지 입구 경주 고속터미널, 경주역(경주 우체국)에서 10번, 100번, 150번, 700번 버스 이용하여 북군 삼거리 하차, 도보 5분 경주 고속터미널 또는 경주역에서 월성동 주민센터 지나 좌회전, 분황사에서 경강로 이용하여 보문 단지 방향

물너울 공원

만개한 벚꽃과 보문호가 어우러지는 곳

소나무 숲이 울창해 산책하기 좋고 소나무 숲을 지나면 넓은 보문호가 펼쳐진다. 물너울 공원의 전망 데크에서는 보문 수상 공연장, 현대 호텔, 경주 월드 등 보문 일대가 한눈에 들어온다. 물너울 공원에서 선덕여왕 공원 거쳐 보문 수상 공연장까지 걸어도 즐겁다.

경주시 북군동 236-12, 북군동 음식 단지 건너편 경주 고속터미널, 경주역(경주 우체국)에서 10번, 700번 버스 이용하여 북군 홍보 마을 하차. 한화콘도 방향 도보 10분 경주 고속터미널 또는 경주역에서 월성동 주민센터 지나 좌회전, 분황사에서 경강로 이용하여 보문 단지 방향

경주 동궁원

식물원과 새 공원이 함께

우리나라 최초의 동·식물원이었던 동궁과 월지(안압지)를 현대적으로 재현한 곳으로 한옥 모양의 대형 유리 온실이 있어서 눈에 금방 띈다. 사계절 관광 체험 시설인 동궁 식물원과 새 공원인 버드파크로 이루어져 있는데, 식물원은 야자원, 화목원, 수생원, 열대과원, 관엽원 등 5개 테마 정원에 400종 5,500본이 식재되어 있고, 버드파크는 펭귄, 앵무새, 홍학 등 250종 900마리가 전시된다.

경주시 북군동 181-1, 북군 음식 단지 건너편 🚌 경주 고속터미널, 경주역(경주 우체국)에서 10번, 700번 버스 이용하여 북군 홍보 마을 하차, 도보 3분 🚗 경주 고속터미널 또는 경주역에서 월성동 주민센터 지나 좌회전, 분황사에서 경강로 이용하여 보문 단지 방향 ₩ 식물원_성인 4,000원, 청소년 3,000원, 어린이 2,000원 / 버드파크_성인 17,000원, 청소년 15,000원, 어린이 11,000원 / 통합권(식물원+버드파크)_성인 18,000원, 청소년 16,000원, 어린이 12,000원 ⏲ 09:00~20:00(18:00까지 입장권 발매,식물원은 동절기 18:30 폐장) ☎ 054-779-8725 ℹ www.gyeongjuepg.kr

뽀로로 아쿠아 빌리지

천연 온천수 워터파크에서 아이처럼 물놀이

경주 한화 콘도 내에 위치한 워터파크로 옛 신라의 전설을 테마로 꾸며졌으며 지하 750m에서 뽑아낸 천연 온천수를 이용한다. 주요 시설로는 안압지를 본뜬 스파 시설인 금장대, 12종류의 동물 분수인 십이지 분수, 연인들이 이용하면 좋은 연인탕, 어린이를 위한 어린이탕, 물 쏟는 항아리, 유수풀인 화랑대 등 다채로운 온천 물놀이 시설과 스파 시설이 갖추어져 있다. 물놀이 후에는 푸드코트에서 맛있는 음식을 맛보아도 좋다.

경주시 북군동 30-3, 경주 한화 콘도 내 🚌 경주 고속터미널, 경주역(경주 우체국)에서 10번, 700번 버스 이용하여 한화 콘도 하차, 한화 콘도 방향 도보 10분 🚗 경주 고속터미널 또는 경주역에서 월성동 주민센터 지나 좌회전, 분황사에서 경강로 이용하여 보문 단지 방향 ⏲ 10:00~18:00(주말 09:00~20:00) ☎ 054-777-8300 ℹ www.hanwharesort.co.kr

₩ 9월 초~12월 중순 기준

항목	세부 항목		요금
스프링돔	종일권	(10:00~18:00)	대인 39,000원 소인 34,000원
	오후권	(16:00~18:00)	대인 34,000원 소인 29,000원
온천 사우나	06:00~21:00 (매표 20:00)		대인 12,000원 소인 10,000원

경주 테디베어 박물관

귀여운 테디베어 인형과 기념 촬영

테디베어 인형을 소재로 한 박물관으로 교원 드림 센터(리조트) 내에 위치해 있으며, 공룡 시대와 신라 시대를 테마로 한 테디베어 인형을 전시하고 있다. 주요 전시관으로는 공룡관, 해저관, 신라관, 테디베어 박물관, 아트 갤러리 등이 있고 3D 극장에서는 생생한 3D 영상물을 관람할 수 있다. 어린이와 함께 하는 여행이라면 한번쯤 들러볼 만한 곳.

경주시 북군동 116, 교원 드림 센터 내 경주 고속터미널, 경주역(경주 우체국)에서 10번, 700번 버스 이용하여 현대 호텔 하차, 교원 드림 센터 방향 도보 5분 경주 고속터미널 또는 경주역에서 월성동 주민센터 지나 좌회전, 분황사에서 경강로 이용하여 보문 단지 방향 ₩ 성인 10,000원, 청소년 7,000원, 어린이 6,000원 09:30~19:30(매표 18:30) ☎ 054-742-7400 www.teddybearmuseum.co.kr

보문 수상 공연장

공연도 보고 넓은 보문호를 조망하기도 좋은 곳

현대 호텔 뒤쪽에 위치한 수상 공연장으로 보문호를 배경으로 매년 4월부터 10월까지 음악, 무용 등을 공연하며 좌석은 2천 석 규모이다. 평상시에는 넓은 보문호를 감상하며 시간을 보내기 좋고 공연장에서 선덕여왕 공원을 지나 물너울 공원까지 산책을 해도 즐겁다.

경주시 신평동 485-1, 현대 호텔 뒤쪽 경주 고속터미널, 경주역(경주 우체국)에서 10번, 700번 버스 이용하여 현대 호텔 하차, 도보 5분 경주 고속터미널 또는 경주역에서 월성동 주민센터 지나 좌회전, 분황사에서 경강로 이용하여 보문 단지 방향 ☎ 경북관광공사 054-745-7601

Travel Tips

보문 단지의 레포츠 체험

경주 보문 단지에서 즐길 수 있는 레포츠로는 ATV(사륜 오토바이) 체험, 보문 단지 하늘 위로 날아 보는 열기구 체험, 실내 사격, 그리고 보문호 유선장에서 다양한 보트나 제트스키 타기 등이 있다.

항목	위치 / 업체	전화	요금
ATV	경주시 북군동 8-36 보문 단지 입구 나르고랜드 www.nargoland.com	054-777-0263 070-4232-0263	30분 15,000원 1시간 25,000원
열기구			성인 15,000원 청소년 12,000원 어린이 10,000원
실내 사격	경주시 신평동 611-15 대명콘도 옆 경주 보문 실탄 사격장 www.kjshooting.com	054-741-4007	10발 20,000원 내외
자전거(2시간) 전기 자전거(1시간) 스쿠터(1시간)	경주역 앞(1곳), 경주 고속터미널 앞에 대여소 밀집	역전 010-4846-8268 터미널 054-743-2352	1인용 5,000원 2인용 10,000원 전기자전거 10,000원 스쿠터 20,000원
	대명콘도 옆에 대여소 밀집	현대 자전거 054-745-0345	
	보문 단지(물레방아 공원, 유선장) 주변에 대여소 밀집	보문 자전거 054-748-3146	
	경주 월드 어뮤즈먼트 주변에 대여소 밀집	월드투어 054-744-9446	
백조 보트 도날드 보트(유람선)	경주시 신평동 719-143 경주보문단지 유선장 콩코드 호텔(운영) www.concorde.co.kr	054-740-6221 054-745-7000	성인 4,000원, 어린이 2,500원
페달 보트			1척 4인 30분 10,000원
모터보트			3인 25,000원
제트스키			2인 40,000원
바나나 보트			2인 20,000원
플라잉피쉬			2인 30,000원
카트(15분)	경주시 천군동 165-8 천군 휴게소 옆 경주 카트 랜드	010-2338-2397	1인용 12,000원 2인용 15,000원
ATV(1시간)			30,000원
헬륨 기구(10분)	경주시 천군동 176-1 경주 월드 캘리포니아 건너편 열기구·승마 체험장 스카이월드 www.skyworld.co.kr	054-743-0010	성인 15,000원 청소년 14,000원 어린이 12,000원
ATV(1시간)			30,000원
스쿠터(1시간)			20,000원
어린이 전동차(30분)			10,000원
유로 번지			7,000원
승마 체험			성인 15,000원 어린이 10,000원
동물 나라(동물원)			성인 8,000원 청소년 7,000원
카트	경주시 진현동 834-19 불국사 숙박 단지 남쪽 경주 카트 밸리	054-777-1254	1인용 12,000원 2인용 20,000원

백조 보트·도날드 보트 주중 10:00~20:30(주말 21:30), 15~20분 소요 / 페달 보트 10:00~20:30(주말 21:00) / 모터보트·제트스키 등 10:00~일몰 시 / 실내 사격 11:00~21:00(주말 10:00~22:00) / ATV·열기구 09:00~일몰 시(4월~10월 08:30~22:00)

아쿠아 월드

보문호가 보일 듯 말 듯 워터파크에서의 하루

대명 리조트 경주 내에 위치한 온천 워터파크로, 일상에서 벗어나 자연 속에서 휴식과 건강을 찾는 것을 테마로 하고 있다. 실외 아쿠아 월드에는 파도가 살아 있는 파도풀, 미끄럼틀 · 정글짐 등 놀이 시설이 있는 플레이존, 유수풀 등이 있고 실내 아쿠아 월드에는 버섯 분수, 슬라이드, 전신 마사지, 연인탕 등이 있다. 보문호 근처에 있어 보문호에서 불어오는 시원한 바람을 맞으며 일광욕을 즐겨도 좋다.

₩ 하이시즌(8월 하순~10월 중순) 기준

항목	세부항목	요금
아쿠아 월드	종일권	대인 38,000원 소인 33,000원
	오후권 (오후 3시 이후)	대인 33,000원 소인 28,000원
사우나	06:00~20:00 (주말 21:00)	대인 10,000원 소인 8,000원

경주시 신평동 400-1, 대명 리조트 경주 내 경주 고속터미널, 경주역(경주 우체국)에서 10번, 700번 버스 이용하여 콩코드 호텔 입구 하차 경주 고속터미널 또는 경주역에서 월성동 주민센터 지나 좌회전, 분황사에서 경강로 이용하여 보문 단지 방향 아쿠아 실내존 주중 10:00~18:00(토요일 · 여름 성수기 09:00~20:00, 일요일 09:00~19:00), 유수풀 · 이벤트탕 주중 11:00~17:00(토요일 · 여름 성수기 10:00~19:00, 일요일 10:00~18:00) 054-778-8355 www.daemyungresort.com

토이 빌리지

테디베어에서 악어 쇼까지 다양한 볼거리

테디베어 인형을 볼 수 있는 토이 빌리지 전시관, 50여 종 100여 마리의 포유류, 파충류, 양서류 등을 볼 수 있는 사파리&파충류 탐험관, 1,000여 종 10,000여 마리의 해양 생물을 볼 수 있는 아쿠아리움, 매직쇼 등으로 이루어진 종합 테마파크다. 토끼와 거북이 먹이 주기 프로그램도 운영한다.

경주시 신평동 611-5, 대명 리조트 경주 건너편 경주 고속터미널, 경주역(경주 우체국)에서 10번, 700번 버스 이용하여 콩코드 호텔 입구 하차, 도보 5분 경주 고속터미널 또는 경주역에서 월성동 주민센터 지나 좌회전, 분황사에서 경강로 이용하여 보문 단지 방향 ₩성인 13,000원 09:00~18:00 054-772-9000 www.toyvillage.co.kr

물레방아 광장

백팔번뇌를 담은 거대한 물레방아

물레방아와 폭포, 연자방아, 초가 등이 있는 공원으로, 보문 단지 건너편에 위치해 있다. 물레방아 광장의 명물인 거대 물레방아는 지름 13m, 무게 80톤으로 1988년 완성되었다. 거대 물레방아의 물받이는 총 108개로 불교의 백팔번뇌를 나타내는데, 흐르는 물줄기와 함께 모든 번뇌를 씻어 버리라는 의미를 두고 있다. 보문 단지를 구경할 때 잠시 쉬어 가기 좋은 곳.

경주시 신평동 436-1, 보문 단지 건너편 경주 고속터미널, 경주역(경주 우체국)에서 10번, 700번 버스 이용하여 육부촌 앞 하차, 도보 5분 경주 고속터미널 또는 경주역에서 월성동 주민센터 지나 좌회전, 분황사에서 경강로 이용하여 보문 단지 방향

경주 힐링 테마파크

쥐라기 공룡도 보고 허브도 보고

물레방아 광장 북쪽에 위치한 테마파크로, 입구에 향긋한 허브 온실이 자리 잡고 있고 야외 허브 테마 공원에는 예쁜 풍차가 돌아간다. 그 밖에도 테마파크 내에는 무비 갤러리관, 클래식 자동차 전시관, 3D 입체 영상관, 공룡 파크, 파충류체험관 등이 있어 재미있는 하루를 보낼 수 있다.

경주시 신평동 278-2, 물레방아 광장 북쪽 경주 고속터미널, 경주역(경주 우체국)에서 10번, 700번 버스 이용하여 육부촌 앞 하차, 도보 15분 경주 고속터미널 또는 경주역에서 월성동 주민센터 지나 좌회전, 분황사에서 경강로 이용하여 보문 단지 방향 ₩ 12,000원 09:00~19:00 ☎ 1899-1165 경주힐링테마파크.com

보문호

벚꽃길도 걷고 유람선도 타고

경주시 신평동에 위치한 호수로 1952년 착공해, 1963년 준공하였고 면적은 1,652,900m², 유효 저수량은 1015만 톤에 달한다. 1979년 경주 보문 관광 단지가 개장되면서 보문호 주위로 약 8km의 수변 산책로가 조성되어 호수를 구경하며 산책을 하거나 조깅을 하기 좋다. 봄이면 보문호 주변으로 벚꽃이 만발해 벚꽃 터널을 이루고 보문호 유선장에서 유람선이나 모터보트를 타고 보문호를 둘러보아도 즐겁다.

경주시 신평동, 보문 단지 내 경주 고속터미널, 경주역(경주 우체국)에서 10번, 700번 버스 이용하여 육부촌 앞 하차, 도보 5분 경주 고속터미널 또는 경주역에서 월성동 주민센터 지나 좌회전, 분황사에서 경강로 이용하여 보문 단지 방향

우양 미술관

세계적인 명작이 눈앞에

경주 힐튼 호텔 내에 위치한 미술관으로 1991년 개관하였고 2013년 아트 선재 미술관에서 우양 미술관으로 명칭이 변경되었다. 본관 건물은 현대 건축의 4대 거장으로 불리는 '미즈 반 더 로에'에게 직접 사사받은 건축가 김종성이 설계했고 야외 조각 공원에는 알렉산더 리버만, 존 헨리, 장-피에르 레이노 같은 거장의 작품이 세워져 있다. 경주에서 예술의 향기를 맡고 싶다면 미술관으로 가 보자.

경주시 신평동 370, 경주 힐튼 호텔 내 경주 고속터미널, 경주역(경주 우체국)에서 10번, 700번 버스 이용하여 힐튼 호텔 하차, 힐튼 호텔 방향 도보 5분 경주 시외버스터미널 또는 경주역에서 원화로 이용하여 월성동 주민센터 지나 좌회전, 분황사에서 경강로 이용하여 보문 단지 방향 ₩ 전시에 따라 달라짐 10:00~18:00(매주 월요일 휴관) ☎ 054-745-7075~6 www.wooyangmuseum.org

경주 월드

놀거리, 탈거리가 너무 많아

보문 단지 남쪽에 위치한 테마파크로 마법의 나라 위자드 가든, 국내 최강 스릴과 모험의 엑스 존, 신비한 우주, 이집트 여행의 스페이스 시티를 테마로 하고 있으며, 급류 타기, 바이킹, 타가디스코 등의 놀이 기구도 잘 갖춰져 있다. 겨울에는 대형 눈썰매장을 운영해 아이들이 뛰놀기 좋다.

경주시 천군동 191-5, 보문 단지 남쪽 / 경주 고속터미널, 경주역(경주 우체국)에서 10번, 16번 버스 이용하여 경주 월드 하차 / 경주 고속터미널 또는 경주역에서 월성동 주민센터 지나 좌회전, 분황사에서 경강로 이용하여 보문 단지 방향 / ₩ 입장권_성인 20,000원, 청소년 16,000원, 어린이 14,000원 / 자유 이용권_성인 39,000원, 청소년 34,000원, 어린이 29,000원 / 09:50~18:15(하계 시즌 마감 시간 연장) / ☎ 054-745-7711 / www.gjw.co.kr

캘리포니아 비치

한여름엔 워터파크에서 물놀이하는 게 제일

캘리포니아 비치는 젊음과 열정이라는 모토로 2008년 개장하였으며, 6월 하순~9월 초순의 여름 시즌에만 운영된다. 대형 파도풀인 산타모니카 비치, 긴 유수풀인 웨이브 캐년, 4인승 초대형 슬라이드 튜브, 2인승 슬라이드인 터보 트위스트 등과 같은 물놀이 시설과 온 가족이 즐길 수 있는 국내 최대의 스플래쉬 존(아쿠아 플레이), 스파인 팜스프링 등을 갖추고 있다.

경주시 천군동 191-5, 경주 월드 옆 / 경주 고속터미널, 경주역(경주 우체국)에서 10번, 16번 버스 이용하여 경주 월드 하차 / 경주 고속터미널 또는 경주역에서 월성동 주민센터 지나 좌회전, 분황사에서 경강로 이용하여 보문 단지 방향 / ₩ 종일권 주중_대인 42,000원, 소인 30,000원 / 주말_대인 52,000원, 소인 37,000원(준성수기 하이 시즌 기준) / 10:00~20:00 / ☎ 054-745-7711 / www.gjw.co.kr

천군동 동·서 삼층석탑

경주 타워와 어우러진 한 쌍의 석탑

보문 단지 남쪽 천군동에 위치한 삼층석탑으로 보물 제168호이고 통일 신라의 작품으로 추정된다. 삼층석탑은 동쪽과 서쪽에 1개씩 있는데 동탑의 높이 6.73m, 서탑의 높이 7.72m이다. 두 탑 모두 전형적인 통일 신라 시대의 이중 기단 위에 3층의 석단을 올렸는데, 동탑의 상륜부는 사라졌고 서탑의 상륜부는 일부만 남아 있다. 삼층석탑이 있는 곳에서는 금당, 강당, 중문 등의 지대석과 기초가 발견되어 이곳이 사찰 터임을 짐작할 수 있다. 삼층석탑은 경주 월드, 경주 세계 문화 엑스포 공원에서 멀지 않으니 잠시 들르기 좋다.

경주시 천군동 550-2, 보문 단지 남쪽 경주 고속터미널, 경주역(경주 우체국)에서 100번, 150번 버스 이용하여 경주 월드 하차, 도보 10분 경주 고속터미널 또는 경주역에서 월성동 주민센터 지나 좌회전, 분황사에서 경강로 이용하여 보문 단지 방향, 경주 월드에서 마을 길 이용하여 삼층석탑 방향

블루원 워터파크

한여름에는 닥치고 워터파크로

보문 단지 남동쪽 블루원 리조트 내에 위치한 워터파크로 영남권 최대의 4계절 물놀이장이다. 주요 시설로는 국내 최고 높이인 2.6m짜리 파노풀 스톰 웨이브와 길이 266m, 폭 5m의 토렌트 리버, 18m 높이에서 미끄러지는 4인승 튜브 슬라이드인 토네이도 슬라이드 등이 있고, 가족 복합 놀이 공간인 어드벤처 플레이, 패밀리 슬라이드 등도 재미있다.

경주시 천군동 산30-65, 보문 단지 남동쪽 경주 고속터미널, 경주역(경주 우체국)에서 100번, 150번 버스 이용하여 경주 월드 하차, 블루원 리조트 방향 도보 20분 경주 고속터미널 또는 경주역에서 월성동 주민센터 지나 좌회전, 분황사에서 경강로 이용하여 보문 단지 방향, 경주 월드에서 블루원 리조트 방향 ₩ 종일권_대인 45,000원, 소인 36,000원(로우 시즌 기준) 10:00~18:30(9월 중순 하이 시즌 기준) ☎ 1899-1888, 054-778-9000 www.blueone.com

신라 밀레니엄 파크

마상 무예가 신나고 메인 공연이 즐거운 곳

신라 밀레니엄 파크는 신라 역사와 문화를 체험할 수 있는 국내 유일의 에듀테인먼트 놀이동산이다. 주요 시설로는 연못인 화청지, 메인 공연장, 에밀레 타워, 야외 공연장, 먹거리촌, 그림자 극장, 신라 귀족 마을을 재현한 천년고도, 대하 사극 〈선덕여왕〉 세트장, 화랑 공연장, 한옥 호텔 라궁 등으로 되어 있다. 메인 공연장에서 열리는 〈천궤의 비밀〉 공연에서는 전함이 움직이고 호쾌한 칼싸움이 펼쳐지며, 화랑 공연장에서 열리는 〈화랑의 도〉에서는 각종 기마 묘기, 창던지기, 활쏘기 등이 관객들의 인기를 끌고 있다. 아울러 공예 체험 마을에서는 염색, 압화, 한지 등의 공예 체험도 할 수 있다.

2013 10월 기준(분기별, 테마파크 사정상 변동 가능)

공연	내용	장소	시간
천궤의 비밀	수상 전투	메인 공연장	평일 10:30, 14:30 / 주말 11:00, 15:00
화랑의 도	마상 묘기	화랑 공연장	평일 11:30, 16:00 / 주말 12:30, 16:30
선덕여왕의 눈물	사랑 이야기	메인 공연장	주말 18:30
호낭자의 사랑	인형극	인형 극장	평일 12:10, 13:10, 15:10, 17:10 주말 11:40, 13:40, 15:40, 17:30
석탈해	그림자극	그림자 극장	평일 11:00, 12:40, 13:50, 16:40, 18:00 주말 10:30, 13:10, 14:10, 17:00, 18:00

경주시 신평동 719-70, 힐튼 호텔 동쪽 경주 고속터미널, 경주역(경주 우체국)에서 16번, 700번 버스 이용하여 신라 밀레니엄 파크 하차 / 10번, 100번, 150번 버스 이용하여 경주 세계 문화 엑스포 공원 하차, 도보 5분 경주 고속터미널 또는 경주역에서 월성동 주민센터 지나 좌회전, 분황사에서 경강로 이용하여 보문 단지 방향, 힐튼 호텔에서 좌회전, 신라 밀레니엄 파크 방향 ₩ 입장료 5,000원, 입장료+공연_성인 18,000원(공연 내용에 따라 달라짐) 평일 10:00~18:40, 주말 10:00~19:00 ☎054-749-0071 www.smpark.co.kr

경주 세계 문화 엑스포 공원

경주 타워부터 플라잉 공연까지 시간이 부족해

경주 세계 문화 엑스포 공원은 2001년 경주 세계 문화 엑스포를 위해 조성되었다. 경주 세계 문화 엑스포는 세계 각국의 문화를 체험하고자 하는 종합 문화 축제로, 1998년에 시작되어 2~3년 간격으로 2000년, 2003년, 2007년, 2011년 경주에서 열렸고 2006년에는 '앙코르-경주 세계 문화 엑스포'라는 이름으로 캄보디아의 앙코르와트에서 열렸다. 엑스포 기간 중에는 세계 민속춤과 노래 공연, 세계 꼭두극 축제, 신라의 역사와 문화 전시, 공연 등이 열린다. 경주 세계 문화 엑스포 공원의 주요 시설로는 퍼포먼스 플라잉 공연이 열리는 엑스포 문화 센터 공연장, 추억의 물품을 전시하는 천마의 궁전, 신라의 문화와 역사를 알 수 있는 신라 문화 역사관(경주 타워 1층), 3D 애니메이션을 볼 수 있는 첨성대 영상관, 솔거 미술관 등이 있다.

경주시 천군동 130, 경주 월드 옆 경주 고속터미널, 경주역(경주 우체국)에서 10번, 100번, 150번, 700번 버스 이용하여 경주 세계 문화 엑스포 공원 하차 경주 고속터미널 또는 경주역에서 월성동 주민센터 지나 좌회전, 분황사에서 경강로 이용하여 보문 단지 방향, 경주월드 캘리포니아 비치에서 좌회전, 경주 세계 문화 엑스포 공원 방향 ₩ 경주타워 3,000원, 쥬라기로드 3,000원, 또봇 뮤지엄 15,000원, 3D 애니메이션 3,000원, 솔거 미술관 1,000원, 플라잉 공연 30,000원 공원 05:30~22:00, 찬기파랑가 공연 19:30(월 휴무), 플라잉 공연 14:30(일·월 휴무), 세계 화석 박물관 10:00~18:00 ☎054-748-3011 www.cultureexpo.or.kr

경주 타워

상상 속의 황룡사 구층목탑을 현대적으로 표현

경주 타워는 황룡사 구층목탑을 음각하여 건설되었고 그 높이가 82m에 달한다. 경주 타워 1층에는 신라 문화 역사관이 자리하고 있고 꼭대기 층에는 전망대가 있어 가깝게는 보문 단지 일대, 멀리로는 경주 시내가 한눈에 보인다. 주말 저녁에는 유리로 된 경주 타워를 스크린 삼아 문라이트 레이저 쇼가 펼쳐지기도 한다.

경주시 천군동 130, 경주 세계 문화 엑스포 공원 내

3D 애니메이션 월드

재미있는 신라 설화 속으로

3D 애니메이션 극장으로 신라 설화를 다룬 〈벽루천〉, 〈토우 대장 차차〉, 〈천마의 꿈〉, 어린이를 위한 동화 〈엄마 까투리〉 등을 상영한다. 〈벽루천〉은 용족의 부활을 노리는 백룡왕과 맞서는 신라 선덕여왕의 모험을 다뤘고, 〈토우 대장 차차〉는 국립 경주 박물관에 소장 중인 도제기마인물상이 토우 군대의 대장 차차로 부활해 신라를 구한다는 이야기이며, 〈천마의 꿈〉은 신라의 평화를 염원한 화랑 기파랑과 선화 공주의 사랑을 중심으로 다룬 만파식적 설화를 말하고 있다.

경주시 천군동 130, 경주 세계 문화 엑스포 공원 내 첨성대 영상관

	상영 시간	상영작
1	AM 9:30	벽루천
2	AM 10:30	토우 대장 차차
3	AM 11:30	천마의 꿈
4	PM 12:30	엄마 까투리
5	PM 1:30	벽루천
6	PM 2:30	토우 대장 차차
7	PM 3:30	천마의 꿈
8	PM 4:30	엄마 까투리
9	PM 5:30	벽루천

※현지 사정에 의해 상영작, 시간 등 변동 가능

솔거 미술관

한국 근·현대화를 감상할 수 있는 곳

한국화의 거장 소산 박대성 화백과 한국 근·현대 미술사의 큰 뿌리인 경주 미술가들의 작품을 전시한다. 박대성 화백은 60년대 화단 등단 후 줄곧 실경산수를 추구했고, 2000년대 이후 경주에 거주하고 있다.

경주시 천군동 130, 경주 세계 문화 엑스포 공원 내

보문에서 즐기는
스파 & 마사지

여행을 다니며 좋은 것을 보고 맛난 음식을 먹어도 저녁 무렵이면 피곤해지는 것은 어쩔 수 없는 일인듯하다. 이럴 때 따끈한 온천에 몸을 담그고 있으면 어느새 피로가 풀리고 세상 부러울 것이 없어진다. 여기에 자근자근 마사지까지 받으면 이보다 좋을 수 없다.

현대 호텔 누마루

여행 피로 회복에는 마사지가 제일

현대 호텔 내에 있는 스파로 프리미엄급의 피부 관리와 타이 마사지 등을 제공한다. 프로그램으로는 페이스 트리트먼트, 바디 트리트먼트, 스페셜 패키지 등이 있다. 부대시설로는 양식당 피사(054-779-7373), 중·일 식당 남경(054-779-7365), 커피숍 & 뷔페 사라(054-779-7374), 클럽 하바나(054-779-7384) 등이 있어 이용에 불편함이 없다.

경주시 신평동 477-2, 보문 단지 내 경주 고속터미널, 경주역(경주 우체국)에서 10번, 700번 버스 이용하여 현대 호텔 하차, 콘도 방향 도보 5분 경주 고속터미널 또는 경주역에서 보문 단지 방향, 한화 콘도 지나서 ₩ 얼굴 스톤 테라피(70분) 77,000원, 발·다리 마사지(40분) 55,000원, 타이 전신 마사지(1시간) 77,000원, 아로나 스톤 테라피 등(40분) 77,000원, 누마루 스페셜(100분) 165,000원 10:00~22:00 누마루_054-774-7408, 호텔_054-748-2233 누마루_numaru.co.kr, 현대 호텔_www.hyundaihotel.com/gyeongju

라마타이 마사지

태국인 마사지사의 정통 태국 마사지 체험

보문 단지 내 대명 리조트 옆에 있는 업소로 실내는 태국 전통 공예품으로 꾸며져 있어 이국적인 분위기가 난다. 마사지 프로그램에는 태국 발마사지, 전신 마사지, 전신 아로마 마사지, 경락 등이 있고 연인이 커플 마사지를 할 경우 시간이 조금 늘어난다. 태국인이 직접 마사지를 하므로 태국에서 마사지를 받았던 것과 비슷한 경험을 할 수 있다.

경주시 신평동 611-16, 대명 리조트 옆 경주 고속터미널, 경주역(경주 우체국)에서 10번, 700번 버스 이용하여 일성 콘도 앞 하차 경주 고속터미널 또는 경주역에서 보문 단지 방향 ₩ 타이 발마사지(1시간) 45,000원, 타이 전신 마사지(1시간) 60,000원, 타이 전신 아로마(1시간) 80,000원, 등 경락(1시간) 70,000원 054-745-0989 ramathai.kr

경주 조선 온천 호텔 스파 랜드

피부 미용에 좋은 약알칼리성 온천수

조선 온천 호텔은 보문 콩코드 호텔 건너편에 있는 호텔로, 호텔 내 스파 랜드는 지하 600m 화강암반에서 분출되는 염분과 광물질이 함유된 약알카리성 미온천수로 땀의 증발을 막아 보온 효과가 크고 피부 노화 방지, 피부 탄력 유지, 관절염, 신경통 등에 효험이 있다고 한다.

경주시 신평동 452-1, 콩코드 호텔 건너편 경주 고속터미널, 경주역(경주 우체국)에서 10번, 700번 버스 이용하여 콩코드 호텔 하차, 호텔 방향 도보 1분 경주 고속터미널 또는 경주역에서 보문 단지 방향, 현대 호텔 지나서 ₩ 스파 랜드 온천 사우나 7,000원, 찜질방 11,000원 ☎ 054-740-9600 www.chosunspahotel.com

발마사지 카페

중국인 마사지사에게 받는 발마사지

보문 물레방아 광장 옆 상가 3층에 위치한 업소로 다소 대중적인 분위기가 난다. 프로그램으로는 발마사지, 전신 마사지, 얼굴 마사지, 아로마 테라피 등이 있고 태국인, 중국인 등이 마사지를 하므로 태국이나 중국에서 마사지를 받았던 기억을 떠올리게 된다.

경주시 신평동 351, 상가 3층 경주 고속터미널, 경주역(경주 우체국)에서 10번, 700번 버스 이용하여 육부촌 하차, 길 건너 상가 방향 도보 1분 경주 고속터미널 또는 경주역에서 보문 단지 방향, 현대 호텔 지나 보문 단지 방향 ₩ 발마사지(1시간) 44,000원, 전신 마사지(1시간) 55,000원, 발+전신 마사지(1시간 30분) 77,000원, 얼굴 마사지(1시간) 44,000원, 아로마 테라피(1시간) 77,000원 ☎ 054-775-7150 massagecafe.co.kr

The-K 경주 호텔 스파 월드

온탕 갔다 냉탕 갔다 수중 마사지 받기

The-K 경주 호텔 내에 위치한 스파로 지하 630m에서 끌어올린 온천 사우나, 실내외 수영장, 헬스장 등이 있어 온천욕을 하며 여행의 피로를 풀기 좋다. 온천 사우나에서는 일명 '때밀이'라고 불리는 세신 서비스나 가벼운 마사지를 받기도 괜찮다. 부대시설로는 한식당 무궁화(054-770-9122), 뷔페 식당 에델바이스(054-770-9111) 등이 있어 이용에 불편함이 없다. 인근의 신라 밀레니엄 파크, 경주 세계 문화 엑스포 공원을 둘러보기도 좋다.

경주시 신평동 150-2, 보문 단지 내 경주 고속터미널, 경주역(경주우 체국)에서 16번, 700번 버스 이용하여 The-K 경주 호텔 하차, 호텔 방향 도보 1분 경주 고속터미널 또는 경주역에서 보문 단지 방향, 힐튼 호텔에서 우회전, The-K 경주 호텔 방향 ₩ 온천 사우나 15,000원, 온천+수영 18,000원(수영복 지참), 온천+헬스 18,000원 ☎ 054-745-8100 www.thek-hotel.co.kr/gyeongju

엑스포 태국 전통 마사지

허브볼 마사지로 여행 피로 안녕

경주 세계 문화 엑스포 공원 앞의 천군 휴게소에 위치한 업소로 입구에 있는 태국 코끼리 문양이 눈길을 끈다. 프로그램으로는 타이 전신 마사지, 아로마 오일 전신 마사지, 스크럽+오일 마사지, 허브볼 마사지 등이 있다. 태국인이 마사지하므로 태국에 온 듯한 느낌을 받을 수 있다.

🏠 경주시 천군동 157-16, 천군 휴게소 2층 🚌 경주 고속터미널, 경주역(경주 우체국)에서 11번, 700번 버스 이용하여 경주 세계 문화 엑스포 공원 하차, 천군 휴게소 방향 도보 1분 🚗 경주 고속터미널 또는 경주역에서 보문 단지 방향, 경주 월드 지나 경주 세계 문화 엑스포 공원 방향 ₩ 타이 마사지(1시간) 100,000원, 아로마 오일 마사지 120,000원, 스크럽+오일 마사지 130,000원, 허브볼 마사지 160,000원 ☎ 054-748-1600 ⓘ www.expomassage.com

블루원 리조트 엘레미스

세계적인 체인의 럭셔리 스파

블루원 리조트 내에 있는 스파로 세계적인 체인을 갖고 있고 최고급 스파와 마사지 서비스를 받을 수 있다. 스파와 마사지 프로그램으로는 스킨 테라피, 바디 마사지, 바디 랩, 핸드 & 풋 등으로 다양하다. 이밖에 한식당 포석정, 사우나 등이 갖춰져 있어 이용에 불편함이 없다.

🏠 경주시 천군동 산31, 보문 단지 내 🚌 경주 고속터미널, 경주역(경주 우체국)에서 100번, 150번 버스 이용하여 경주 월드 하차, 리조트 방향 도보 20분 🚗 경주 고속터미널 또는 경주역에서 보문 단지 방향, 경주 월드 지나 리조트 방향 ₩ 100,000~200,000원 내외 ✔ 수~금 13:00~21:00, 토 10:00~22:00, 일 10:00~19:00(월·화 휴관) ☎ 엘레미스_054-778-9631~2, 리조트_054-778-9000 ⓘ www.blueone.com

꼭 가봐야 할 맛집

무진장

한우 떡갈비의 고소함에 빠지다

보문 숲머리 음식 단지 내에 위치한 무진장은 산뜻한 개량 한옥 건물이며, 내부는 깔끔한 한식 패스트푸드점을 연상케 한다. 무진장의 한우떡갈비정식은 잘 구워진 한우떡갈비에 돼지고기구이와 여러 반찬이 나와, 식사를 하는 데 부족함이 없다. 보문 숲머리 음식 단지는 경주 시내에서 보문 단지 가는 길에 있고 떡갈비, 순두부정식 등을 파는 식당이 몰려 있어 메뉴를 고르기 좋다.

경주시 보문동 33-81, 보문 숲머리 음식 단지 내 경주 고속터미널, 경주역(경주 우체국)에서 10번, 100번, 150번, 700번 버스 이용하여 숲머리 하차, 보문 숲머리 음식 단지 방향 도보 5분 경주 고속터미널 또는 경주역에서 월성동 주민센터 지나 좌회전, 분황사에서 경강로 이용하여 보문 숲머리 방향 한우떡갈비 10,000원(1인분 주문 시 15,000원), 순두부찌개 9,000원, 매운 갈비찜 30,000원 ☎054-771-6954

맷돌 순두부

찾는 사람이 많아 줄 서서 먹는 집

보문 천군동 음식 단지 내에 위치한 식당으로 순두부정식을 전문으로 한다. 순두부정식에는 순두부 그대로의 맷돌순두부와 순두부로 요리를 한 맷돌순두부찌개가 있는데, 어느 쪽이든 고소한 콩비지, 꽁치구이 등의 반찬이 나와 맛있는 식사를 할 수 있다. 보문 천군동 음식 단지는 보문 단지 입구에 있으며, 순두부, 한정식, 매운탕 식당이 모여 있어 입맛대로 식당을 선택할 수 있다.

경주시 북군동 229-1 경주 고속터미널, 경주역(경주 우체국)에서 10번, 700번 버스 이용하여 북군 홍보마을 하차 경주 고속터미널 또는 경주역에서 월성동 주민센터 지나 좌회전, 분황사에서 경강로 이용하여 보문 단지 방향 맷돌순두부찌개 9,000원, 맷돌순두부 9,000원, 돼지바비큐(소) 15,000원 ☎054-745-6749

별채반 보문점

경주의 전통을 계승한 맛

별채반은 경주 향토 음식점으로 친환경적으로 재배한 곤달비에 양송이, 미나리 등을 넣은 곤달비비빔밥과 한우 양지, 곱창, 단고사리, 곤달비, 대파 등 6가지 재료를 넣은 육부촌육개장을 선보이고 있다. 보문점 외에도 교동쌈밥점(대릉원), 장원숯불가든점, 불국점 등의 분점이 있다.

경주시 신평동 351, 물레방아 광장 옆 경주 고속터미널, 경주역(경주 우체국)에서 10번, 700번 버스 이용하여 육부촌 앞 하차 경주 고속터미널 또는 경주역에서 월성동 주민센터 지나 좌회전, 분황사에서 경강로 이용하여 보문 단지 방향 곤달비비빔밥 10,000원, 육부촌육개장 10,000원 ☎054-745-0360

조가네 떡갈비 쌈밥

떡갈비에 쌈 채소까지 푸짐한 한 상

경주 월드 어뮤즈먼트 건너편에 위치한 식당으로 소 떡갈비정식을 시키면 두툼하고 먹음직한 떡갈비를 준다. 떡갈비 외에도 생선구이와 된장찌개, 여러 반찬이 나와 한 끼 식사로 충분하다. 식사 후에는 경주 월드 주위에 밀집한 자전거 대여점에서 자전거를 빌려 타기에도 좋다.

🏠 경주시 천군동 205-51, 경주 월드 어뮤즈먼트 건너편 🚌 경주 고속터미널, 경주역(경주 우체국)에서 10번, 100, 번 150번 버스 이용하여 경주 월드 하차, 도보 3분 🚗 경주 고속터미널 또는 경주역에서 월성동 주민센터 지나 좌회전, 분황사에서 경강로 이용하여 보문 단지 · 경주 월드 방향 🍲 소떡갈비정식 12,000원, 소불고기쌈밥정식 13,000원, 돼지쌈밥정식 12,000원 ☎ 054-745-4838

삼손 짜장

다슬기는 자장면 바닥에 깔려 있어요

경주 월드 어뮤즈먼트 건너편에 위치한 중화요리집으로 다슬기를 이용한 자장면과 짬뽕이 인기를 끌고 있다. 다슬기짜장을 시키니 검은 자장 소스와 면이 나왔는데 다슬기는 어디 있는지 통 보이지 않는다. 자장 소스에 면을 비벼, 다 먹어 갈 때쯤 그제야 바닥에 다슬기가 깔려 있는 것이 보인다. 몸에 좋은 다슬기를 넣은 자장면이라니 한 번쯤 먹어 볼 만한데 자장 소스가 강해 특별히 다슬기 맛이 나지는 않는다.

🏠 경주시 천군동 206-7, 경주 월드 어뮤즈먼트 건너편 🚌 경주 고속터미널, 경주역(경주 우체국)에서 10번, 100번, 150번 버스 이용하여 경주 월드 하차, 도보 3분 🚗 경주 고속터미널 또는 경주역에서 월성동 주민센터 지나 좌회전, 분황사에서 경강로 이용하여 보문 단지 · 경주 월드 방향 🍲 다슬기짜장 9,000원, 다슬기짬뽕 10,000원, 탕수육(소) 15,000원 ☎ 054-749-9920

천군 매운탕

소주를 부르는 달콤 칼칼한 매운탕

천군동 매운탕 단지 내에 위치한 천군 매운탕은 신선한 민물고기와 갖은 양념으로 매콤한 매운탕을 끓여 내는 곳으로 알려져 있다. 매운탕이 입에 맞지 않는 사람은 토종닭백숙을 맛보아도 좋다. 천군동 매운탕 단지는 경주 월드 캘리포니아 비치 옆에 위치해 있고 여러 매운탕집이 몰려 있다.

🏠 천군동 191-3, 천군동 매운탕 단지 내 🚌 경주 고속터미널, 경주역(경주 우체국)에서 10번, 100번, 150번 버스 이용하여 경주 월드 하차, 도보 3분 🚗 경주 고속터미널 또는 경주역에서 월성동 주민센터 지나 좌회전, 분황사에서 경강로 이용하여 보문 단지 · 경주 월드 방향 🍲 메기매운탕 10,000원, 잡어매운탕 12,000원(모두 1인 가격), 토종닭백숙 40,000원 ☎ 054-748-0725

꼭 가봐야 할 카페

카페인

보문 숲머리에서 보기 드문 커피숍

보문 숲머리 음식 단지 중간의 숲머리 경로회관 골목 안에 있고 한옥을 리모델링해 지붕은 기와, 벽면은 통유리인 이색적인 멋이 있다. 변변한 카페나 커피숍이 없는 보문 숲머리 음식 단지에서 식사 후 들러 커피 한잔을 하기에 좋은 곳이다.

경주시 보문동 49-20, 보문 숲머리 음식 단지 중간 경주 고속터미널, 경주역(경주 우체국)에서 10번, 100번, 150번, 700번 버스 이용하여 숲머리 하차, 보문 숲머리 음식 단지 방향 도보 5분 경주 고속터미널 또는 경주역에서 월성동 주민센터 지나 좌회전, 분황사에서 경강로 이용하여 보문 숲머리 방향 아메리카노, 에스프레소, 카푸치노 5,000원 내외 ☎054-772-0703

카페베네 보문점

창밖으로 보문호를 바라보기 좋은 곳

물너울 공원 인근의 콜로세움 건물에 위치한 커피숍으로 내부에서 통유리를 통해 선덕여왕 공원, 보문호를 조망하기 좋다. 커피를 테이크아웃하여 가까운 물너울 공원, 선덕여왕 공원, 보문 수상 공연장 등으로 산책을 가기도 좋고, 보문호 야경을 즐기기도 좋은 곳이다. 참고로, 경주 월드 앞에도 카페베네가 있다.

경주시 북군동 57-24, 콜로세움 내 경주 고속터미널, 경주역(경주 우체국)에서 10번, 700번 버스 이용하여 북군 홍보 마을 하차, 물너울 공원 지나 도보 10분 경주 고속터미널 또는 경주역에서 월성동 주민센터 지나 좌회전, 분황사에서 경강로 이용하여 보문 단지 방향 아메리카노, 에스프레소, 카푸치노 5,000원 내외 ☎054-743-7979

라몽

커피 마시며 이야기 나누기 좋은 카페

물너울 공원 너머에 위치한 카페로 보문호 옆에 있다. 카페 안에서 통유리를 통해 보문호를 조망하기 좋고, 조용하여 대화를 나누기에 적당하다. 물너울 공원과 선덕여왕 공원을 산책하고 들르면 좋고 밤에는 보문호 야경을 보기에도 적당한 곳이다.

경주시 북군동 114-20 경주 고속터미널, 경주역(경주 우체국)에서 10번, 700번 버스 이용하여 북군 홍보 마을 하차, 물너울 공원 지나 도보 10분 경주 고속터미널 또는 경주역에서 월성동 주민센터 지나 좌회전, 분황사에서 경강로 이용하여 보문 단지 방향 아메리카노, 에스프레소, 카푸치노 5,000원 내외 ☎054-745-8818

아트 에스프레소

왁자지껄 보문 단지에서 여유롭게 커피 한 잔

보문 단지 내 육부촌 뒤에 위치한 커피숍으로 최근 개점하였다. 그동안 보문 단지 내 변변한 커피숍이 없었던 것을 생각하면 반가운 일이다. 보문호 유선장에서 백조 보트를 타거나 자전거로 돌아다닌 뒤 잠시 쉬기 좋다.

경주시 신평동 375, 보문 단지 내 / 경주 고속터미널, 경주역(경주 우체국)에서 10번, 700번 버스 이용하여 육부촌 앞 하차 / 경주 고속터미널 또는 경주역에서 월성동 주민센터 지나 좌회전, 분황사에서 경강로 이용하여 보문 단지 방향 / 아메리카노, 에스프레소, 카푸치노 5,000원 내외

스타벅스 보문점

자동차 타고 커피 주문하는 스타벅스

경주 힐튼 호텔 옆에 위치한 커피숍으로 한국 최초의 드라이빙 스루점이어서 자동차를 탄 채로 커피 주문을 할 수 있다. 커피점 내부는 천 년 고도 경주를 반영해 일부 민속품으로 꾸며졌고 2층에는 다락방 콘셉트로 된 자리도 있다. 커피점 2층 옥상 자리에서는 보문 일대를 조망하기 좋다.

경주시 천군동 1584-33, 힐튼 호텔 옆 / 경주 고속터미널, 경주역(경주 우체국)에서 10번, 700번 버스 이용하여 힐튼 호텔 하차, 경주월드 방향 도보 5분 / 경주 고속터미널 또는 경주역에서 월성동 주민센터 지나 좌회전, 분황사에서 경강로 이용하여 보문 단지 방향 / 아메리카노, 에스프레소, 카푸치노 5,000원 내외 / ☎ 054-745-8527

DRIVE THRU

찬란하게 꽃피운 불교 문화

불국사권

경주 여행의 핵심 코스

경주 토함산 일대를 포함하는 불국사권은 대릉원과 더불어 경주 여행의 핵심이라 할 수 있다. 찬란한 불교 문화의 진수인 불국사와 석굴암, 신라 왕가의 장묘 체계를 잘 보여주는 원성왕릉(괘릉) 같은 중요한 문화 유적이 몰려 있을 뿐만 아니라, 신라의 역사 과학을 설명해 주는 신라 역사 과학관, 김동리와 박목월의 문학을 한자리에서 만날 수 있는 동리 목월 문학관, 민속 공예를 체험할 수 있는 경주 민속 공예촌 등 다채로운 볼거리가 있다. 이곳에서 아이들은 너무나 유명한 유적을 직접 눈으로 확인하고, 어른들은 수학여행의 추억을 되새길 수 있을 것이다.

불국사권

골굴사
강촌 휴식소
입천리
장항교
장항리
죽전리
안동리
경주 허브랜드
장항리사지 동·서 석탑
토함산 자연 휴양림
범곡리
석굴암
토함산
경주 국립 공원 토함산 지구
표충사
불국사
동리 목월 문학관
청산 식당
경주 코오롱 호텔
경주 카트 밸리
신계리
황성리
마동사지 삼층석탑
맑은 아침 펜션
고색창연
유수정
초당 400년 순두부
장수 두부촌
공이랑
엉클 톰스 캐빈 펜션
뉴캐슬 쉐이리 펜션
신라 역사 과학관
경주 민속 공예촌
리브 캐슬
원성왕릉(괘릉)
괘릉리
영지 석불좌상
영지
불국동
절구통
구정동 방형분
불국사역
방어리
대덕산
블루원 리조트
블루원 보문 CC
엑스포 공원
신라 지구
한국 광고 영상 박물관
성덕왕릉
효소왕릉

불국사권 하루 코스

신라 역사 과학관 → 경주 민속 공예촌 → 불국사 → 석굴암 → 원성왕릉(괘릉)

신라 불교 문화의 정수인 불국사와 석굴암을 돌아보는 코스로, 자세히 보려면 두 곳만 보아도 하루가 모자라다. 봄·가을 수학여행 철에는 단체 학생들로 붐비니, 한가한 관람을 원한다면 아침 개장 시간에 맞춰 방문하는 것이 좋다. 경주 민속 공예촌에서는 여러 체험을 할 수 있는데 아이들이 체험하는 동안 부모가 무료하게 기다리기보다 아이들과 함께 체험하는 편이 즐겁다.

출발!

신라 역사 과학관

첨성대와 석굴암 등 신라의 과학에 대해 자세히 이해하기 (30분)

도보 1분

경주 민속 공예촌

한지, 유리, 도기 공예를 체험하고 작품도 구입할 수 있는 곳 (1시간)

버스 20분

불국사

다보탑, 석가탑, 백운교, 청운교 등 빠짐없이 관람하기 (1시간 30분)

버스 30분

석굴암

원형 감실에 놓인 본존불과 그를 둘러싼 보살상들 (1시간)

버스 30분 + 불국사에서 버스 40분

도착!

원성왕릉(괘릉)

호석, 탱석, 문인석과 무인석, 돌사자 등이 잘 갖춰진 왕릉 (30분)

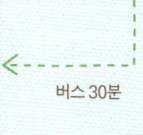

효소왕릉

동생 성덕왕의 능에 비해 소박한 왕릉

신라 제32대 효소왕의 능으로 높이는 4.3m, 지름은 15.5m이고 원형 봉분으로 되어 있다. 봉분 둘레에 두른 호석은 보이지 않고 봉분 앞 작은 상석이 놓여 있다. 효소왕의 동생인 성덕왕의 능이 화려한 것에 비해 효소왕릉은 매우 소박하다.

〈삼국사기〉에 따르면, 효소왕은 신문왕의 맏아들로 692년에 6살의 어린 나이로 즉위하여 16세의 나이로 사망하였기 때문에 줄곧 섭정이 실질적인 정무를 대신하였다. 702년 효소왕 11년 왕이 죽자, 망덕사 동쪽에 장사 지냈다고 전해진다. 인근에는 한국 광고 영상 박물관이 있는데, 2010년 이후로 휴관 중이다.

경주시 조양동 산8, 경주 시내 남동쪽 경주 고속터미널, 경주역(경주 우체국)에서 11번, 600번 버스 이용하여 한국 광고 영상 박물관 하차, 성덕왕릉 방향 철길 건너 도보 5분 경주 고속터미널 또는 경주역에서 7번 국도 이용하여 불국사 방향

성덕왕릉

호석, 탱석, 문인석 등이 잘 갖춰진 왕릉

신라 제33대 성덕왕의 능으로 높이는 5m, 지름은 14.5m이다. 봉분 둘레에 판석으로 호석을 두르고 호석 사이에 십이지신상이 새겨진 탱석을 두었으며 호석에는 지지석을 세웠고 난간석을 설치했다. 봉분 네 귀퉁이에 돌사자, 봉분 앞에 상석이 놓여 있고 그 앞에 문인석이 있다.

〈삼국사기〉에 따르면, 성덕왕은 신문왕의 둘째 아들이자 효소왕의 동생이다. 702년 효소왕이 자식 없이 죽자 그 뒤를 이어 즉위했으며, 약 35년간 재위하면서 정치적 안정을 바탕으로 왕권 강화에 힘써 신라의 전성기를 이루었고, 당나라와의 교류를 활발히 한 왕이었다. 737년 성덕왕 36년 왕이 죽자, 이거사 남쪽에 장사 지냈다고 전해진다.

경주시 조양동 산8, 경주 시내 남동쪽 경주 고속터미널, 경주역(경주 우체국)에서 11번, 600번 버스 이용하여 한국 광고 영상 박물관 하차, 성덕왕릉 방향 철길 건너 도보 10분 경주 고속터미널 또는 경주역에서 7번 국도 이용하여 불국사 방향

성덕왕릉 귀부

날카롭게 조각된 거북의 발이 인상적

성덕왕릉 앞쪽에 위치한 비석의 받침으로 신라 8세기 무렵의 것으로 추정된다. 현재 거북 머리는 사라지고 없으나 등에 육각 귀갑 무늬가 있고 귀부의 발은 날카로운 발톱이 잘 묘사되어 있어 지금이라도 앞으로 나아갈 듯하다. 이 귀부는 6~8세기 신라 귀부 연구의 귀한 자료가 되고 있다.

구정동 방형분

무덤 안에 들어갈 수 있는 사각형 고분

불국사역 앞에 위치한 통일 신라 시대 고분으로 높이 2m, 너비 9.5m의 사각형이고 내부 길이는 동서로 2.4m, 남북으로 2.7m이다. 방형분의 토대는 사각뿔 모양이고 그 위에 3단의 장대석을 쌓고 다시 갑석과 십이지신상이 새겨진 탱석을 올렸다. 방형분 내부에는 관을 올려놓는 평상인 관대가 있다. 이러한 통일 신라의 방형분 형식은 다른 곳에서는 찾아볼 수 없어 독특하다. 방형분 앞에 네모난 출입구가 있어 고분 안으로 들어가 볼 수 있는데, 그 속은 서늘한 기운이 도는 것이 색다른 느낌이다.

경주시 구정동 산41, 불국사역 앞 경주 고속터미널, 경주역(경주 우체국)에서 11번, 600번 버스 이용하여 구정 로터리 하차, 도보 5분 경주 고속터미널 또는 경주역에서 7번 국도, 불국사 방향

영지 석불좌상

항마촉지인으로 악인을 제압하다

영지 부근에 위치한 석불좌상이며 통일 신라의 작품으로 추정된다. 석불좌상의 얼굴은 훼손되어 알아볼 수 없으나 몸에 걸친 법의가 왼쪽 어깨에서 오른쪽으로 사선을 그리며 떨어지고(우견편단) 수인은 악마를 제압한다는 항마촉지인으로 왼손은 펴서 단전에 놓고 오른손은 펴서 오른쪽 무릎에 놓은 뒤 손가락이 땅으로 향하게 하고 있으며 결가부좌로 대좌 위에 앉아있다. 석불좌상 뒤로 부처님의 후광을 표현한 광배가 있으나 이 역시 훼손되어 있다. 영지 석불좌상은 백제 석공 아사달이 석가탑을 만들 때 그를 찾아왔다가 영지에 몸을 던져 죽은 아사녀를 위해 세운 것이라는 이야기가 전해진다. 인근에는 석가탑이 끝내 연못에 비치지 않아 상심한 아사녀가 빠져 죽었다는 영지가 있다.

경주시 외동읍 괘릉리 1297-1, 불국사역 남동쪽 경주 고속터미널, 경주역(경주 우체국)에서 600번 영지 입구 하차, 영지 방향 도보 5분 / 604번 버스 이용하여 영지 하차, 도보 1분 경주 고속터미널 또는 경주역에서 7번 국도 이용하여 불국사역 방향, 불국사역 지나 원성왕릉(괘릉) 방향, 육교 지나 우회전, 영지 방향

영지

아사달을 그리워한 아사녀의 전설이 서린 곳

불국사 남동쪽에 위치한 연못으로 백제 석공 아사달과 아사녀의 슬픈 이야기가 전하는 곳이다. 751년 신라 경덕왕 10년에 김대성의 지휘로 백제 석공 아사달이 불국사 석가탑을 만들고 있었는데 그의 부인 아사녀가 찾아왔다. 사찰의 주지는 탑이 완성되면 연못에 탑의 그림자가 비출 것이라며 그때까지 만남을 미뤄달라고 했고, 아사녀는 기다리다가 탑의 그림자가 비추지 않자 상심하여 물에 빠져 죽었다. 드디어 석가탑을 완성한 아사달이 아사녀를 찾았으나 이미 죽고 없어, 아사달도 연못에 빠져 죽었다. 이때부터 사람들은 이 연못을 영지, 그림자를 비춘 다보탑을 유영탑, 끝내 그림자를 비추지 않은 석가탑을 무영탑이라 불렀다고 한다. 영지 주위로 산책로가 조성될 예정이니 아사달과 아사녀의 사랑 이야기를 떠올리며 산책을 해 보아도 좋을 듯.

경주시 외동읍 괘릉리 1261-1, 불국사역 남동쪽 영지 석불좌상에서 도보 3분

원성왕릉 (괘릉)

신라 왕릉 중 가장 잘 갖춰진 왕릉

신라 제38대 원성왕릉으로 추정되며 흔히 괘릉이라고도 부른다. 규모나 형식으로 볼 때 왕릉으로 추정되나 능비가 발견되지 않아 능의 주인이 누구인지 확실치는 않다. <삼국유사>에 원성왕의 능이 토함산 동곡사(당시 숭복사)에 있다는 기록이 있는데, 이 능의 인근에 숭복사 터가 있어서 원성왕릉으로 추정하고 있다. 괘릉이라는 명칭은, 능을 조성할 때 인근에 연못이 있는 까닭에 무덤에 물이 차서 관을 무덤 벽에 걸었다고 하여 붙여진 것이다.

원형 봉분에 장대석으로 호석을 둘렀고 중간에 십이지신상이 새겨진 탱주를 놓았다. 봉분에 난간석을 둘렀던 흔적이 있으나 현재는 보이지 않고 봉분 앞에 돌사자 2쌍, 문인석 1쌍, 무인석 1쌍이 놓여 있어 완성된 신라 왕가의 장묘 체제를 보여 준다.

<삼국사기>에 따르면, 원성왕은 내물왕의 12대손으로 본명은 김경신이다. 785년 선왕인 선덕왕이 후손 없이 죽자 대신들이 왕의 친족인 김주원을 왕으로 세우려 했으나, 마침 홍수로 알천이 범람하여 그가 오지 못하자 김경신을 추대하게 되었다. 원성왕이 왕위에 오르자 비가 그쳐 백성들이 하늘의 뜻이라며 만세를 불렀다. 원성왕은 약 13년간 재위하였으며, 독서삼품과라는 관리 선발 제도를 실시하여 유교 경전에 능통한 인재를 등용해 왕권을 강화하고자 하였고, 김제의 벽골제를 증축하여 농사를 장려하였다.

경주시 외동읍 괘능리 산17, 토함산 남서쪽 경주 고속터미널, 경주역(경주 우체국)에서 600번 버스 이용하여 괘릉 하차, 도보 5분 경주 고속터미널 또는 경주역에서 7번 국도 이용하여 불국사역 방향, 불국사역 지나 괘릉 방향

불국사

수학여행의 추억이 새록새록

대표적인 신라 고찰로 417~458년 신라 눌지왕 때 아도 화상이 창건하였다는 설과, 528년 신라 법흥왕 15년에 법흥왕의 어머니인 영제 부인이 발원하여 창건했다는 설이 있다. 751년 경덕왕 10년 김대성에 의해 크게 중건되어 당시 대웅전, 극락전, 무설전, 비로전, 다보탑과 석가탑, 청운교와 백운교 등 80여 종의 건물, 총 2,000칸의 넓이를 자랑했다. 석굴암, 석탑, 석교 등도 이때 만들어졌다.

1593년 임진왜란 때 불국사가 대부분 불에 타 사라졌는데 그 후 수차례 복원되었으나 예전 같은 대가람의 위용은 되찾지 못했다. 일제 강점기인 1924년 법당과 다보탑에 대한 복원 공사가 있었고, 해방 후인 1970년부터 1973년까지 대대적인 복원 공사가 진행되어 대웅전, 극락전, 범영루, 자하문 등이 재단장되고 무설전, 관음전, 비로전, 경루, 회랑 등이 복원되어 비로소 현재의 모습을 갖추게 되었다.

주요 문화재로는 국보 제20호 다보탑, 국보 제21호 삼층석탑(석가탑), 국보 제22호 연화교와 칠보교, 국보 제23호 청운교와 백운교, 국보 제26호 금동비로자나불좌상, 국보 제27호 금동아미타여래좌상, 국보 제61호 사리탑 등이 있다. 1995년에는 유네스코에 의해 불국사와 석굴암이 세계 문화유산으로 지정되기도 했다. 수학여행 철에는 학생들이 많아 소란스러우므로 아침 일찍 방문하는 것이 좋다.

경주시 진현동 15, 경주 시내 남동쪽 경주 고속터미널, 경주역(경주 우체국)에서 10번, 11번, 700번 버스 이용하여 불국사 하차, 도보 5분 경주 고속터미널 또는 경주역에서 7번 국도 이용하여 불국사역 방향, 불국사역에서 불국사 방향 ₩ 성인 5,000원, 청소년 3,500원, 어린이 2,500원 07:00~18:00 ☎ 불국사 054-746-9913, 불국사 관광안내소 054-746-4747 www.bulguksa.or.kr

청운교 · 백운교

돌계단을 다리 삼아 부처님의 세계로

불국사 대웅전의 자하문 앞에 위치한 돌계단으로 국보 제23호이고 8세기 중엽 신라 경덕왕 때 김대성의 지휘로 만들어졌다. 전체 34계단으로 되어 있는데, 위쪽에 16단의 청운교가 있고 아래쪽에 18단의 백운교가 있다. 청운교는 높이 3.82m, 폭 5.11m이고 중간에 좌우를 나누는 하나의 긴 장대석으로 된 '등형'이라는 경계석이 놓여 있으며 계단 아래에 아치형의 통로가 있다. 백운교도 중간에 하나의 긴 장대석으로 된 경계석이 놓여 있으며 계단 아래 작은 아치형의 통로가 있다. 계단을 '다리(橋)'라고 한 것은 속세로부터 부처님의 세계로 건너감을 상징한 것이다. 청운교와 백운교를 올라 자하문으로 들어가면 대웅전을 만나게 되는데, 현재 출입 금지여서 오를 수 없다.

불국사 대웅전 앞

연화교 · 칠보교

가을 단풍 든 풍경과도 잘 어울려

불국사 극락전의 안양문 앞에 위치한 돌계단으로 국보 제22호이고 8세기 중엽 신라 경덕왕 때 김대성의 지휘로 만들어졌다. 서쪽의 연화교와 칠보교, 동쪽의 청운교와 백운교는 나란히 쌍을 이루고 있으며 모양도 거의 비슷한데, 연화교와 칠보교가 조금 작다. 아래쪽의 연화교는 높이 2.31m, 폭 1.48m이고 10개의 계단으로 되어 있으며 중간에 계단식의 경계석을 두었고 계단 아래에는 아치형 통로가 있다. 위쪽의 칠보교는 8개의 계단으로 되어 있고 중간에 하나의 긴 장대석으로 된 경계석을 두었으며 계단 높이가 낮아서 연화교 같은 아치형 통로는 없다. 연화교와 칠보교를 올라 안양문으로 들어가면 극락전을 만나게 되는데, 현재는 출입 금지여서 오를 수 없다.

불국사 극락전 앞

금동아미타여래좌상

통일 신라 3대 금동불상 중 하나

불국사 극락전에 있는 불상으로 국보 제27호이고 통일 신라 때의 것으로 추정된다. 좌상의 높이는 1.77m이고 무릎 너비는 약 1.3m이다. 부처 특유의 곱슬머리인 나발에 정수리가 솟은 육계가 있고 얼굴은 튼실하며 법의는 왼쪽 어깨만 걸친 모습이다. 손 모양은 왼손을 약간 구부려 들고 오른손을 단전에 놓았는데, 이런 자세를 '아미타구품수인' 중에서 '하품중생인'이라고 한다. 금동아미타여래좌상은 불국사 비로전의 금동비로자나불좌상, 백률사 금동약사여래입상(국립 경주 박물관 소장)과 더불어 통일 신라 3대 금동불상에 속한다.

불국사 극락전 내

진짜 복돼지는 어디에 숨었나?

극락전 복돼지

불국사 극락전 옆에 아이들이 모여 있어 가보니 황동 멧돼지상이 있었다. 멧돼지 옆의 설명을 보니 불국사에서는 이 돼지를 복돼지라 부르고 있었는데, 극락전 아미타불의 48가지 소원 중에서 24번째 소원이 '모든 것에 만족하길 바랍니다.'인 것처럼 만족할 줄 아는 부를 탐하라는 뜻이란다. 뭔가 복돼지하고는 맞지 않는 설명이지만 그렇다고 하니 믿을 수밖에.

사실 황동 멧돼지상은 최근에 관광객을 위해서 만들어진 것이고 진짜 멧돼지상은 다른 곳에 숨어 있다. 2007년 세간이 황금 돼지의 해라고 떠들썩할 때 극락전의 현판 뒤에 숨겨져 있던 황금색의 나무 돼지상이 발견되었다. 불국사는 임진왜란 때 전소되고 1750년 조선 영조 때 중건되었으니 그때 만들어진 것이리라. 어떤 이는 돼지가 뱀을 이기는 동물이므로 뱀의 기운을 누르기 위해 만들었다고 하고, 다른 이는 토함산에서 곰 사냥을 했던 김대성이 다시는 살생을 하지 않기 위해 징표로 멧돼지를 숨겼다고도 한다.

어찌 되었건 불국사 복돼지는 불국사를 찾는 아이들에게 흥미로운 숨은 돼지 찾기 놀이의 주인공이 되고 있고 어른들에게는 복돼지 한 번 쓰다듬고 몰래 로또에 기대를 걸어 보는 헛된 희망이 되고 있다.

다보탑

돌을 깎아 목탑을 흉내 낸 걸작

불국사 대웅전 동쪽에 위치한 탑으로 국보 제20호이고 8세기 중엽 신라 경덕왕 때 김대성의 지휘 아래 백제 석공 아사달이 만든 것으로 전해진다. 동쪽에 다보탑, 서쪽에 삼층석탑(석가탑)이 있어 불국사가 쌍탑식 가람 배치임을 보여 준다. 쌍탑이 석가탑과 다보탑이라 불리는 까닭은, 현재의 부처인 석가불의 설법을 과거의 부처인 다보불이 옆에서 옳다고 증명한다는 〈법화경〉의 내용에 따른 것이다.

다보탑의 높이는 10.4m, 기단 너비는 4.4m이고 기단부 사방에 계단인 보계를 설치하였고 그 위에 돌기둥인 석주를 세웠으며 석주 사이에는 돌사자가 놓여 있다. 석주 위에 넓은 갑석을 깔고 탑의 몸체인 8각 신부, 연꽃 무늬의 8각 연화석, 탑의 지붕 격인 옥개석을 올리고 8각 노반, 복발, 앙화, 보륜, 보개로 이루어지는 상륜부를 올려 마무리했다. 이와 같은 복잡하고 정교한 탑의 모양은 모든 시대를 통틀어 유일한 것이다.

다보탑의 모습은 우리가 사용하는 십 원짜리 동전에서도 찾아볼 수 있어 더욱 친근하다.

불국사 대웅전 앞

석가탑

이중 기단 삼층석탑 중 최고의 작품

불국사 대웅전 서쪽에 위치한 탑으로, 정식 명칭은 불국사삼층석탑이며 국보 제21호이다. 8세기 중엽 신라 경덕왕 때 김대성의 지휘 아래 백제 석공 아사달이 만든 것으로 전해진다. 석가탑의 원래 이름은 석가여래상주설법탑으로, 〈법화경〉의 내용에 따라 석가불과 다보불을 상징하는 쌍탑을 조성했다고 한다. 또한 석가탑은 무영탑이라고도 불리는데, 이는 설화로 전해지는 아사달과 아사녀의 슬픈 이야기에서 비롯된 것이다.

석가탑의 높이는 8.2m, 기단 너비는 약 3m이고 탑 주변에 팔방금강좌라고 하는 연꽃 무늬의 둥근 돌이 8개 깔려 있다. 기단 부분을 보면, 1단은 작은 돌을 넓게 쌓았고 2단은 큰 면석을 세워 쌓은 전형적인 통일 신라의 이중 기단이다. 그 위에 3층의 탑신이 올라가 있으며 3층 탑신 위에 탑 상부의 장식물인 상륜부로 마무리하였다.

1966년 석가탑을 해체 복원할 때, 2층 탑신에서 금강사리함과 유물이 발견되었는데 그중에서 8세기 초의 목판 다라니경인 〈무구정광대다라니경〉은 세계에서 가장 오래된 인쇄물로 밝혀졌다. 2013년 현재, 해체 복원 공사가 진행되고 있다.

불국사 대웅전 앞

불국사 사리탑

사리탑인가, 석등인가

불국사 강당 뒤에 위치한 사리탑으로 외형은 석등과 비슷하고 고려 초기의 것으로 추정된다. 또한 〈불국사사적기〉에 '광학부도'라고 소개된 것이 지금의 불국사 사리탑과 같은 것이라고 추측하고 있다. 하대석에 커다란 8개의 연꽃 무늬, 중대석에 구름 무늬를 새기고, 상대석에는 아랫면에 9장의 연꽃 무늬, 윗면엔 연밥을 조각하였다. 둥근 탑신의 네 방향에 감실을 만들어 부처·보살·신장을 조각하였으며 기와지붕을 본뜬 머릿돌을 올렸다.

불국사 강당 뒤

금동비로자나불좌상

불교 진리의 광대무변함을 표현

불국사 비로전에 있는 불상으로 국보 제26호이고 통일 신라 시대의 것으로 추정된다. 좌상의 높이는 1.77m, 무릎 너비는 1.36m이다. 비로자나불은 화엄종의 본존불로, 불교 진리의 광대무변함을 상징한다. 불상의 머리에는 곱슬머리인 나발과 정수리가 솟은 육계가 있고 얼굴은 튼실하며 법의는 왼쪽 어깨에만 걸쳤다. 또한 손 모양은 오른손(부처)으로 왼손(중생) 검지를 쥔 지권인이다.

불국사 비로전 내

Travel Tips

불상의 이모저모

불상은 대개 곱슬머리를 하고 있는데 이를 나발(螺髮)이라고 하고, 나발 가운데 상투처럼 솟은 것은 육계(肉髻)라고 하며 부처의 지혜를 상징한다. 부처의 미간에서 빛나는 보석은 원래 백호(白毫)라고 부르는 흰 털을 표현한 것인데, 빛을 내어 무량세계를 비춘다고 한다.

부처의 목에 있는 3개의 주름은 번뇌, 업, 고의 삼도(三道)를 나타낸 것이다. 부처가 입은 옷은 법의(法衣)라고 하고, 두 어깨에 다 걸치면 통견(通肩), 왼 어깨만 걸치고 오른쪽으로 내려오면 편단우견(偏袒右肩)이라 한다.

부처의 손 모양은 수인(手印)이라고 하며, 어떤 모양을 취하느냐에 따라 다른 의미를 갖는다. 대표적인 수인으로는 항마촉지인(오른손 검지는 땅을 향해, 왼손은 단전에), 시무외인(오른손은 펴서 하늘로, 왼손은 펴서 땅으로), 지권인(오른손으로 왼손 검지를 잡음), 전법륜인(양손 모두 엄지와 검지로 동그라미), 아미타구품인(양손 모두 엄지와 중지로 동그라미) 등이 있다.

부처가 앉은 자리는 대좌(臺座)라고 하며, 보통 원형이고 연꽃 무늬로 되어 있다. 부처 뒤의 불꽃 모양의 배경은 광배(光背)로 부처의 영험한 기운을 뜻한다.

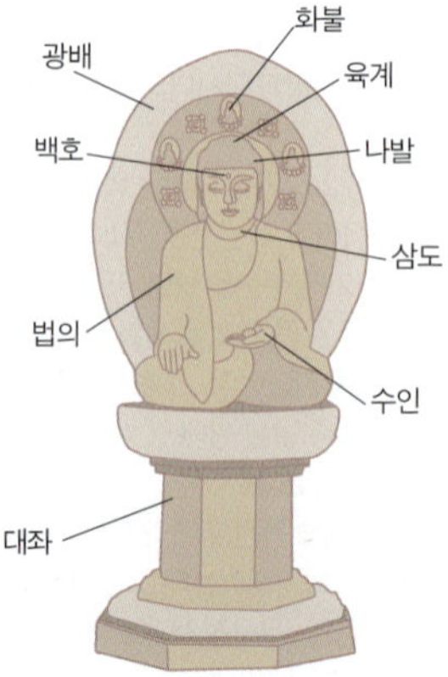

동리 목월 문학관

김동리와 박목월의 문학을 한자리에서

동리 목월 문학관은 소설가 김동리와 시인 박목월을 기리는 곳이다. 김동리는 1913년 경북 경주에서 태어나 1929년 서울 경신 중학을 중퇴하고 문학가의 길로 접어들었고 대표작으로는 〈무녀도〉, 〈황토기〉, 〈사반의 십자가〉, 〈등신불〉 등이 있다. 박목월은 1916년 경북 경주에서 태어나 1935년 대구 계성 중학을 졸업하고 1939년 문예지 〈문장〉으로 등단했고 대표작으로는 시집 〈청록집〉, 수필집 〈밤의 인생록〉 등이 있다.
동리 목월 문학관은 2006년 건립되었고 동리 문학관과 목월 문학관을 통해 김동리와 박목월의 문학을 알리며 동리·목월 문학제와 동리·목월 문학상을 통해 문학의 저변을 넓히고 문학도를 발굴하는 데 힘을 쓰고 있다. 문학관 앞에 있는 '신라를 빛낸 인물관'에도 들를 만하다.

경주시 진현동 550-1, 불국사 인근 경주 고속터미널, 경주역(경주 우체국)에서 10번, 11번, 700번 버스 이용하여 불국사 하차, 도보 15분 경주 고속터미널 또는 경주역에서 7번 국도 이용하여 불국사역 방향, 불국사역에서 불국사 방향, 불국사에서 문학관 방향 ₩ 성인 1,500원, 청소년 1,000원, 어린이 500원 09:00~18:00(매주 월요일 휴관) ☎ 054-772-3002 www.dmgyeongju.com

토함산

안개와 구름을 삼키고 토하는 산

경주 시내 남동쪽에 위치한 산으로, 높이 745m로 경주 일대에서는 높은 산에 속하고 신라 시대에는 동악이라고 불렸다. 토함산에서 토함(吐含)이란 '안개와 구름을 삼키고 토하다.'라는 뜻인데, 새벽 토함산 일출을 볼 때 피어나는 안개와 구름의 조화를 연상케 한다. 토함산은 예로부터 동해로 침입하는 왜적을 막는 방어벽 역할을 했고 석굴암과 불국사 등 불교 유적도 산재해 있다. 불국사 주차장에서 석굴암 주차장까지는 약 8.2km의 구불구불한 자동차 도로가 나 있고, 불국사 주차장에서 등산로를 따라 석굴암 약수터를 거쳐 토함산에 오를 수도 있다. 학생 시절 경주로 수학여행을 오면 새벽에 선잠을 깨고 컴컴한 토함산 산길을 따라 석굴암에 올랐던 추억이 생생하다.

경주시 보덕동·불국동·양북면, 경주 시내 남동쪽 경주 고속터미널, 경주역(경주 우체국)에서 10번, 11번, 700번 버스 이용하여 불국사 하차, 불국사에서 12번 버스 이용하여 석굴암 주차장 하차, 석굴암 주차장에서 토함산 정상까지 도보 30분 / 불국사에서 석굴암 주차장 거쳐 토함산 정상까지 도보 1시간 30분 경주 고속터미널 또는 경주역에서 7번 국도 이용하여 불국사역 방향, 불국사역에서 불국사 방향, 불국사에서 석굴암 방향 ☎ 054-741-7612

석굴암

김대성의 효심으로 지은 석굴

경주 토함산 자락에 위치한 석굴로 국보 제24호이고 751년 신라 경덕왕 10년에 김대성이 불국사를 중창할 때 세운 것으로 알려졌다. 창건 당시의 이름은 이름은 석불사였고, 현재 정식 명칭은 석굴암 석굴이다. 불국사 석가탑과 다보탑이 〈법화경〉에 나오는 현재의 부처인 석가불와 과거의 부처인 다보불을 염두에 두고 지어진 것처럼, 불국사는 김대성이 현세의 부모를 위해, 석굴암은 전세의 부모를 위해 지었다는 이야기가 전해진다.

석굴암은 돔 형태의 천장을 가진 인공 석굴로, 앞쪽에 사각형의 전실, 뒤쪽에 원형의 주실이 있고 그 사이를 짧은 복도인 비도가 이어 준다. 전실에는 좌우 벽면에 4구씩의 팔부신장상이 있고, 비도 입구 양쪽에 2구의 금강역사상, 비도 좌우에 2구씩 사천왕상이 있다. 주실에는 천장의 감실에 8구의 감불이 있고, 2구의 천부상, 2구의 보살상, 10구의 십대제자상(나한)이 둥근 벽면을 따라 있고 벽면 중앙에 1구의 십일면관세음보살상이 위치하며, 주실 한가운데 본존불이 놓여 있다. 1995년 불국사와 석굴암은 유네스코에 의해 세계 문화유산으로 지정되었다.

경주시 진현동 999, 경주 시내 남동쪽 불국사 주차장에서 12번 좌석버스 이용하여 석굴암 주차장 하차, 주차장에서 석굴암까지 도보 15분 불국사 주차장에서 석굴암 주차장 방향 ₩ 성인 5,000원, 청소년 3,500원, 어린이 2,500원 07:00~17:00 ☎ 054-746-9933 www.sukgulam.org

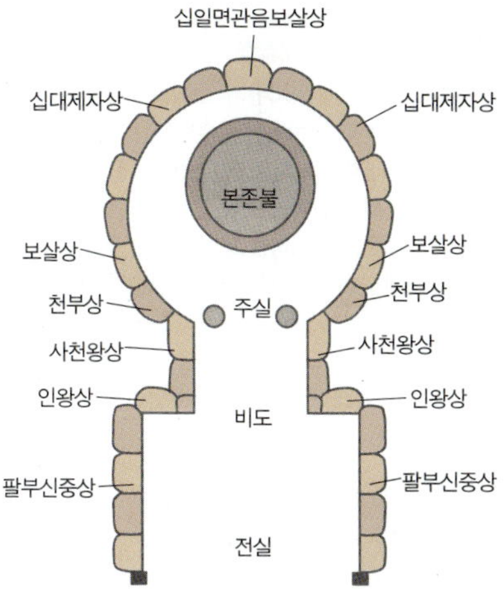

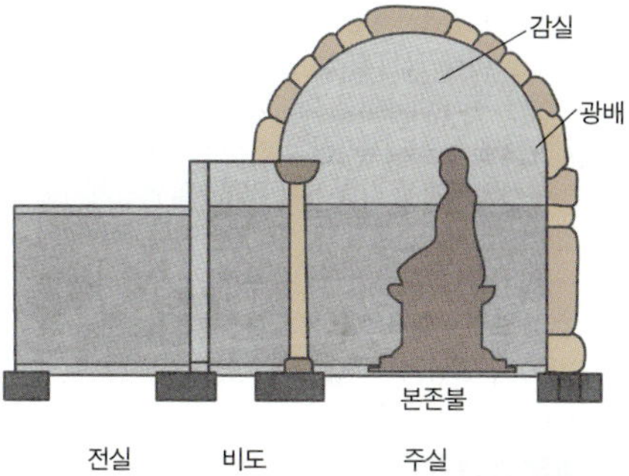

본존불

언제나 위풍당당한 모습이 인상적

석굴암 원형 주실 내에 위치한 본존불로 정확한 명칭은 본존여래좌상이다. 본존불은 불상 특유의 곱슬머리인 나발에, 정수리 가운데가 상투처럼 솟은 육계가 있고, 얼굴은 튼실하며 귀가 길고 몸에 걸친 법의는 왼쪽 어깨에서 오른쪽으로 사선 방향으로 흐른다. 손 모양은 악마를 물리친다는 항마촉지인으로, 왼손을 펴서 단전에 두고 오른손을 펴서 오른쪽 무릎에 놓고 손가락이 땅을 향하고 있다. 결가부좌 자세로 연화대좌 위에 앉아 있으며 본존불 뒤로 광배가 표현되어 있다.

본존불은 흔히 석가여래로 알려졌으나 19세기 말 석굴암 현판에 '미타굴', 현재까지 전하는 편액에 '수광전'이라고 표기된 것을 보면 석가여래가 아닌 아미타불일 가능성이 높다. 신라 때는 법의가 왼쪽 어깨에서 오른쪽으로 흐르고 항마촉지인을 쓰는 불상이 아미타불이었다는 점도 참고할 만하다. 게다가 김대성이 현세 부모를 위해 불국사를 세우고 전세 부모를 위해 석굴암을 세웠다는 점에서, 석굴암에 미타정토를 표현했으리라 생각된다.

석굴암 주실 내

십대제자상

다양한 능력이 있는 부처의 십대 제자

석굴암 주실 벽면의 중앙 십일면관음보살상 좌우에 사리불, 마하가섭(대가섭), 부루나, 아나율, 목건련, 가전연, 우바리(이바다), 아난다(아난), 라후라, 수보리(수보제) 등 십대제자상이 늘어서 있다. 십대제자는 부처의 제자 중 각 분야에 뛰어난 열 명의 제자를 말하는데, 대가섭은 두타, 사리불은 지혜, 목건련은 신통, 가전연은 논의, 아나율은 천안, 부루나는 설법, 수보제는 해공, 아난은 다문, 이바다는 지율, 라후라는 밀행이 가장 뛰어나다고 한다.

석굴암 주실 내

보살상

세상을 아끼고 보살피는 보살들

석굴암 주실의 벽면에 위치한 두 보살상으로 한쪽에는 보현보살상, 다른 쪽에는 문수보살상이 있다. 이들은 석가여래를 보좌하는 협시보살 역할을 한다. 보현보살은 넓게 뛰어난 보살, 문수보살은 불교에서 최고의 지혜를 상징하는 보살이다. 보현보살은 왼손에 어깨 높이로 경책을 들고 오른손은 내린 자세이다. 문수보살은 한 손에 부처의 권위를 나타내는 물건인 지물을 쥐고 있고 다른 손은 내린 모습으로 두 보살이 비슷한 모양을 하고 있다.

석굴암 주실 내

십일면관음보살상

본존불 뒤에서 본존불을 보위

석굴암 본존불 뒤에 위치한 십일면관음보살상은 머리에 11구의 작은 부처를 새긴 관을 쓰고 있어 모든 중생을 구제한다는 관음 신앙을 잘 보여 주고 있다. 보살상의 얼굴은 튼실하고 눈매는 날카로우며 콧날은 오뚝하고 작은 입은 굳게 다물고 있고 귀는 길게 늘어져 있다. 몸에 걸친 옷은 자연스럽게 걸쳐져 율동감이 있고 오른손은 정병을 들고 왼손은 손가락을 펴서 땅을 향하고 있으며 연화 대좌 위에 서 있다.

석굴암 주실 내

사천왕상

무서운 인상을 한 부처의 수호신

석굴암 주실과 전실 사이의 통로인 비도에 위치한 사천왕상은 불교에서 우주의 사방을 지키는 수호신이자 우리나라에서는 부처, 불사리, 불국토, 나라 등을 지키는 수호신 역할까지 하고 있다. 사천왕은 방위에 따라 동쪽 지국천왕, 서쪽 광목천왕, 남쪽 증장천왕, 북쪽 다문천왕으로 나뉘는데, 석굴암에는 비도 양쪽으로 오른쪽에는 증광천왕과 광목천왕, 왼쪽에는 다문천왕과 지국천왕이 한 쌍이 되어 배치되어 있다. 사천왕상은 악으로부터 부처, 불국토 등을 지키기에 험상궂은 얼굴에 칼, 창 같은 무기를 소지하고 있는 것이 특징이다.

석굴암 주실과 전실 사이 비도

금강역사상

부처를 보호하는 힘 센 장사의 상징

석굴암 주실과 전실 사이의 통로인 비도 입구에 위치한 금강역사상은 원래 지혜의 상징인 금강저를 들고 석가모니를 보호하는 인도 고유의 야차신인데, 훗날 사찰이나 불전, 탑 등의 앞에서 불법을 지키는 수호신이 되었다. 험상궂은 얼굴에 근육질 몸매가 인상적이다.

석굴암 주실과 전실 사이 비도 입구

팔부신장상

조금 온순한 표정으로 불교를 지키는 이들

석굴암 전실 내에 위치한 팔부신장상은 불교의 여덟 수호신으로 팔부중상이라고도 한다. 팔부신장상에는 천, 용, 야차, 건달바, 아수라, 가루라, 긴나라, 마후라가 있으며 사천왕이나 금강역사에 비해 온순한 표정과 몸짓을 하고 있다. 조선 시대에는 불상 뒤에 모시는 탱화에 팔부신장상을 넣는 경우가 많다.

석굴암 전실 내

천부상

무서운 인상이나 마음은 부드러워

석굴암 주실 내에 위치한 천부상은 좌우에 범천과 제석천 각 1구씩 있다. 천부상은 원래 인도 고유의 신이었으나, 불교에 수용되면서 부처를 섬기는 제자가 되었다. 범천은 일반적인 보살의 모습이고 제석천은 한 손에 불자(먼지떨이), 다른 한 손에는 금강저를 들고 있다. 범천과 제석천의 후광은 원형이 아닌 구슬 띠가 둘러진 타원형인 것이 이채롭다.

석굴암 주실 내

석굴암 삼층석탑

원형 기단에 사각 탑신을 올린 석탑

석굴암 동북쪽 경내에 위치한 삼층석탑은 보물 제911호이고 통일 신라 시대의 작품으로 추정된다. 탑의 높이는 3m이고 원형의 2단 기단 위에 3층의 탑단이 세워져 있는데, 1단의 탑신이 길고 2, 3단의 탑신은 짧다. 탑의 상륜부는 사라져 보이지 않는다. 원형 기단에 사각형 탑신을 올린 형태의 탑은 석굴암 삼층석탑 외에는 보기 힘든 것이다. 석굴암 사찰 안에 있어 일반인이 보기 힘든 점이 아쉽다.

석굴암 사찰 내

토함산 자연 휴양림

토함산 너머 숲 속의 휴식처

경주 토함산 남쪽에 위치한 시립 자연 휴양림으로 1997년 123ha의 넓은 숲 속에 조성하였다. 자연 휴양림 내에는 숲 속의 집, 야영장, 삼림욕장, 해돋이 보는 곳 등이 있어 숲 속에서 하룻밤을 보내기 좋다. 인근에 불국사와 석굴암, 보문단지, 동해 등이 가까워 이곳들을 돌아보기도 좋다.

경주시 양북면 장항리 산599-1, 토함산 남쪽 불국사에서 석굴암 방향, 토함산 중턱 석굴암과 감포 갈림길에서 감포·토함산 자연 휴양림 방향 ₩ 입장료_성인 1,000원, 청소년 700원, 어린이 500원 / 숲 속의 집(5인실~15인실)_주중 40,000~150,000원, 주말·공휴일 70,000~250,000원 / 야영 데크 10,000원 09:00~18:00 ☎ 054-772-1254 rest.gyeongju.go.kr

장항리사지 동·서 석탑

탑신에 새겨진 인왕상

토함산 남동쪽 장항리사지에 위치한 석탑으로 통일 신라의 작품으로 추정된다. 장항리사는 통일 신라 때의 사찰로, 하나의 금당에 2개의 석탑이 있는 쌍탑식 구조를 하고 있었다. 동탑과 서탑은 오층석탑인데, 동탑은 광복 후 석재가 흩어진 것을 모아 기단 없이 오층을 쌓았고 서탑은 1932년 이중 기단이 있는 오층석탑으로 복원한 것이다. 서탑은 국보 제236호로 1층 탑신에 인왕상이 조각되어 있다. 동탑 옆에는 원형의 연꽃 무늬가 있는 석조불 대좌가 남아 있는데, 이곳에 있던 석조불상은 국립 경주 박물관 야외 전시장에 복원, 전시되고 있다.

🏠 경주시 양북면 장항리 산513 🚗 불국사에서 석굴암 방향, 토함산 중턱 석굴암과 감포 갈림길에서 감포·토함산 자연 휴양림 방향, 자연 휴양림 지나 장항리사지 방향

경주 허브랜드

코끝을 자극하는 허브 향 따라

경주시 장항2리에 위치한 허브 농장으로 5,000평 규모의 야외 허브 정원, 300평 규모의 실내 식물원, 허브 찻집, 선물의 집 등을 갖추고 있다. 야외 허브 정원과 실내 식물원에서는 로즈마리, 라벤더, 레몬타임, 세이지 같은 허브를 만날 수 있고 허브 찻집에서는 향긋한 허브 차를 맛볼 수 있다. 체험 프로그램으로는 허브 비누, 방향제, 향초, 포푸리 만들기, 허브 심기 등을 할 수 있다.

🏠 경주시 양북면 장항2리 589-1, 토함산 남동쪽 🚌 경주 고속터미널, 경주역(경주 우체국)에서 100번, 130번, 150번 버스 이용하여 장항 삼거리 하차, 도보 15분 🚗 불국사에서 석굴암 방향, 토함산 중턱 석굴암과 감포 갈림길에서 감포·토함산 자연 휴양림 방향, 자연 휴양림 지나 경주 허브랜드 방향 ₩ 입장료_무료 / 체험_10,000원 내외 ⏰ 09:00~18:00 ☎ 054-744-9080, 아로마 상담 010-3041-9080 ℹ www.경주허브랜드.kr

러브 캐슬

성인만 입장 가능한 성인들의 놀이터

러브 캐슬은 성(性)을 테마로 한 박물관으로 성인만 입장할 수 있고, 다른 박물관과 달리 늦은 시간까지 문을 연다. 주요 전시관으로는 신라의 토우와 풍속화인 춘화를 소개하는 한국관, 중국·일본·유럽의 성을 전시하는 세계1관, 동남아의 다양한 목각 성 조각품을 소개하는 세계2관, 야외 전시관으로 이루어져있다. 성을 테마로 하는 박물관이라고는 해도, 성인이라면 살짝 얼굴이 붉히고 볼 수 있는 정도!

경주시 하동 350, 보문 단지와 불국사 사이 경주 고속터미널, 경주역(경주 우체국)에서 10번, 700번 버스 이용하여 하동 점마을 하차, 도보 1분 경주 고속터미널 또는 경주역에서 보문 단지 방향, 경주 세계 문화 엑스포 공원 지나 우회전, 불국사 방향 ₩ 13,000원(미성년자 입장 불가) 09:00~24:00(매표 23:00) 054-776-3318 www.lovecastle.kr

신라 역사 과학관

석굴암과 첨성대를 만든 원리는?

신라 역사 과학관은 신라의 역사와 과학을 알리고자 1988년 설립되었다. 지하 1층, 지상 2층으로 되어 있으며, 1층 전시실에는 신라왕경도, 첨성대 모형, 천상열차분야지도 목판본, 황남대총 유물, 남산 유적 복원도 등이 전시되어 있고, 2층 전시실에는 신라와 백제 금관, 상원사 범종, 앙부일구, 측우기, 해인사 장경판이 전시되어 있다. 지하 전시실에는 석굴암 모형, 팔공산 군위삼존석불, 단석산 마애불 등이 전시되어 있다.

석굴암과 첨성대 모형을 통해 우리가 알 수 없었던 석굴암과 첨성대의 구조를 한눈에 파악할 수 있어 새삼 신라인의 높은 과학 수준에 감탄하게 된다. 신라의 역사와 과학을 더 잘 알고 싶은 사람은 입구에서 해설사를 청해, 유적과 유물에 대해 설명을 들어보는 것이 좋다. 수학여행 시즌에는 학생들로 매우 혼잡하므로 이른 아침 방문하는 것이 좋다.

경주시 하동 201-1, 불국사 북서쪽 경주 고속터미널, 경주역(경주 우체국)에서 10번, 700번 버스 이용하여 경주 민속 공예촌 하차, 도보 3분 경주 고속터미널 또는 경주역에서 보문 단지 방향, 경주 세계 문화 엑스포 공원 지나 우회전, 불국사 방향 ₩ 성인 5,000원, 학생 3,500원 09:00~18:30(동절기 17:30) / 해설 시간 09:30, 10:30, 11:15, 13:30(신청 시 해설) 054-745-4998 www.sasm.or.kr

경주 민속 공예촌

전통 공예품도 구경하고 체험도 하고

신라 역사 과학관 앞에 위치한 민속 공예촌으로 1986년 신라의 전통 공예를 계승, 발전시키기 위해 조성된 마을이다. 전통 기와집과 초가, 민속 공예 전시장으로 이루어져 있다. 민속 공예촌에서는 장인들이 신라의 금속, 목공예, 도자기, 수정, 자수와 한복 등의 분야에서 만든 공예 작품을 감상할 수 있고 저렴한 가격에 구입할 수도 있다.

경주시 하동 201-18, 보불로 중간 경주 고속터미널, 경주역(경주 우체국)에서 10번, 700번 버스 이용하여 경주 민속 공예촌 하차 경주 고속터미널 또는 경주역에서 보문 단지 방향, 경주 세계 문화 엑스포 공원 지나 우회전, 불국사 방향 09:00~18:30(동절기 17:00) 054-746-7270 www.kyongju-fcv.com

마동사지 삼층석탑

토함산과 어우러진 풍경이 보기 좋아

경주시 마동 음식 단지 안쪽에 위치한 삼층석탑으로 보물 제912호이고 통일 신라 때의 것으로 추정된다. 석탑의 높이는 5.4m이고 전형적인 통일 신라의 이중 기단 위에 삼층의 탑신을 올렸다.

전설에 따르면, 불국사와 석굴암을 건립한 김대성이 젊은 시절 토함산에서 곰 사냥을 하고 잠이 들었는데 꿈속에서 곰이 나타나 자신을 죽인 까닭을 물었고 이에 김대성은 자책하며 곰의 명복을 빌 사찰을 짓겠다고 약속했다. 그 후 꿈을 꾸었던 자리에 몽성사를 세우고 곰 사냥을 했던 곳에는 장수사를 세웠는데, 여기가 그 중 한 곳이라고 전해진다.

경주시 마동 101-2, 마동 음식 단지 안쪽 경주 고속터미널, 경주역(경주 우체국)에서 10번, 700번 버스 이용하여 마동 탑 마을 하차, 길 건너 보불로 주유소 골목 방향, 마을 안쪽으로 도보 3분 경주 고속터미널 또는 경주역에서 7번 국도 이용하여 불국사역 방향, 불국사역에서 불국사 방향, 마동(보불로)과 불국사 갈림길에서 마동 방향, 마동교 건너

꼭 가봐야 할 맛집

절구통

갈비도 먹고 국수도 먹고

불국사역 앞에 위치한 식당으로 돼지갈비와 국수를 함께 내는 갈비국수로 유명한 곳이다. 갈비국수는 진한 멸치 육수에 잘 삶은 국수를 말아 내놓고 그 옆의 작은 접시에 잘 구운 돼지갈비를 함께 주는 것이다. 국수에 돼지갈비를 올려 먹는 맛이 색다르다.

경주시 구정동 507, 불국사역 앞 / 경주 고속터미널, 경주역(경주 우체국)에서 11번, 600번 버스 이용하여 구정 로터리 하차, 도보 1분 / 경주 고속터미널 또는 경주역에서 7번 국도 이용하여 불국사역 방향 / 갈비국수 5,000원, 비빔국수(돼지갈비+국수) 6,000원, 떡갈비국수 7,000원, 잔치국수 3,500원, 시동부추전 5,000원 / ☎ 054-748-7373

초당 400년 순두부

다양한 초당순두부 요리를 내는 식당

강릉 초당순두부의 맛을 전하는 식당으로 빨간 양념이 된 맛순두부, 양념이 없는 초당순두부, 들깨를 넣은 들깨순두부 등의 메뉴가 있다. 순두부정식에는 순두부와 한우떡갈비, 가자미구이, 여러 반찬이 나와 푸짐한 한 끼 식사로 충분하다.

경주시 마동 195-3, 마동 음식 단지 내 / 경주 고속터미널, 경주역(경주 우체국)에서 10번, 700번 버스 이용하여 마동 탑 마을 하차, 길 건너 현대 보불로 주유소 골목 방향, 도보 3분 / 경주 고속터미널 또는 경주역에서 7번 국도 이용하여 불국사역 방향, 불국사역에서 불국사 방향, 마동(보불로)과 불국사 갈림길에서 마동 방향, 마동교 건너 / 맛순두부(양념), 초당순두부 각 9,000원, 들깨순두부 10,000원 / ☎ 054-773-2224

유수정

맛있는 돼지불고기에 푸짐한 쌈 채소가 한 상

마동 음식 단지 내에 위치한 식당으로 푸짐하고 맛있는 쌈밥으로 인기가 높은 곳이다. 마동 음식 단지는 경주 코오롱 호텔 뒤 마동에 있고 쌈밥, 순두부, 한정식 식당들이 밀집해 있어 메뉴를 고르기 좋다. 유수정의 쌈밥은 돼지불고기에 고등어구이, 풍성한 쌈 채소, 여러 반찬 등이 나와 맛있는 식사를 하기에 충분하다. 더욱이 혼자 온 손님도 반갑게 맞아서 한 끼를 대접할 줄 아는 인정이 넘치는 곳.

경주시 마동 193-7, 마동 음식 단지 내 / 경주 고속터미널, 경주역(경주 우체국)에서 10, 700번 버스 이용하

여 마동 탑 마을 하차, 길 건너 현대 보불로 주유소 골목 방향, 도보 3분 / 경주 고속터미널 또는 경주역에서 7번 국도 이용하여 불국사역 방향, 불국사역에서 불국사 방향, 마동(보불로)과 불국사 갈림길에서 마동 방향, 마동교 건너. / 석쇠불고기쌈밥 12,000원, 소불고기쌈밥 14,000원, 영양불고기쌈밥 16,000원 / ☎ 054-771-0786

장수 두부촌

한우 떡갈비에 순두부까지 영양 만점

장수 두부촌은 주 메뉴로 순두부정식과 한우떡갈비순두부정식을 선보이고 있다. 순두부는 양념을 하지 않는 초당순두부, 들깨를 넣은 들깨순두부, 고추장 양념을 넣은 얼큰순두부가 있다. 한우순두부정식에는 돼지불고기와 고등어구이, 푸짐한 쌈 채소가 나와 즐거운 식사를 할 수 있다.

🏠 경주시 마동 195-2, 마동 음식 단지 내 🚌 경주 고속터미널, 경주역(경주 우체국)에서 10번, 700번 버스 이용하여 마동 탑 마을 하차, 길 건너 현대 보불로 주유소 골목 방향, 도보 3분 🚗 경주 고속터미널 또는 경주역에서 7번 국도 이용하여 불국사역 방향, 불국사역에서 불국사 방향, 마동(보불로)과 불국사 갈림길에서 마동 방향, 마동교 건너. 🍲 얼큰·초당순두부 각 9,000원, 들깨순두부 10,000원 ☎ 054-746-3880

고색창연

단체 손님이 줄을 서는 식당

보불로 하동 큰마을에 위치한 식당으로 떡갈비정식으로 유명한 곳이다. 두툼한 떡갈비와 생선구이, 여러 반찬은 절로 입맛을 돋게 하고 어느새 밥그릇이 비어 간다. 단체 손님이 있을 때는 다소 소란스러울 수 있다.

🏠 경주시 마동 277-2, 보불로 하동 큰마을 🚌 경주 고속터미널, 경주역(경주 우체국)에서 10번, 700번 버스 이용하여 하동 큰마을 하차, 도보 3분 🚗 경주 고속터미널 또는 경주역에서 7번 국도 이용하여 불국사역 방향, 불국사역에서 불국사 방향, 마동(보불로)과 불국사 갈림길에서 마동 방향, 마동교 건너. 🍲 돼지떡갈비정식 8,000원, 소+돼지떡갈비정식 10,000원, 소떡갈비정식 12,000원 ☎ 054-748-0952

콩이랑

돼지불고기, 고등어구이, 순두부까지 영양 만점

보문 단지와 불국사 중간에 위치한 식당으로 개량 한옥으로 되어 있어 깔끔하다. 주요 메뉴로는 순두부를 이용한 콩이랑정식, 황태구이정식 등을 낸다. 콩이랑정식에는 순두부와 돼지불고기, 고등어구이, 여러 반찬이 나와 즐거운 식사를 할 수 있다.

🏠 경주시 하동 774, 보불로 중간 🚌 경주 고속터미널, 경주역(경주 우체국)에서 10번, 700번 버스 이용하여 하동 점마을 하차, 도보 3분 🚗 경주 고속터미널 또는 경주역에서 보문 단지 방향, 경주 세계 문화 엑스포 공원 지나 보불로 이용하여 불국사 방향 / 경주역에서 7번 국도 이용하여 불국사역 방향, 불국사역에서 불국사 방향, 중간 좌회전 보불로 이용하여 보문 단지 방향 🍲 콩이랑정식 9,000원(1인 시 10,000원), 황태구이정식 9,000원, 돈가스 7,000원 ☎ 054-774-4578

청산 식당

깔끔한 산채정식 한 상이면 맛도 양도 만족

불국사 앞 상가에 위치해 찾기 쉽고 불국사와 석굴암 구경 후 들르기 좋다. 고사리, 버섯, 취나물 등을 넣은 비빔밥이 맛이 있고, 외식에 고기가 빠지면 섭섭한 사람은 산채불백을 주문해도 좋다. 식사 후 불국사 정문 앞 동리 목월 문학관을 들러도 괜찮다.

🏠 경주시 진현동 64-1, 불국사 앞 🚌 경주 고속터미널, 경주역(경주 우체국)에서 10번, 700번 버스 이용하여 불국사 하차 🚗 경주 고속터미널 또는 경주역에서 7번 국도 이용하여 불국사역 방향, 불국사역에서 불국사 방향 🍲 불고기정식 10,000원, 버섯전골 13,000원, 돌솥비빔밥 9,000원, 순두부찌개 7,000원 ☎ 054-746-4620

시원한 바다와 소박한 어촌 마을

동해권

파도 소리 들으며 걷는 해안길

언뜻 경주 하면 동해 바다가 떠오르지 않을지도 모르겠다. 경주의 천마총이나 불국사, 석굴암이 워낙 유명한 까닭이다. 하지만 감은사지와 문무대왕릉이 있는 동해는 경주 시내에서 멀지 않다. 토함산으로 넘어 산길을 달리면 이내 드넓은 동해 바다가 두 팔 벌려 반긴다. 다행인지 불행인지 유명한 해변이 없어 경주의 해변은 대부분 왁자지껄하지 않고 한적해 좋다. 동해 바다를 감상하며 문무대왕릉과 감은사지를 둘러보았다면 조금 내륙에 있는 골굴사나 기림사에 들러도 좋다.

동해권

권이 저수지
31
두원리
호암리
기림사
용동리
14
호동리
오류리
오류 고아라 해변
해운대 회 식당
은정 횟집
초장집 식당
안동리
와읍리
감포리
전동리
감포읍사무소
송대말 등대
감포항
31
노동리
감포항 벽화 골목
골굴사
대종천
감포 해변
장항1교
강촌 휴식소
양북면사무소
4
팔조리
전촌리
장항리
전촌 솔밭 해변
경주 허브랜드
할매 횟집
나정리
나정 고운모래 해변
입천리
제이스 CC 시사이드
두산대교
경주 전통
명주 전시관
14
929
감은사지
동·서 삼층석탑
송전리
용당리
죽전리
대종천
구길리
이견대
대종교
봉길 대왕암 해변
31
문무대왕릉
봉길리
904
토함산 가든
휴게소
석읍 휴게소
나산리
석촌리
월성 원자력 홍보관
나아 해변
환서리
읍천 횟집
읍천항 활어 직판장
읍천항 벽화 마을
읍천리
904
양남 주상절리
신대리
신서리
상계리
하서항
양남면사무소
31
신흥사
관성 솔밭 해변
서동리

동해권 하루 코스

감은사지 동·서 삼층석탑 → 이견대 → 문무대왕릉 → 읍천항 벽화 마을 → 양남 주상절리

경주 동해권은 시내에서 멀리 떨어져 있기는 하지만 코스 내에서의 이동은 도보와 대중교통을 이용해서 편리하게 돌아볼 수 있다. 다만, 감은사지에서 이견대 갈 때는 조금 걸어야 하고, 이견대에서 문무대왕릉 갈 때 버스 타는 것이 불편한 편이다. 동해안에서 약간 내륙 쪽에 위치한 골굴사와 기림사는 대중교통이 불편하므로 승용차나 택시를 이용해 둘러보는 것이 편하다.

출발!

감은사지 동·서 삼층석탑

문무대왕의 호국 정신이 깃든 감은사지와 두 석탑 (30분)

도보 10분

이견대

동해 바다와 문무대왕릉을 내려다보기 (20분)

버스 10분

문무대왕릉

삼국 통일의 위업을 달성한 문무대왕이 잠든 수중릉 (30분)

버스 30분

읍천항 벽화 마을

예쁜 벽화들이 그려져 있어 기념 촬영하기 좋은 항구 마을 (30분)

도보 5분

도착!

양남 주상절리

파도소리길에서 신비한 부채꼴 주상절리 찾아보기 (2시간)

오류 고아라 해변

작은 자갈과 고운 모래가 있는 한적한 해변

경주시 감포읍 오류리에 위치한 해변으로 타원형 해변에 작은 자갈과 고운 모래가 덮여 있어 물놀이 하기 좋다. 해변 뒤쪽으로 소나무 숲이 있어 야영하기도 좋고 해변에서 바다낚시를 즐겨도 괜찮다. 경주 해변 중 가장 북쪽에 위치해 비교적 한산하다. 현재, 해변 인근에 오토캠핑장이 건설 중이어서 완공되면 카라반과 캠프사이트를 이용할 수 있게 될 전망이다.

경주시 감포읍 오류리 277, 감포항 북쪽 경주 감포읍, 포항시에서 800번 버스 이용하여 오류 고아라 해변 하차 경주 고속터미널 또는 경주역에서 4번 국도 이용하여 보문 단지 지나 감포 방향, 감포에서 오류 해변 방향 ☎054-779-6320, 6323 / 054-741-6843

감포항 벽화 골목

드문드문 보이는 개화기 주택과 예쁜 벽화

감포항은 경주의 대표 항구 중 하나로 일제 강점기인 1937년 읍으로 승격될 만큼 번창했었다. 이 때문인지 감포항 내에는 일제 강점기에 지어진 개화기 주택이 남아 있어 흥미를 끌고 근년에 개화기 주택 사이 골목에 예쁜 벽화까지 그려져 어린 시절 감성을 자아낸다. 오후 초등학생들이 집으로 돌아올 때면 골목과 벽화, 아이들의 삼위일체 풍경이 완성된다. 한여름에 감포항 남쪽의 한적한 감포 해변을 이용해도 좋고 감포항 내의 횟집 거리에서 싱싱한 대게나 회를 맛보는 것도 즐겁다.

경주시 감포읍 감포리 57, 경주 시내 동쪽 경주 고속터미널, 경주역(경주 우체국)에서 100번 버스 이용하여 감포 시외버스터미널 하차 경주 고속터미널 또는 경주역에서 4번 국도 이용하여 보문 단지 거쳐 감포 방향 ☎ 054-744-3002 www.gyeongju.go.kr/village/open_content/gampo

송대말 등대

감은사지 삼층석탑을 본뜬 등대

일제 강점기인 1933년 감포 어업 협동조합에 의해 처음 설치되었고 광복 후인 1955년 무인 등대였다가 1964년 유인 등대로 전환되었다. 2001년에는 삼국 통일을 이룬 문문대왕의 업적을 기려 감은사지 삼층석탑을 본뜬 등대 건물을 완공하였다. 송대말이라는 이름은 '소나무가 펼쳐진 끝자락'이란 뜻인데, 지금은 울창한 소나무 숲이 많이 줄어서 아쉬움을 준다. 등대 내 전시장에서 등대와 바다 관련 전시품과 자료를 볼 수 있고 등대 전망대에서 감포항과 동해바다가 한눈에 들어온다.

경주시 감포읍 오류리 583-1, 감포항 북쪽 🚌 경주 고속터미널, 경주역(경주 우체국)에서 100번 버스 이용하여 감포 중앙 시장 하차, 도보 15분 / 감포 시외버스터미널에서 800번 버스 이용, 감포 중고등학교 하차, 도보 8분 🚗 경주 고속터미널 또는 경주역에서 4번 국도 이용하여 보문 단지 지나 감포 방향, 감포항에서 송대말 등대 방향 09:00~18:00 ☎ 054-744-3233

전촌 솔밭 해변

해변 뒤쪽의 울창한 소나무 숲이 인상적

감포읍 전촌리에 위치한 해변으로 타원형이며 길이는 약 800m, 너비는 약 40m이다. 북쪽으로 전촌항, 남쪽으로 나정 고운모래 해변과 연결된다. 해변 뒤로 경주 최씨 가문에서 인공림으로 조성한 울창한 소나무 숲이 있어 쉬어 가기 좋고 한여름 해변에서는 모터보트, 제트스키 등을 즐길 수도 있다. 전촌 솔밭 해변에서 감포항에 이르는 길에는 횟집과 숙박업소가 즐비하므로 이용하기에 편리하다.

경주시 감포읍 전촌리 685, 감포항 남쪽 🚌 경주 고속터미널, 경주역(경주 우체국)에서 100번 버스 이용하여 전촌 삼거리 하차, 도보 5분 🚗 경주 고속터미널 또는 경주역에서 4번 국도 이용하여 보문 단지 지나 감포 방향, 전촌 삼거리에서 전촌 솔밭 해변 방향 ☎ 054-779-6320, 6323

나정 고운모래 해변

수심 낮고 물 맑아 물놀이에 적격

감포읍 나정리에 위치한 해변으로 길이 약 500m, 너비 약 50m이고 수심이 낮고 물이 맑아 물놀이하기 좋다. 굵은 모래 해변에서 모래 찜질을 해도 즐겁고 인근 감포 해수탕에서 여행의 피로를 풀어도 좋다. 한여름에는 모터보트, 바나나보트 등도 이용할 수 있다.

🏠 경주시 감포읍 나정리 633, 전촌 솔밭 해변 남쪽 🚌 경주 고속터미널, 경주역(경주 우체국)에서 100번 버스 이용하여 전촌 삼거리 하차, 도보 15분 또는 전촌 삼거리에서 130번 이용하여 나정 하차 🚗 경주 고속터미널 또는 경주역에서 4번 국도 이용하여 보문 단지 지나 감포 방향, 전촌 삼거리에서 나정 고운모래 해변 방향 ☎ 054-779-6320, 6323

감은사지 동·서 삼층석탑

신라의 3층 석탑 중 가장 크고 오래된 탑

감은사는 통일 신라 시대의 고찰로, 현재는 두 탑과 절터만 남아 있다. 〈삼국유사〉에 따르면 문무왕이 왜구의 침입을 막고자 세우기 시작했으나 682년 문무왕의 아들인 신문왕 때에야 완성되었다고 한다. 〈삼국사기〉에는 문무왕이 죽어서도 동해의 용이 되어 나라를 지키려고 했기에 금당 아래에 용혈을 파서 해류를 타고 출입할 수 있도록 하였다고 한다.

동·서 삼층석탑은 국보 제112호이고 높이는 13.4m로 신라의 3층 석탑 중 가장 크고 가장 오래된 것이다. 전형적인 이중 기단 위에 3층의 탑신을 올리고 그 위에 상륜부를 두었으나 상륜부는 사라지고 없다. 삼층 탑신 위에 세워진 쇠기둥은 상륜부를 장식하는 기둥으로 찰주라 하며 높이는 약 5m(노출된 부분 약 3.9m)에 달한다. 1966년에는 서탑에서 임금이 타는 수레를 닮은 보련형 사리함(보물 제366호)이 발견되었고, 1996년 동탑에서도 서탑에서 나온 것과 비슷한 사리함과 사리가 발견되었다.

🏠 경주시 양북면 용당리 55-1, 경주 시내 남동쪽 🚌 경주 고속터미널, 경주역(경주 우체국)에서 150번 버스 이용하여 감은사지 하차 🚗 경주 고속터미널 또는 경주역에서 4번 국도 이용하여 보문 단지 거쳐 감포 방향, 양북면 어일 삼거리에서 감은사지 방향 ☎ 054-779-8743, 8759

Travel Tips

탑의 이모저모

경주에서는 다보탑, 석가탑 등 많은 탑을 볼 수 있는데, 탑은 왜 만들어졌을까? 탑(塔)은 탑파(塔婆)의 준말로, 부처의 몸이 영원히 머무는 곳이다. 원래 부처의 몸에서 나오는 사리를 모시는 용도로 세워졌으나, 후대에는 부처의 사리 외에도 고승의 사리도 사리함에 넣어, 탑파에 모시게 된다.

탑의 종류에는 나무로 만든 목탑, 벽돌을 쌓은 전탑, 돌로 벽돌을 모방하여 쌓은 모전석탑, 그리고 돌로 된 석탑 등이 있다.

경주에서 많이 볼 수 있는 석탑의 구조는 기단부와 탑신부, 상륜부로 되어 있고, 대개 기단부는 2중 기단, 탑신부는 3층이다. 기단부는 바닥돌인 지대석 위에 네 귀퉁이 기둥인 우주, 기둥 사이의 탱주, 우주와 탱주 사이의 면석이 있고 그 위에 판석인 갑석이 올라간다. 상층 기단의 면석에는 인왕상이 새겨지기도 한다. 상층 기단 위에 몸돌과 지붕돌로 이루어진 탑신이 올라가고 그 위에 장식품인 상륜부가 있다. 상륜부에는 노반(상륜부의 기반석), 복발, 양화(연꽃 장식), 보륜, 보개(열반 경지 표현), 용차와 보주(여의주)가 길고 가는 철기둥인 찰주에 꽂혀, 세워진다.

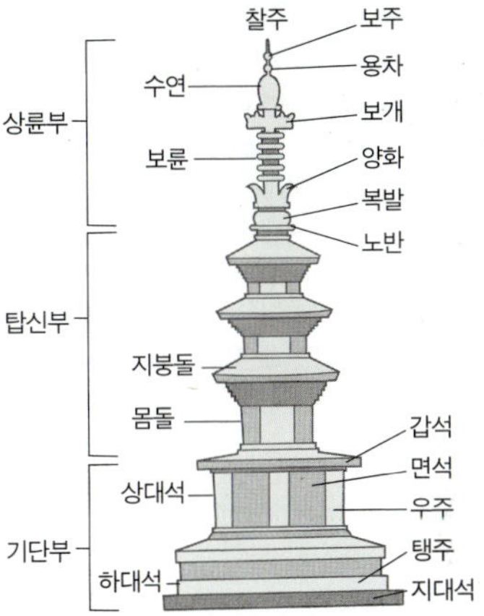

이견대

한때 용이 출현했고 만파식적의 전설이 있는 곳

이견대는 신라 신문왕이 아버지인 문무왕을 모신 대왕암을 바라보며 기원하기 위해 지었다. 이견대라는 이름은 〈주역〉 중에 '나는 용이 하늘에 있으니 대인을 봄이 이롭다(飛龍在天 利見大人)'라는 구절에서 딴 것이다. 〈삼국유사〉에 따르면, 682년 신라 신문왕 2년 동해의 작은 산이 감은사 쪽으로 떠내려와서 점을 치니, 선왕(문무왕)이 바다의 용이 되어 나라를 지키고 있고 왕이 바닷가로 나오면 보물을 얻을 것이라는 점괘를 얻었다. 이에 왕이 이견대로 행차하여 배를 타고 작은 산으로 들어가니 용이 옥대를 선물로 주었다. 또한 작은 산의 대나무로 피리를 만들어 불자 적이 물러가고 병이 낫고 가뭄이 해결되었는데 이 피리를 만파식적이라 불렀다. 현재의 건물은 1970년 건물 터를 발굴하고 다시 세운 것으로 이견대에서 바라보는 동해의 풍경이 멋지다.

경주시 감포읍 대본리 661, 감은사지 동쪽 / 경주 고속터미널, 경주역(경주 우체국)에서 150번 버스 이용하여 대본다리 하차, 도보 5분 / 경주 고속터미널 또는 경주역에서 4번 국도 이용하여 보문 단지 거쳐 감포 방향, 양북면 어일 삼거리에서 감은사지 지나 이견대 방향 / ☎ 054-779-8743, 8759

봉길 대왕암 해변

길일이면 사람들이 모이는 해변

이견대 남쪽에 위치한 해변으로, 앞바다에 대왕암이 있어 봉길 대왕암 해변이라 한다. 타원형 해변의 길이는 500m, 너비는 40m이고 물이 맑아 물놀이하기 좋으나 조금만 바다로 나가면 수심이 깊어진다. 해변에서 문무왕이 잠들어 있는 대왕암을 조망할 수 있고, 해변가 식당에서 싱싱한 회를 맛보아도 좋다. 문무대왕과 대왕암은 무속인에게 영험함을 준다고 하며, 길일이면 해변에서 제를 올리는 모습도 볼 수 있다.

경주시 양북면 봉길리 26, 이견대 남쪽 경주 고속터미널, 경주역(경주 우체국)에서 150번 버스 이용하여 봉길 대왕암 해변 하차 경주 고속터미널 또는 경주역에서 4번 국도 이용하여 보문 단지 거쳐 감포 방향, 양북면 어일 삼거리에서 감은사지 지나 봉길 대왕암 해변 방향 054-779-6320, 6323

문무대왕릉

죽어서도 나라를 지키겠다는 문무왕의 염원

이견대 남쪽 앞바다에 위치한 신라 제30대 문무대왕의 능이다. 문무대왕릉은 봉길 대왕암 해변에서 바다 쪽으로 약 200m 정도 떨어져 있고 사방으로 물길이 나 있으며 중앙에 긴 장대석이 놓여 있다. 이곳에 문무대왕이 묻혔다고 하여 대왕암이라도 한다. 〈삼국사기〉에 따르면, 문무왕은 태종 무열왕의 맏아들로 이름은 법민이다. 668년 문무왕 8년에 고구려를 병합했고 676년 문무왕 16년에 당나라군을 몰아내 삼국 통일의 위업을 이뤘으며, 681년 문무왕 21년 왕이 죽자 유언에 따라 동해 어귀 큰 바위에 장사 지냈다고 한다. 당시 민간에서는 문무왕이 죽어 용이 되었고 왕을 장사 지낸 바위를 대왕암이라 하였다고 전해진다. 문무왕 당시에는 불교가 성했으므로 불교식으로 고문(능지탑) 밖에서 화장하여 대왕암 부근에 뿌린 것으로 추정된다.

경주시 양북면 봉길리 26, 이견대 남쪽 경주 고속터미널, 경주역(경주 우체국)에서 150번 버스 이용하여 봉길 대왕암 해변 하차 경주 고속터미널 또는 경주역에서 4번 국도 이용하여 보문 단지 지나 감포 방향, 양북면 어일 삼거리에서 감은사지 지나 봉길 대왕암 해변 방향 054-779-8743, 8759

월성 원자력 홍보관

원자력 발전에 관해 쉽게 설명

봉길 대왕암 해변 남쪽에 월성 원자력 발전소가 자리 잡고 있는데, 현재 월성 1~4호기, 신월성 1~2호기 등의 원자력 발전기가 가동 중이고 홍보관에서 에너지와 원자력 발전의 올바른 이해를 돕고 있다. 또한 월성 원전에서는 안전한 원전 홍보를 위해 홈페이지를 통해 매주 주말 영빈관에서 1박 2일 무료 숙박을 제공하고 있다.

경주시 양남면 나아리 402-1, 봉길 대왕암 해변 남쪽 경주 고속터미널, 경주역(경주 우체국)에서 150번, 154번 버스 이용하여 나아리 하차, 도보 10분 경주 고속터미널 또는 경주역에서 4번 국도 이용하여 감포 방향, 양북면 어일 삼거리에서 봉길 대왕암 해변 방향, 봉길 대왕암 해변에서 읍천 방향 ₩ 무료 월~금 09:00~17:30(토·일·공휴일 16:30) ☎ 054-779-3046 www.khnp.co.kr/wolsong

읍천항 벽화 마을

조용한 항구에 그려진 알록달록한 벽화

읍천항은 경주시 양남면 읍천리에 위치한 작은 항구로, 유바다에서 감성돔, 돌돔, 벵에돔 등을 낚을 수 있다. 또한 마을 내에 예쁜 벽화가 그려져 있어서 작은 항구를 산책하며 마을에 그려진 벽화를 감상하다 보면 저도 모르게 바닷가 풍경에 젖게 된다. 읍천항 남쪽에는 주상절리 파도소리길이 있으니, 길을 따라 바닷가를 산책하며 주상절리를 둘러보는 것도 좋다.

경주시 양남면 읍천리 195, 월성 원자력 홍보관 남쪽 경주 고속터미널, 경주역(경주 우체국)에서 150번, 154번 버스 이용하여 읍천 하차, 읍천항 방향 도보 5분 경주 고속터미널 또는 경주역에서 4번 국도 이용하여 감포 방향, 양북면 어일 삼거리에서 봉길 대왕암 해변 방향, 봉길 대왕암 해변 지나 읍천항 방향 ☎ 054-750-2438

양남 주상절리

부채꼴 주상절리는 이곳이 유일

양남 주상절리는 하서항 주상절리 입구에서 읍천항까지 약 1.7km의 파도소리길을 따라 형성되어 있다. 주상절리는 용암이 분출될 때 차가운 외부 공기, 바닷물 등에 닿아 굳으며 생긴 화산암으로, 단면이 삼각형 또는 육각형인 기둥 모양(절리)을 하고 있다. 일반적인 주상절리가 삼각 또는 육각 기둥이 수직으로 세워진 모양인데 비해, 양남 주상절리는 부채꼴 모양을 비롯한 수평 방향의 주상절리가 발달한 것이 특징이다. 주상절리를 보려면 읍천항에서 구름다리를 건너가는 게 빠르고, 주말이면 찾는 사람이 많아 다소 소란스럽다.

경주시 양남면 읍천리 405-7, 읍천항 남쪽 경주 고속터미널, 경주역(경주 우체국)에서 150번, 154번 버스 이용하여 읍천 하차, 읍천항에서 도보 10분 경주 고속터미널 또는 경주역에서 4번 국도 이용하여 감포 방향, 양북면 어일 삼거리에서 봉길 대왕암 해변 방향, 봉길 대왕암 해변 지나 읍천항 방향 ☎054-779-6320~3

관성 솔밭 해변

시원하게 펼쳐진 해변에서 일광욕하기 좋아

양남 주상절리 남쪽에 위치한 해변으로 길이 1.3km, 너비 약 50m이다. 해변에는 작은 자갈이 깔려 있고 물이 맑아 물놀이하기 좋다. 경주의 해변 중에 가장 남쪽에 있고 울산과 가까워, 경주 사람들보다 울산 사람들이 자주 찾는다. 한여름에는 해변 파라솔 아래에서 쉬거나 바다에서 모터보트나 바나나보트 등을 이용할 수 있다.

경주시 양남면 수렴리 425, 양남 주상절리 남쪽 경주 외동읍에서 154번 좌석버스 이용하여 관성 하차, 도보 5분 경주 고속터미널 또는 경주역에서 4번 국도 이용하여 감포 방향, 양북면 어일 삼거리에서 봉길 대왕암 해변 방향, 봉길 대왕암 해변에서 관성 솔밭 해변 방향 ☎ 054-779-6320~23

경주 전통 명주 전시관

한 올 한 올 손으로 짠 전통 명주 감상

경주시 양북면 두산리는 국내 유일의 손명주 생산 마을로 전통 손명주 생산 기술의 보존과 손명주 홍보를 위해 전시관이 세워졌다. 명주는 명주실로 무늬 없이 짠 비단을 말하는데, 가볍고 통기성과 감촉이 좋아 고급 옷감으로 여겨진다. 전시관은 명주 전시관, 명주 작업관, 명주 염색관으로 나뉘며, 명주 전시관에서 오색의 아름다운 명주 제품을 만나고 명주 작업관에는 명주를 짜는 베틀을 볼 수 있다.

경주시 양북면 두산리 549-5 경주 고속터미널, 경주역(경주 우체국)에서 150번 버스 이용하여 양북면사무소 하차, 130번(죽전행) 버스 이용하여 두산회관 앞 하차, 도보 5분 경주 고속터미널 또는 경주역에서 4번 국도 이용하여 양북면 방향, 양북면 사무소 지나 두산리 전시관 방향 ₩무료 09:30~17:30(매주 월요일 휴관) 054-777-3492 www.gyeongjusilk.com

골굴사

독특한 석굴 사원에서 선무도 공연 관람

경주 함월산 자락에 위치한 신라 고찰로, 6세기 무렵 서역 천축국에서 온 광유가 12개의 석굴을 만들어 사찰로 이용하였고 이 때문에 한국의 둔황 석굴이라고도 한다. 골굴사가 있는 함월산 자락에는 석굴로 보이는 여러 굴이 뚫려 있고 제일 위쪽에 보물 제581호 마애여래좌상이 있다. 골굴사는 최근에 승려들이 하는 무술인 선무도의 본산으로 이름을 높이고 있고 매일 오전 11:00, 오후 15:30에 선무도 공연을 선보인다.

경주시 양북면 안동리 산304, 토함산 동쪽 경주 고속터미널, 경주역(경주 우체국)에서 100번, 150번 버스 이용하여 안동(안동 삼거리) 하차, 도보 30분 경주 고속터미널 또는 경주역에서 4번 국도 이용하여 보문 단지 지나 감포 방향, 안동 삼거리에서 골굴사 방향 09:00~18:00, 선무도 공연 11:00, 15:30(매주 월요일 휴무) 054-744-1689 www.golgulsa.com

골굴사 마애여래좌상

산 중턱에서 동해를 바라보는 여래좌상

골굴사 대웅전 위쪽에 있는 마애여래좌상으로 보물 제581호이고 통일 신라의 작품으로 추정된다. 골굴사가 있는 함월산 자락에는 여러 석굴이 뚫려 있고 제일 위쪽에 마애여래좌상이 있다.

높이는 약 4m, 너비는 약 2.2m이며, 불상 특유의 곱슬머리인 나발에 정수리가 상투처럼 솟은 육계가 있고, 얼굴은 튼실하며 귀는 길게 늘어져 있다. 몸에 걸친 법의는 양 어깨에서 자연스럽게 늘어져 있고, 왼손은 펴서 단전에 두었고 오른손은 손상되었으나 오른쪽 무릎에 놓여 있어 항마촉지인으로 추측된다.

골굴사 대웅전 위쪽

기림사

웅장한 대적광전, 늠름한 삼불좌상이 인상적

함월산 자락에 위치한 신라 고찰로, 643년 신라 선덕여왕 12년에 서역 천축국에서 온 광유가 창건했다. 창건 당시에는 임정사라고 했다가 원효가 중건하면서 기림사로 이름을 바꿨다. 1863년 조선 철종 14년에 화재로 113칸의 법당과 요사채가 사라졌으나 당시 지방관 송정화가 현재의 대적광전 건물을 중건하였다. 보물 제833호 대적광전 안에 보물 제958호 소조비로자나삼불좌상(삼신불)을 모시고 있고, 대적광전 마당에는 삼층석탑이 있다. 유물 전시관에서는 보물 제415호 건칠보살좌상, 보물 제959호 복장유물, 오백나한상 등을 볼 수 있다. 아울러 한적한 함월산 자락에서 사찰을 둘러보며 자연을 만끽하여도 좋다.

경주시 양북면 호암리 419 경주 양북면에서 130번 버스 이용하여 기림사 하차, 도보 10분 경주 고속터미널 또는 경주역에서 4번 국도 이용하여 보문 단지 지나 감포 방향, 안동 삼거리에서 기림사 방향 ₩ 성인 3,000원, 청소년 2,000원, 어린이 1,500원 09:00~18:00(유물 전시관 09:00~18:00, 매주 월요일 휴관) ☎ 054-744-2292 www.kirimsa.net

대적광전

복잡한 주심포 양식에 맞배지붕

대적광전은 보물 제833호로, 신라 선덕여왕 때 비로자나불을 모시는 기림사 본전으로 처음 세워졌고 1629년 조선 인조 7년에 중수된 것으로 추정된다. 낮은 기단 위에 정면 5칸, 측면 3칸의 건물을 세웠는데, 기둥에 여러 개의 장치(주심포)를 끼워 맞춘 다포 양식으로 맞배지붕을 하고 있다. 앞면에는 기둥 사이마다 3개의 꽃살 분합문을 달았다. 대적광전은 외관이 웅장하고 안으로 들어가면 꽤 넓은 공간감을 느끼게 한다.

기림사 내

소조비로자나삼불좌상

다소 투박해 보이지만 넘치는 카리스마

기림사 대적광전 내에 있는 삼존불로 보물 제958호이고 15~16세기의 것으로 추정된다. 중앙에 비로자나불, 왼쪽에 노사나불, 오른쪽에 석가불이 있다. 삼존불 모두가 특유의 곱슬머리인 나발에, 정수리가 솟은 육계가 있고, 얼굴은 튼실하며 법의를 양어깨에 걸치고 있다. 비로자나불의 손 모양은 왼손 엄지를 오른손으로 쥐는 지권인이고, 왼쪽과 오른쪽 불상은 모두 오른손을 올리고 왼손을 내리는 시무외여원인이다.

기림사 대적광전 내

건칠보살좌상

알 듯 모를 듯한 미소를 띤 보살

기림사 유물 전시장에 있는 좌상으로 보물 제415호이고 조선 시대인 1501년 연산군 7년에 만들어진 것으로 추정된다. 높이 91cm, 너비 51cm의 목불에 갈색의 옻나무 수액을 바른 건칠이 되어 있으나 훗날 금박을 입혔다. 좌상은 머리에 당초 무늬 보관을 썼고, 얼굴은 코가 낮고 턱이 짧으며, 법의를 양어깨에 걸쳤고 가슴에 목걸이가 늘어져 있다. 왼손은 대좌를 잡고 오른손은 오른쪽 무릎 위에 올려놓았으며, 왼쪽 다리는 접고 오른쪽 다리는 내리는 반가부좌를 하고 있어 반가상이라고도 하며, 이 모습으로 관음보살임을 알 수 있다.

기림사 유물 전시관 내

꼭 가봐야 할
맛집

해운대 회 식당

쫄깃한 고둥을 초고추장에 찍어 먹는 맛

감포항에 위치한 횟집으로, 백고둥구이로 유명한 곳이다. 신선한 고둥을 잘 삶아 꼬챙이로 속살을 꺼내 초장에 찍어 먹으면 바다의 향이 나는 듯하다. 백고둥구이 외에도 식사로 횟밥이나 물회를 맛보아도 좋고 여럿이라면 모듬회를 맛보자.

경주시 감포읍 감포리 384-5, 감포항 내 · 경주 고속터미널, 경주역(경주 우체국)에서 100번 버스 이용하여 감포 시외버스터미널 하차 · 경주 시외버스터미널 또는 경주역에서 4번 국도 이용하여 보문 단지 거쳐 감포 방향 · 백고둥구이 20,000원, 횟밥 12,000원, 물회 13,000원, 모듬회(소) 40,000원 · 054-744-3322

은정 횟집

해장으로 시원한 복어탕이 최고

은정 횟집은 복어 요리로 30년 전통을 자랑하며, '한국 맛있는 집 777점'에 선정된 적이 있는 식당. 연인이나 가족끼리 여행을 갔다면 복어 요리를 맛보아도 좋고 혼자라면 횟밥이나 물회를 주문하자. 수족관에는 광어, 우럭, 도다리뿐만 아니라 대게도 보이니 대게 맛을 아는 사람은 눈길이 간다.

경주시 감포읍 감포리 492-2, 감포항 내 · 감포항 해운대 회 식당에서 도보 3분 · 횟밥 12,000원, 물회 15,000원, 복어·아구·광어·우럭·도다리 등 시가 · 054-744-8600

초장집 식당

활어는 직판장에서, 회는 초장집에서

감포항 활어 직판장 2층에 위치한 식당이다. 1층 활어 직판장에서 회를 구입해서 2층 식당으로 올라가면, 1인당 세팅비를 받고 자리를 마련해 주고 매운탕을 끓여 준다. 이런 초장집 식당을 이용하면 횟집에서 먹는 것보다 저렴하게 먹을 수 있다. 다만, 회를 구입하고 자리 옮기는 것이 귀찮거나 횟집의 다양한 밑반찬을 좋아하는 사람은 그냥 횟집에 가는 편이 나을 것이다.

경주시 감포읍 감포리 369-14, 감포항 활어 직판장 2층 · 감포항 해운대 회 식당에서 도보 3분 · 세팅비 1인 4,000원, 매운탕(소) 4,000원, 매운탕(대) 5,000원, 생선찌개(소) 20,000원 · 054-744-1600

할매 횟집

잘게 썬 참가자미와 국수의 만남

감포읍 전촌 삼거리 부근에 위치한 식당으로 참가자미회국수로 알려졌고, 무려 50년 전통을 자랑하는 곳이다. 회국수는 대접에 잘 삶은 국수와 참가자미회, 미나리가 담겨져 나오고 초장에 비벼 먹는다. 참가자미는 씹을 때 뼈가 있는 듯한 느낌이 나고 국수와 어울리는 맛이 색다르다.

경주시 감포읍 전촌리 635, 전촌 삼거리 부근 경주 고속터미널, 경주역(경주 우체국)에서 100번 버스 이용하여 전촌 삼거리 하차, 전촌 솔밭 해변 방향 도보 5분 경주 고속터미널 또는 경주역에서 4번 국도 이용하여 보문단지 지나 감포 방향, 전촌 삼거리에서 전촌 솔밭 해변 방향 회국수 12,000원, 횟밥 15,000원, 물회 15,000원, 모둠회 50,000원 ☎ 054-744-3411

읍천 횟집

싱싱한 회와 매운탕까지 부러울 게 없어

경주시 양남면 읍천항 내에 위치한 횟집으로 자연산 광어, 도다리, 우럭 등을 취급한다. 횟밥을 시키니 대접에 채소와 모둠회를 얹어 주고 매운탕까지 나온다. 밥 넣고 고추장 뿌려 잘 비벼 먹으니 바다의 맛이 입 안으로 전해진다.

경주시 양남면 읍천리 192, 읍천항 내 경주 고속터미널, 경주역(경주 우체국)에서 150번, 154번 버스 이용하여 읍천 하차, 읍천항 방향 도보 5분 경주 고속터미널 또는 경주역에서 4번 국도 이용하여 감포 방향, 양북면 어일 삼거리에서 봉길 대왕암 해변 방향, 봉길 대왕암 해변 지나 읍천항 방향 횟밥 12,000원, 회국수 10,000원, 물회 15,000원, 모둠회(소) 40,000원 ☎ 054-744-0767

읍천항 활어 직판장

활어 사서 바다 풍경과 함께 먹어도 좋아

읍천항 어촌계에서 운영하는 활어 직판장으로 한쪽 벽에 활어 단가표가 붙어 있어 투명하게 거래된다. 날씨가 좋은 날에는 활어 직판장에서 활어회를 떠서 초장만 준비하면 바닷가에 앉아 바다를 벗 삼아 쫄깃한 회를 맛볼 수 있다.

경주시 양남면 읍천리 195, 읍천항 내 경주 고속터미널, 경주역(경주 우체국)에서 150번, 154번 버스 이용하여 읍천 하차, 읍천항 방향 도보 5분 경주 고속터미널 또는 경주역에서 4번 국도 이용하여 감포 방향, 양북면 어일 삼거리에서 봉길 대왕암 해변 방향, 봉길 대왕암 해변 지나 읍천항 방향 광어(양식) 25,000원, 광어(자연산) 35,000원, 도다리(자연산) 30,000원

조선시대 양반가의 모습을 간직한

북부권

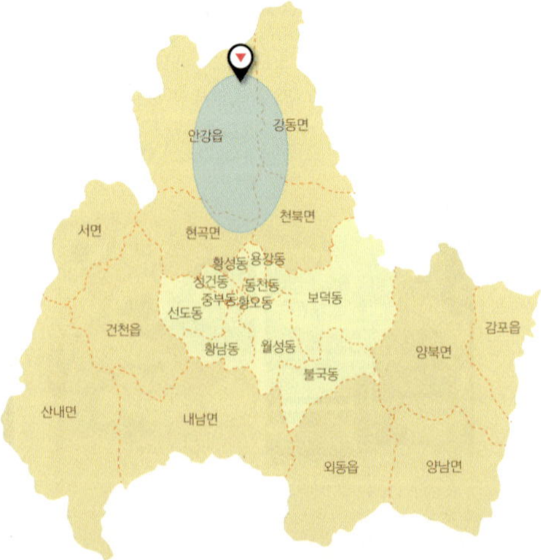

한옥 마을로 떠나는 시간 여행

조선 시대 촌락의 모습을 간직한 양동 마을은 과거의 역사가 단절되지 않고 현대로 이어짐을 느끼게 한다. 불과 100여 년 전만 해도 어느 곳이나 양동 마을처럼 기와집과 초가집이 즐비했을 텐데, 급속한 현대화로 이제는 양동 마을에 와야 옛 기와집과 초가집을 만날 수 있다는 사실에 세월의 무상함이 느껴진다. 옥산서원과 독락당에서는 벼슬을 던지고 낙향한 선비가 살던 흔적을 찾아볼 수 있어 반갑다. 경주 시내에서 조금 멀리 떨어져 있지만 양동 마을에서 우리의 옛 모습을 돌아보면 어떨까?

북부권

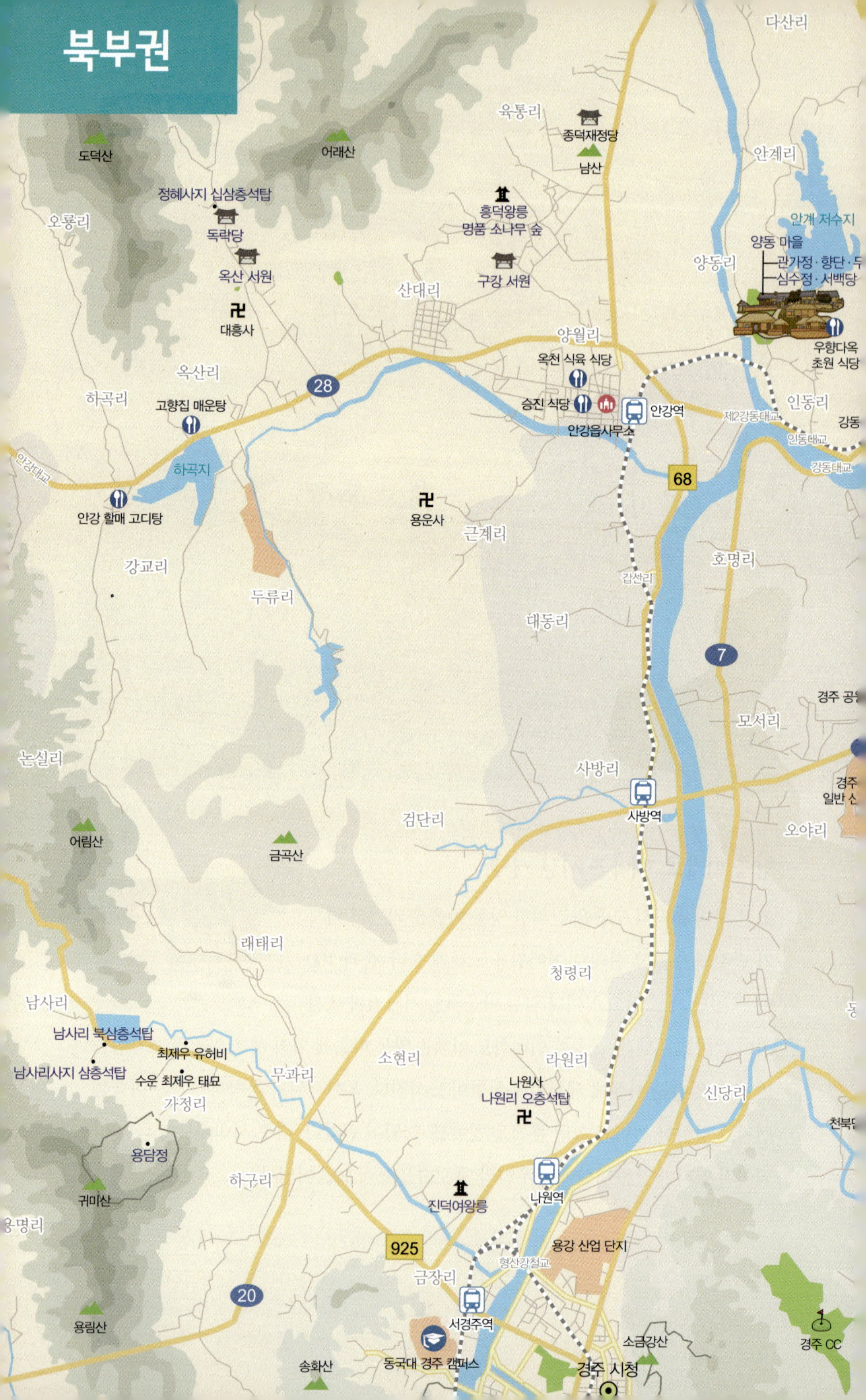

다산리
육통리
종덕재정당
남산
도덕산
어래산
정혜사지 십삼층석탑
독락당
옥산 서원
오룡리
흥덕왕릉
명품 소나무 숲
구강 서원
안계리
안계 저수지
양동 마을
관가정 · 향단 ·
심수정 · 서백당
양동리
산대리
대흥사
양월리
옥천 식육 식당
우향다옥
초원 식당
옥산리
28
하곡리
고향집 매운탕
승진 식당
안강역
안강읍사무소
제2강동대교
인동리
강동
인동대교
강동대교
안강대교
하곡지
68
안강 할매 고디탕
용운사
근계리
강교리
호명리
두류리
갑산리
대동리
7
경주 공
모서리
논실리
사방리
사방역
경주
일반 산
검단리
오야리
어림산
금곡산
래태리
청령리
남사리
남사리 북삼층석탑
최제우 유허비
남사리사지 삼층석탑
수운 최제우 태묘
무과리
소현리
라원리
나원사
나원리 오층석탑
신당리
천북
가정리
용담정
하구리
귀미산
나원역
진덕여왕릉
용명리
925
용강 산업 단지
형산강철교
금장리
20
서경주역
용림산
동국대 경주 캠퍼스
소금강산
경주 CC
송화산
경주 시청

북부권 하루 코스

양동 마을 → 흥덕왕릉 → 옥산 서원 → 독락당 → 정혜사지 십삼층석탑

북부권의 핵심은 양동 마을의 조선 시대 한옥과 서원 등을 둘러보는 것으로, 옛 선비들의 삶을 살펴보는 코스다. 양동 마을과 옥산 서원, 독락당은 버스를 이용한 대중교통으로 연결되나 중간의 흥덕왕릉은 안강읍에서 택시를 이용해야 한다. 그 밖에 진덕여왕릉, 용담정 등은 대중교통으로는 양동 마을과 함께 둘러보기 어려워 아쉬움을 남긴다.

출발!

양동 마을

조선 시대의 모습을 간직한 한옥 마을 산책 (2시간)

버스 30분 + 안강읍에서 택시 10분

흥덕왕릉

먼저 떠난 왕비를 끝까지 사랑한 로맨티스트 흥덕왕의 능 (30분)

택시 10분 + 안강읍에서 버스 30분

옥산 서원

조선 시대의 유학자 회재 이언적을 모시는 사액 서원 (20분)

도보 10분

독락당

이언적이 낙향하여 살았던 고택으로 보물 제413호 (15분)

도보 10분

도착!

정혜사지 십삼층석탑

독특한 이중 기단에 13층 탑신을 올린 통일 신라 때의 석탑 (30분)

양동 마을

조선 시대 촌락의 모습이 그대로

경주 설창산 자락에 위치한 민속 마을로, 경주 손씨와 여강 이씨가 모여 사는 한국 최대 규모의 집성촌이다. 그 시초는 540여 년 전 손소가 양동 마을로 장가오면서부터이다. 이후 손소의 외동딸에게 이번이 장가오면서 이곳은 손씨와 이씨의 집성촌을 이루게 되었다.

마을은 안계라는 시내를 경계로 상촌과 하촌으로 나뉘고 남과 북으로 남촌과 북촌이 나뉘며, 양반의 집은 높은 곳에 상민의 집은 낮은 곳에 위치한다. 500년이 넘은 고택이 54호, 양반가를 에워싼 초가가 110호 있고 문화재로는 국보 제283호 〈통감속편〉, 보물 제411호 무첨당, 보물 제412호 향단, 보물 제442호 관가정, 보물 제1216호 손소 영정, 중요 민속 자료, 도 지정 문화재 등이 있다.

양동 마을은 이조판서를 지낸 우재 손중돈(손소의 둘째 아들), 동방오현 중의 한 명인 회재 이언적(손소의 외손자) 등 여러 유명 인사를 배출했으며 조선 시대 양반가의 집이 잘 보존되어 있어 당시 주택의 구조와 생활상을 알 수 있는 역사 박물관이 되고 있다. 1984년 양동 마을 전체가 중요 민속 자료 제189호로 지정되었고 2010년에는 유네스코에 의해 '한국의 역사 마을: 하회와 양동'이란 명칭으로 세계 문화유산으로 등재되었다.

양동 마을에서는 전통 문화 체험, 한옥 체험, 승마 체험, 엿 만들기 등도 실시하고 있고, 단체 여행객이라면 해설사를 청해 설명을 들어도 좋다.

경주시 강동면 양동리 94, 경주 시내 북쪽 경주 고속터미널, 경주역(경주 우체국)에서 203번, 252번 버스 이용하여 양동 마을 하차 경주 고속터미널 또는 경주역에서 7번 국도 이용하여 양동 마을 방향 ₩ 입장료_성인 4,000원, 청소년 2,000원, 어린이 1,500원 / 체험_승마 10,000원, 엿 만들기 5,000원 09:00~19:00(매표는 18:00, 동절기 18:00, 매표는 17:00) ☎ 양동 마을 070-7098-3569, 010-3518-4184 / 체험 054-762-2633 yangdong.invil.org

추천 코스

1) 하촌 코스 : 30분 소요
안락정 → 이향정 → 강학당 → 심수정

2) 물봉골 코스 : 1시간 소요
무첨당 → 대성헌 → 물봉 고개 → 물봉동산 → 영귀정 → 설천정사

3) 수졸당 코스 : 30분 소요
경산서당 → 육위정 → 내곡동산 → 수졸당 → 양졸당

4) 내곡 코스 : 1시간 소요
근암 고택 → 상춘헌 → 사호당 → 서백당 → 낙선당 → 창은정사 → 내곡정

5) 두곡 코스 : 30분 소요
두곡 고택 → 영당 → 동호정

6) 향단 코스 : 1시간 소요
정충비각 → 향단 → 관가정 → 수운정

관가정

마을이 내려다보이는 언덕에 위치

양동 마을 입구 왼쪽의 낮은 언덕에 위치한 조선 중기의 건물로 보물 제442호이다. 이곳은 조선 성종·중종 때 문신 손중돈이 부친 손소로부터 분가해 살던 집이다. 손중돈은 조정에서 도승지, 대사간, 우참찬 등을 역임했고 중종 때 청백리로 이름을 높였으며 경주 동강 서원에 배향되어 있다. 관가정의 이름은 '곡식이 자라듯 자손이 커 가는 모습을 본다.'라는 뜻. 내부는 'ㅁ'자 구조이며, 중앙 중문을 사이에 두고 왼쪽이 사랑채, 오른쪽이 안채이다. 사랑채는 방 2칸, 대청 2칸의 누마루 형태이고, 안채는 부엌 위로 작은 대청 2칸, 방 2칸, 꺾여서 큰 대청 정면 3칸, 측면 2칸이며 안채와 사랑채는 광 2칸, 마루 1칸으로 연결된다. 관가정 대청에서 아래쪽을 바라보는 조망이 일품이다.

양동 마을 입구 왼쪽

향단

복합적인 구조를 자랑하는 고택

양동 마을 입구 왼쪽 낮은 언덕 위에 위치한 조선 중기의 건물로 보물 412호이다. 이언적이 경상감사로 부임한 1540년 건립한 것이라 하는데 손씨 종가 관가정을 의식한 건물이라는 이야기도 전해진다. 이언적은 조선 중기 중종 때의 문신으로 이조·형조·예조의 판서와 경상감사 등을 역임했고, 학자로서 기(氣)보다 리(理)를 중시하는 주리적 성리설을 주장하였으며 〈일강십목소〉, 〈구인록〉 등을 저술하였다. 향단은 원래 99칸이었으나 일부 불타 사라지고 현재는 56칸만 남아 있다. 향단은 마치 '日'를 옆으로 눕힌 듯한 구조를 하고 있는데, 낮은 쪽에는 동서로 9칸의 행랑칸이 있고, 높은 쪽에는 길이가 같고 폭이 더 넓은 본채가 자리한다.

양동 마을 입구 왼쪽

Travel Tips

한옥! 알고 감상하자!

한옥의 지붕은 그 모양에 따라 맞배지붕, 우진각지붕, 팔작지붕, 사모지붕 등이 있다. 이 중에서 흔히 볼 수 있는 것은 양면을 서로 맞댄 맞배지붕, 사면을 서로 맞댄 우진각지붕, 사면을 맞대고 양면을 처마 모양으로 뺀 팔작지붕(안압지 동궁) 등이다.

기둥은 사각 기둥(한옥), 원통 기둥(궁·사찰) 마름모꼴의 민흘림기둥, 중간이 볼록한 배흘림기둥(부석사) 등이 있다. 기둥과 지붕을 연결하는 것을 공포라고 하고 이는 지붕의 하중을 분산시키기 위한 것이다. 공포에는 주심포, 다포, 익공 등이 있고 주심포에서 익공으로 올수록 간단히 끼워 맞춘 것이다.

지붕 위 양면이 맞닿아 길게 이어진 것을 용마루라고 하고, 용마루 끝에 하늘로 치켜 올라간 장식을 망새 또는 치미(황룡사지 치미)라고 한다. 취두·용마루에서 길게 내려온 귀마루 위에 올라간 장식이 잡상이고, 잡상 앞의 마무리 기와는 도깨비 모양이나 글자가 있는 사래기와이다.

무첨당

시원하게 탁 트인 누마루와 대청

양동 마을 안계길 중간, 심수정 부근 왼쪽의 물봉 지역에 위치한 조선 중기의 별당 건물로 보물 제411호이다. 이 별당은 이언적의 가택 일부에 세운 것인데, 손님 접대, 쉼터, 책 읽기 등의 용도로 쓰이던 곳이다. 무첨당은 'ㄱ'자 구조로 정면 5칸, 측면 2칸, 누마루 정면 2칸, 측면 1칸이고 이 중에서 대청이 3칸이다. 넓은 대청이 시원하고 누마루도 대청 쪽으로 개방되어 있어 더욱 트인 느낌을 주며, 소박하면서도 세련된 건축미를 보여 주고 있다.

양동 마을 중간, 심수정 부근 왼쪽

심수정

한여름 시원한 누각에서 글 읽던 선비가 떠올라

양동 마을 안계길 중간에 위치한 조선 중기의 건물로 중요 민속 자료 제81호이다. 1560년경 이언괄을 추모하여 향단에 딸린 정자로 지었던 것인데, 원래 건물은 조선 철종 때 화재로 사라지고 현재의 건물은 1919년 복원한 것이다. 이언괄은 이언적의 아우로 형을 위해 벼슬을 사양하고 노모를 봉양한 것으로 이름이 높았다. 심수정은 정자와 행랑채로 되어 있고 모두 'ㄱ'자 구조를 하고 있다. 정자는 정면 5칸, 측면 1칸으로 마루 부분이 누각이고 행랑채는 정면 4칸, 측면 1칸이다. 삼수정에서 한여름 삼면이 트인 누각에서 글을 읽던 선비를 떠올려 보자.

양동 마을 안계길 중간, 오른쪽

서백당

사랑채와 안채가 분리된 전형적인 조선 시대 고택

양동 마을 안계길 안쪽, 두곡 고택 부근 왼쪽의 내곡 지역에 위치한 조선 중기의 가옥으로 중요 민속 자료 제23호이다. 1454년 조선 성종 15년 손소가 세웠으며, 월성 손씨 종택 또는 서백당이라 부른다. 서백당은 'ㅡ'자 구조의 문간채와 'ㅁ'자 구조의 안채, 사랑채 뒤쪽에 신문과 사당이 있다. 문간채는 정면 8칸, 측면 1칸이고, 안채는 문간채보다 약간 높은 지대에 있으며 정면 5칸, 측면 6칸이다.

양동 마을 안쪽, 두곡 고택 부근 왼쪽

천연기념물 제540호

경주의 개 동경이

양동 마을을 둘러보다가 어느 집에서 진돗개처럼 생겼으나 꼬리가 짧은 개를 봤다. 커다란 개집 앞 안내문에는 '경주 개, 동경이'라고 적혀 있었다. 동경이는 진돗개, 풍산개, 삽살개와 마찬가지로 우리나라 토종개이며, 천연기념물 제540호이다. 정식 명칭은 동경견(東京犬)이나 경주개, 댕견, 동경이, 댕갱이, 동개, 동동개 등으로도 불린다. 여기서 '동경'은 고려 시대 경주의 지명이다.

5~6세기 신라 고분에서 출토된 토우 중에서도 꼬리가 짧은 동경이를 볼 수 있고, 문헌상으로는 1669년 조선 현종 10년 〈동경잡기〉에서 동경이에 대한 기록을 볼 수 있다. 일제 강점기에 일본에서 신성시하는 개 고마이누와 닮았다고 하여 잡아 죽이기 시작해 멸종 위기에 몰렸으나, 근년에 '한국 경주 개 동경이 보존 협회'가 설립되어 동경이에 대한 연구, 보존 사업을 진행하고 있다.

동경이는 뒷다리가 튼튼하고 점프 순발력이 좋아서 사냥개로 쓰였던 개라고 한다. 성격은 진돗개보다 온순하고 주인에게 충성심이 강하다. 경주 여행지 중에는 이곳 양동 마을과 교동 마을의 최씨 고택에서 동경이를 볼 수 있다.

흥덕왕릉

한 부인만을 끝까지 사랑한 로맨티스트

신라 제42대 흥덕왕의 능으로 높이 6.4m, 지름 22.2m이다. 원형 봉분에 판석으로 호석을 두르고 호석 사이에 십이지신상을 새긴 탱석을 놓았으며 난간석을 설치하였다. 봉분 네 귀퉁이에는 돌사자, 봉분 앞에는 문인석과 무인석, 능비를 세웠다.

<삼국사기>에 따르면, 흥덕왕은 헌덕왕의 동생으로 826년 즉위하여 10년간 재위하였다. 흥덕왕 원년에 왕비인 장화 부인이 죽자 신하들이 새 왕비를 맞으라 권했다. 하지만 흥덕왕은 '새들도 짝을 잃으면 슬퍼하는데 어찌 좋은 배필을 잃고 무정하게 다시 부인을 얻겠는가?' 하고 사양하며 시녀조차 가까이 하지 않았다. 836년 흥덕왕 11년에 왕이 죽자 유언에 따라 장화 부인의 능에 합장했다고 전해진다.

<삼국유사>에는 이런 이야기가 나온다. 당나라에 사신으로 갔던 사람이 앵무새 한 쌍을 가져왔는데 얼마 지나지 않아 암놈이 죽자, 홀로 된 수놈이 슬피 울었다. 흥덕왕이 앵무새 앞에 거울을 놓아 주니 수놈이 제짝을 만난 듯 거울을 쪼아 대다가 거울에 비친 자신의 모습임을 알고 슬피 울다 죽었다고 한다. 흥덕왕이 이를 보고 자기 처지와 비슷하여 노래를 지었다고 하는데 노래의 가사는 전해지지 않는다.

경주시 안강읍 육통리 산42, 양동 마을 서쪽 경주 고속터미널, 경주역(경주 우체국)에서 201번 버스 이용하여 육통2리 하차, 도보 15분 경주 고속터미널 또는 경주역에서 7번 국도 이용하여 양동 마을 방향, 양동 마을에서 안강읍 거쳐 산대리 아파트 단지 방향, 산대1리 마을회관 거쳐 흥덕왕릉 방향

흥덕왕릉 명품 소나무 숲

구불구불 자란 소나무가 신비해

흥덕왕릉 주변의 소나무 숲을 말하는데, 마치 아지랑이가 올라가듯 구불구불한 형태의 소나무들이 숲을 이루고 있어 새벽안개와 합쳐지면 환상적인 풍경을 자아낸다. 흥덕왕릉을 돌아보고 나서, 장화 부인에 대한 흥덕왕의 사랑을 되새기며 명품 소나무 숲을 산책해도 좋을 것이다.

흥덕왕릉 앞

구강 서원

선비들이 성현을 모시고 유학을 논하던 곳

흥덕왕릉 남쪽에 위치해 있고 고려 후기의 학자인 익재 이제현을 모신 곳으로 1686년 조선 숙종 12년에 세워졌다. 이제현은 충선왕을 따라 원나라에 들어가 그곳 학자들과 학문을 논했고 성리학 도입과 보급에 힘을 썼으며 오랫동안 재상을 지냈다. 서원의 배치는 전학후묘(前學後廟) 형태로, 앞쪽에 공부를 하는 강당이 있고 뒤쪽에 제를 올리는 사당이 있다. 흥덕왕릉 가는 길에 들르기 좋고 서원 주위로 울창한 소나무 숲이 있어 숲길을 걸어도 괜찮다.

경주시 안강읍 양월리 649-3, 흥덕왕릉 남쪽 경주 고속터미널, 경주역(경주 우체국)에서 201번 버스 이용하여 육통 2리 하차, 양월1리 경로당·구강 서원 방향 도보 15분 경주 고속터미널 또는 경주역에서 7번 국도 이용하여 양동 마을 방향, 양동 마을에서 안강읍 거쳐 산대리 아파트 단지 방향, 아파트 단지에서 양월1리 경로당·구강 서원 방향

옥산 서원

유학자 이언적을 모신 사액 서원

조선 중기의 유학자 이언적을 모신 곳으로, 1572년 조선 선조 5년 경주부윤 이제민이 독락당 아래에 창건하였다. 1574년 선조 7년 임금으로부터 편액과 서책, 토지, 노비 등을 받아 사액 서원이 되었다. 이언적이 조선 중기 영남 사림의 시조이기 때문에, 이 서원은 조선 후기까지 영남 사림의 중심이 되었고 조선 말기 흥선 대원군의 사원 철폐에서도 살아남을 수 있었다.

옥산 서원은 앞쪽에 강학처를 두고 뒤쪽에 사당을 두는 전학후묘(前學後廟) 구조로, 정문인 역락문, 누각인 무변루, 강당인 구인당, 구인당 좌우에 있는 원생의 서재 겸 기숙사인 민구재와 암수재, 이언적의 사당인 체인묘가 있다. 옥산 서원은 어서각과 독락당에 많은 고서를 보관하고 있는 것으로 알려졌는데, 그중에서 보물 제524호 〈정덕계유사마방목〉은 현재까지 발견된 활자본 중 가장 오래된 것이다.

경주시 안강읍 옥산리 7, 양동 마을 서쪽 경주 고속터미널, 경주역(경주 우체국)에서 203번 버스 이용하여 옥산2리 하차, 도보 5분 경주 고속터미널 또는 경주역에서 7번 국도 이용하여 양동 마을 방향, 양동 마을에서 안강읍·옥산 서원 방향 054-762-6567

독락당

낙향한 이언적이 살던 고택

옥산 서원 위쪽에 위치한 조선 중기 때의 건물로 보물 제413호이다. 1532년경 이언적이 조정의 벼슬을 내놓고 이곳에 옥산정사와 독락당을 지은 뒤, 7년 동안 머물렀다. 옥산정사의 대문으로 들어가면 사랑채인 독락당으로 가는 길과 안채인 역락재로 가는 길이 나뉜다. 독락당은 정면 4칸, 측면 2칸으로, 현재는 정면 4칸 중 3칸이 대청이지만 예전에는 중앙의 2칸만 대청이었던 것으로 추측된다. 이곳의 현판과 편액 중에서 '옥산정사'는 퇴계 이황, '독락당'은 아계 이산해, 독락당의 별당인 '계정'은 석봉 한호, 계정의 작은 방인 '양진암'은 퇴계 이황이 쓴 것으로, 당대 내로라하는 대가들의 글씨를 비교해 볼 수 있어 흥미롭다. 현재 후손이 살고 있어 안쪽을 구경하기는 어렵다.

경주시 안강읍 옥산리 1600-1, 옥산 서원 위쪽 옥산서원에서 도보 10분 054-772-3843

정혜사지 십삼층석탑

이중 기단 위 십삼층석탑의 모습이 독특

통일 신라 때의 십삼층석탑으로 국보 제40호이고 옛 정혜사지에 있다. 십삼층석탑의 높이는 5.9m, 기단 너비는 2.1m이다. 기단에 긴 사각 기둥을 세우고 그 위에 탑신의 1층을 올렸는데 너비가 다른 층에 비해 크고 넓다. 2층부터는 1층에 비해 작은 정사각형 모양의 탑신이 조금씩 작아지며 올라가고 탑의 제일 위쪽의 상륜부는 사라지고 없다. 이런 형태의 탑은 우리나라에서 정혜사지 십삼층석탑이 유일하며, 탑의 층수가 10층 이상이라는 점에서 중국풍의 탑이라고 보는 견해가 있다.

정혜사라는 절에 대해서는 〈동경통지〉에 기록이 있는데, 780년 신라 선덕여왕 원년 당나라 백우경이 신라에 망명해 이곳에 집을 짓고 살다가 고쳐서 절로 삼았는데, 그 이름을 정혜사라 했다고 전해진다.

경주시 안강읍 옥산리 1655, 독락당 위쪽 독락당에서 도보 10분 054-779-6703

남사리 북삼층석탑

부족한 부분을 새 석재로 보완한 삼층석탑

남사리 마을 앞에 위치한 삼층석탑으로 통일 신라의 작품으로 추정되고, 일설에는 남산 장창곡의 사자사 터에서 옮겨졌다고도 한다. 북삼층석탑은 전형적인 이중 기단 위에 3층의 탑신을 올렸으나 탑 제일 위의 상륜부는 사라지고 없다. 일부 기단석과 탑신은 1995년 북삼층석탑을 복원할 때 새 석재를 사용해서 보충한 것이다.

경주시 현곡면 남사리 319-3, 남사리 마을 앞 경주 고속터미널, 경주역(경주 우체국)에서 230번 버스 이용하여 남사리 하차, 도보 3분 경주 고속터미널 또는 경주역에서 7번 국도 이용하여 황성 공원에서 좌회전, 서경주역 방향, 서경주역 지나 남사리 · 북삼층석탑 방향

남사리사지 삼층석탑

전형적인 이중 기단 삼층석탑의 교과서

남사리 북삼층석탑에서 마을 안쪽으로 들어간 곳에 위치한 삼층석탑으로 보물 제907호이고 통일 신라의 작품으로 추정된다. 삼층석탑의 높이는 4.07m, 기단 폭은 2.3m이다. 삼층석탑은 전형적인 이중 기단을 하고 있는데 하층 기단 네 귀퉁이와 귀퉁이 중간에 긴 사각 기둥(우주)을 세우고 그 사이에 판석(탱주)을 놓았으며, 상층 기단은 하층 기단 위에 다시 정방형의 판석을 올렸다. 상층 기단 위에 3층의 탑신을 올렸고 탑 제일 위의 상륜부는 사라지고 없다. 탑의 모양으로 볼 때 남사리 북삼층석탑과 매우 비슷하다.

경주시 현곡면 남사리 234-2, 남사리 마을 안쪽 남사리 마을에서 마을 안쪽으로 도보 20분

용담정

세상을 이롭게 하려던 최제우의 뜻

경주 구미산 자락에 위치한 천도교의 발상지로, 천도교의 시조인 수운 최제우가 전국을 떠돌다가 고향인 가정리에 돌아와 득도했다고 전해지는 곳이다. 용담정은 최제우가 죽은 뒤 황폐화되었다가 1947년부터 용담정, 용담서사, 용담 수도원, 포덕문, 최제우 유허비 등이 세워지며 천도교의 성지가 되었다.

최제우는 경주 현곡면 가정리의 쇠락한 유생 집안에서 태어나 어려서부터 한학을 익혔다. 일찍이 부모를 여의고 전국을 유랑하며 세상사를 살피다가 한 승려로부터 〈을묘천서〉라는 비서를 얻는 신비한 체험을 하고 1860년 용담정에서 득도하여 동학(천도교)을 창시했다고 한다. 이후 동학 포교를 하던 최제우는 1864년 경주에서 세상을 어지럽힌 죄로 체포되어 대구에서 41세의 나이로 처형되었다. 그는 포교를 위해 용담가, 안심가 등을 지었고 훗날 후계자인 최시형에 의해 동학 사상이 담긴 〈동경대전〉이 편찬되었다.

용담정 일대를 걸으며 '사람이 곧 하늘'이라는 천도교의 인내천 사상을 떠올려 보는 것은 어떨까. 용담정 인근에는 최제우가 묻힌 태묘와 최제우가 태어난 곳에 세워진 유허비가 있다.

경주시 현곡면 가정3리 363-1, 경주 시내 북서쪽 경주 고속터미널, 경주역(경주 우체국)에서 230번 버스 이용하여 가정3리 · 용담정 하차, 도보 20분 경주 고속터미널 또는 경주역에서 7번 국도 이용하여 황성 공원에서 좌회전, 서경주역 방향, 서경주역 지나 가정리 · 용담정 방향 054-745-5345 www.chondo.or.kr

진덕여왕릉

비담의 난을 제압한 여왕

경주시 현곡면 오류리에 위치한 신라 제28대 진덕여왕의 능으로 높이 4m, 지름 14.4m이다. 원형 봉분에 판석으로 호석을 둘렀고 호석 사이에 십이지신상을 새긴 탱석을 두었으며 난간석이 있었으나 사라지고 없다. 봉분 앞에 상석이나 돌사자, 문인석과 무인석 등도 보이지 않는다.

〈삼국사기〉에 따르면, 진덕여왕은 진평왕의 동생인 갈문왕 국반의 딸로 이름은 승만이다. 647년 비담이 반란을 일으킨 와중에 선덕여왕이 죽자, 그 뒤를 이어 즉위하여 반란을 진압하고 비담을 처형했다. 7년간 재위하면서 국력을 기르고 당나라와의 적극적 외교를 통해 고구려와 백제를 견제하여 삼국 통일의 기초를 닦았다. 654년 진덕여왕 8년 여왕이 죽자 사량부에 장사 지냈다고 전해지는데, 사량부는 경주 남쪽 흥륜사 부근을 말하니 이곳은 진짜 진덕여왕릉이 아니라는 주장도 있다.

경주시 현곡면 오류리 산48, 경주 시내 북서쪽 경주 고속터미널, 경주역(경주 우체국)에서 234번 버스 이용하여 오류리 하차, 도보 10분 경주 고속터미널 또는 경주역에서 7번 국도 이용하여 황성 공원에서 좌회전, 서경주역 방향, 서경주역 지나 금장 교차로에서 오류리 · 진덕여왕릉 방향

나원리 오층석탑

신라 석탑 중 세 번째로 높은 석탑

나원사 옆에 위치한 오층석탑으로 국보 제39호이고 통일 신라 때의 것으로 추정된다. 오층석탑의 높이는 9m로 감은사지 삼층석탑(13.4m), 고선사지 삼층석탑(9m) 다음으로 크다. 석탑은 전형적인 통일 신라의 이중 기단이며, 하층 기단과 상층 기단 사이의 네 귀퉁이와 중간에 석주를 세우고 그 사이에 판석을 놓았으며 그 위에 오층 탑신을 올렸다. 1996년 탑을 해체할 때 3층 탑신에서 금동불입상이 발견되어 국립 중앙 박물관에서 소장 중이다. 오층석탑은 오랜 세월이 지났음에도 돌에 이끼가 끼지 않아 나원백탑이라고도 부른다.

경주시 현곡면 나원리 676, 진덕여왕릉 북쪽 경주 고속터미널, 경주역(경주 우체국)에서 232번 버스 이용하여 나원사 하차, 나원사 방향 도보 10분 경주 고속터미널 또는 경주역에서 7번 국도 이용하여 서경주역 · 금장 교차로 방향, 금장 교차로에서 나원 교차로 방향, 나원 교차로에서 나원리 · 나원사 방향

꼭 가봐야 할 맛집

우향다옥

집에서 만든 청국장 맛이 일품

양동 마을에 있는 식당으로 옛 한옥에서 맛보는 식사가 이색적이다. 겨울이면 구들장에 불을 넣어 뜨끈한 가운데 내오는 음식에는 어머니의 정성이 담겨 있다. 정갈하게 만든 반찬이 맛이 있고 잘 끓인 된장국, 청국장도 먹을만하다.

경주시 강동면 양동리 143, 양동 마을 내 경주 고속터미널, 경주역(경주 우체국)에서 203번, 252번 버스 이용하여 양동 마을 하차 경주 고속터미널 또는 경주역에서 7번 국도 이용하여 양동 마을 방향 된장찌개 7,000원, 청국장 8,000원, 우향정식 14,000원 ☎054-762-8096

초원 식당

파전에 막걸리 한잔이면 기분 업!

양동 마을 안계길에 위치해 찾아가기 쉽고 야외 정자에 자리 잡으면 솔솔 부는 바람이 시원하다. 간단한 콩국수, 매생이굴탕부터 격식을 차린 연밥정식까지 다양한 한식을 낸다. 양동 마을을 구경한 뒤, 파전에 막걸리 한잔을 해도 즐겁다.

경주시 강동면 양동리 92, 양동 마을 내 경주 고속터미널, 경주역(경주 우체국)에서 203번, 252번 버스 이용하여 양동 마을 하차 경주 고속터미널 또는 경주역에서 7번 국도 이용하여 양동 마을 방향 콩국수 6,000원, 매생이굴탕 7,000원, 매생이칼국수 7,000원, 연밥정식 12,000원 ☎054-762-4436

승진 식당

시골 돼지두루치기의 맛

경주 안강읍 큰길에서 경주 방향 길가에 위치하고 있고 돼지두루치기를 전문으로 한다. 두루치기는 쇠고기나 돼지고기를 여러 채소와 섞어 볶아 먹는 요리를 말한다. 두툼하게 썬 돼지고기와 여러 채소를 볶고 있노라면 저절로 입안에서 군침이 돈다.

경주시 안강읍 안강리 351-8, 안강읍내 경주 고속터미널, 경주역(경주 우체국)에서 200번, 203번, 206번 버스 이용하여 백년 예식장 하차, 옥산 서원 방향, 사거리에서 좌회전하여 도보 5분 경주 고속터미널 또는 경주역에서 서경주역 · 금장 교차로 방향, 금장 교차로에서 안강읍 방향 돼지두루치기 15,000원, 공기밥 1,000원 ☎054-762-8598

옥천 식육 식당

돼지고기 넣고 보글보글 끓이는 돼지찌개

안강읍에서 옥산 서원 방향으로 큰길가에 있어 찾기 쉽고 돼지찌개, 소고기찌개를 전문으로 한다. 돼지찌개는 돼지고기를 큼지막하게 썰어 넣고 여러 채소와 함께 끓여 먹는 요리이다. 처음엔 많은 듯한 육수가 졸아들 때까지 기다렸다가 먹으면 되는데 돼지고기와 채소가 어우러진 맛이 일품이다. 점심 시간에는 인근 직장인, 노무사 등이 찾아 식당이 북적인다.

🏠경주시 안강읍 양월리 1137-11, 안강읍내 🚌경주 고속터미널, 경주역(경주 우체국)에서 200번, 203번, 206번 버스 이용하여 백년 예식장 하차, 옥산 서원 방향 🚗경주 고속터미널 또는 경주역에서 서경주역 · 금장 교차로 방향, 금장 교차로에서 안강읍 방향 🍲돼지찌개 6,000원, 곱창찌개 6,000원, 소고기찌개 9,000원, 공기밥 1,000원 ☎054-761-2154

고향집 매운탕

매콤한 매운탕도 좋고 고디탕도 좋고

안강 매운탕 단지 내에 위치한 매운탕집으로 신선한 민물고기를 이용한 매운탕을 내고 있다. 안강 매운탕 단지는 안강읍에서 옥산 서원 가는 길에 있고 여러 매운탕 식당들이 단지를 이루고 있다. 매운탕 외에도 간단히 먹을 수 있는 칼국수, 고디탕 등을 하고 있으니 지나는 길에 들를 만하다.

🏠경주시 안강읍 두류리 151-4, 안강 매운탕 단지 내 🚌경주 고속터미널, 경주역(경주 우체국)에서 205번, 207번, 208번 좌석버스 이용하여 매운탕 단지 하차 🚗경주 고속터미널 또는 경주역에서 서경주역 · 금장 교차로 방향, 금장 교차로에서 안강읍 방향, 안강읍 지나 옥산 서원 방향 🍲메기매운탕(소) 20,000원, 잉어찜(소) 30,000원, 고디탕 8,000원, 공기밥 1,000원 ☎054-762-9696

안강 할매 고디탕

할매가 끓여 주는 고디탕은 무슨 맛?

안강 매운탕 단지 지나서, 길가에 위치한 식당으로 고디탕을 전문으로 한다. 고디는 다슬기를 뜻하는 경상도 사투리다. 고디탕은 잘 씻은 고디에 들깨, 시래기 등을 넣고 끓인 국으로 시원한 국물이 일품이다. 술 마신 뒤, 해장으로도 좋다.

🏠경주시 안강읍 하곡리 627, 안강 매운탕 단지 지나 🚌경주 고속터미널, 경주역(경주 우체국)에서 207번, 208번 좌석버스 이용하여 하곡 하차, 도보 5분 🚗경주 고속터미널 또는 경주역에서 서경주역 · 금장 교차로 방향, 금장 교차로에서 안강읍 방향, 안강읍 지나 옥산 서원 방향 🍲고디탕 8,000원, 고디비빔밥 12,000원, 고디무침(소) 20,000원 ☎054-762-0352

경주의 특별한 숙소

게스트하우스

경주의 게스트하우스는 일반 가옥을 개조한 소규모 업소부터 여관이나 모텔을 리모델링한 대형 업소까지 다양하다. 대부분의 게스트하우스는 주방과 욕실을 갖추고 있고 조식을 제공하는 곳이 많아 편리하다. 와이파이나 간단한 여행 정보를 검색할 수 있는 공용 컴퓨터는 기본으로 갖춰져 있으며, 업소에 따라 무료 자전거를 대여해 주기도 한다. 여행자 간의 가족적인 분위기를 원한다면 소규모 업체를, 조금 더 편리한 시설을 원한다면 대형 업소를, 고도 경주의 분위기를 체험하고자 한다면 한옥 게스트하우스를 선택한다. 자세한 사항은 각 게스트하우스의 홈페이지를 참고한다.

사랑방

온돌방에서 등을 지지고 싶은 사람에게 적격

경주 고속터미널 건너편 골목 안에 위치한 한옥 게스트하우스로, 한옥을 개조해 온돌방 게스트하우스로 만들었다. 각 방에 개별 화장실이 있고 공동 주방에서 음식을 조리할 수도 있다. 무엇보다 경주 고속터미널에서 가깝다는 점이 장점.

경주시 사정동 61-6, 경주 고속터미널 길 건너 골목 안 경주 고속터미널에서 원조 찰보리빵 방향, VIP 렌트카 골목 안 도보 5분 ₩ 한실(2인)_50,000원, 성수기 60,000원 ☎ 010-4336-1711, 010-7704-7046 blog.naver.com/mydolmen

청춘 게스트하우스

경주 고속터미널에서 가까운 게스트하우스

노서리 고분 서쪽에 위치한 게스트하우스로 2인실, 4인실, 8인실 등 3개의 객실을 운영한다. 토스트 조식을 제공하고, 부대시설 중 뚜벅이족을 위한 족욕기가 눈에 띈다. 노서리 고분 옆에 있어 대릉원, 황리단길 등으로 가기 편리하다.

경주시 노서동 태종로 727번길 31 경주 고속터미널에서 노서리 고분 방향 직진 후 서라벌 사거리에서 좌회전, 청춘 게스트하우스 방향 도보 11분 / 택시 5분 ₩ 도미토리_8인실 18,000원, 4인실 20,000원, 2인실 50,000원 ☎ 054-744-0909 www.dreamer09.kr

산타

경주 번화가에 위치, 번화가 구경이 덤

경주 시내인 원효로가 빌딩 3층에 위치한 게스트하우스로, 경주 시내 한복판에 있어 시내 구경을 하기에 좋고 경주 고속터미널이나 경주역으로 가기에도 편리하다. 와이파이가 되는 거실 겸 주방에서 여행 정보를 검색하거나 다른 지역에서 온 친구들과 대화를 나누기도 좋다. 건물 밖에 표지판이 없으므로 길을 찾지 못할 때 주인에게 전화를 하자.

경주시 황오동 232, 원효로가 용가리 노래연습장 3층 경주 고속터미널에서 60번, 300번, 500번 버스 이용, 구시청 하차. 황남빵 골목으로 직진, 원효로 사거리에서 우회전 경주 고속터미널 또는 경주역에서 천마총(대릉원) 후문 방향, 천마총 후문에서 황남빵 골목 ₩ 도미토리 15,000원 ☎ 070-8922-6448 ⓘ www.guesthousesanta.com

바람곳

여행을 아는 주인장의 따뜻한 환영

경주 시내인 원효로 동쪽 입구에 위치한 게스트하우스로 본관 1, 2층과 가정집을 개조한 별관으로 이루어져 있다. 본관 1층에 이색적으로 꾸며진 넓은 마루방이 있어 여행자들이 모여 술 한잔을 하거나 대화를 나누기 좋다. 경주역과 팔우정 해장국 거리와도 가깝다.

경주시 황오동 287, 원효로가 경주 고속터미널에서 10번, 11번, 100, 150번 버스 이용, 경고 지하도 하차, 원효로가 도보 5분 / 경주역에서 도보 10분 경주 고속터미널 또는 경주역에서 팔우정 방향 ₩ 본관 도미토리_20,000원 / 별관 도미토리(여성 전용)_평일 15,000원, 주말 18,000원 ☎ 054-771-2589 ⓘ cafe.naver.com/baramgot

늘해랑

최신 시설을 자랑하는 신설 게스트하우스

팔우정 해장국 거리 부근에 게스트하우스가 신설되어 깨끗한 내외관을 자랑한다. 넓은 휴게실에서 여행객들과 대화를 나누기 좋고 경주역이나 팔우정 해장국 거리와도 가깝다. 도보로 노서동·노동동 고분군, 대릉원, 첨성대 등을 구경하기도 편리하다.

경주시 황오동 117-2, 팔우정 해장국 거리 부근 / 경주 고속터미널에서 60번, 61번, 500번 버스 이용하여 팔우정 하차, 우성 새마을 금고 방향 도보 5분 / 경주역에서 도보 10분 / 경주 고속터미널 또는 경주역에서 팔우정 방향 ₩ 도미토리_6인실 18,000원, 4인실 20,000원 / 더블룸_50,000원 ☎ 070-4125-0673 blog.naver.com/nulhaerang9

경주 관광

가까운 중앙 시장 나들이에 좋아

중앙 시장 부근에 위치한 게스트하우스로 모텔을 개조해 수용 인원이 많고 시설이 깨끗하다. 공동 주방에서 간단한 음식을 해 먹을 수 있고 휴게실에서 여행객과 대화를 나누기도 좋다. 인근에 중앙 시장, 경주 시내, 노서동·노동동 고분군 등이 있어, 경주 여행 후 숙소로 돌아와서 주변을 산책하기 편하다.

경주시 노서동 27-1, 중앙 시장 사거리 부근 / 경주 고속터미널에서 10번, 11번, 203번 버스 이용하여 대구 은행 하차, 큰길에서 한 블록 안쪽 길, 도보 5분 / 경주 고속터미널에서 서라벌 사거리 방향, 서라벌 사거리에서 중앙 시장 방향, 중앙 시장에서 경주역 방향 / 경주역에서 중앙 시장 방향 ₩ 도미토리 18,000원, 더블베드룸 45,000원, 5인실 90,000원 ☎ 054-771-4911, 017-530-4911 gj-tghouse.com

모모제인

가족적인 분위기를 찾는다면

경주 시내인 동성로 골목 안에 위치한 게스트하우스로, 경주 관광지를 둘러본 뒤 경주 시내를 돌아보기 좋고 경주역이나 성동 시장과도 가깝다. 동성로 루머팡 골목 안에 있으나 찾기 어려울 경우 주인장에게 전화를 하자.

경주시 황오동 216-2, 동성로 골목 안 / 경주 고속터미널에서 10번, 11번, 100, 150번 버스 이용하여 경주 우체국 하차, 동성로 루머팡 골목 안 도보 5분 / 경주역에서 도보 10분 / 경주 고속터미널에서 경주 우체국·경주역 방향 ₩ 도미토리_남성 20,000원, 여성 15,000원 / 더블룸_비수기 40,000~50,000원, 성수기 50,000~60,000원 ☎ 010-5516-7778 www.momojein.co.kr

프랜드

넓은 휴게실과 주방이 편리해

경주역 앞 화랑로가 골목 안에 위치한 대형 게스트하우스로 모텔을 리모델링하여 최신 시설을 자랑한다. 컴퓨터, 대형TV가 있는 거실과 주방이 있어 친구들과 대화를 하거나 간단한 음식을 조리할 수도 있다. 경주역과 성동 시장, 경주 시내가 가까워 돌아보기 좋다.

경주시 황오동 203-23, 경주역 앞 화랑로가 / 경주 고속터미널에서 10번, 11번, 100번, 150번 버스 이용하여 경주 우체국 하차, 큰마디 병원 옆 골목 안 도보 5분 / 경주역에서 도보 10분 / 경주 고속터미널에서 경주 우체국·경주역 방향 / ₩ 도미토리 16,000~18,000원, 2인실 45,000원, 4인실 60,000원 / ☎ 054-620-8559 / www.gjfriend.com

경주

자전거 대여에 바비큐 파티까지

경주역에서 팔우정 방향에 위치한 대형 게스트하우스로 모텔을 리모델링하여 최신 시설을 자랑한다. 무료 음식 제공, 세탁기와 로커 사용, 자전거 대여(1일 5,000원), 바비큐 파티(숯불, 석쇠 10,000원) 등의 다양한 서비스도 실시한다.

경주시 황오동 138-2, 황오리 지하도 부근 / 경주 고속터미널에서 10번, 11번, 100, 150번 버스 이용하여 경고 지하도 하차, 길 건너 도보 3분 / 경주역에서 도보 10분 / 경주 고속터미널 또는 경주역에서 황오리 지하도 방향 / ₩ 도미토리_10인실 18,000원, 4인실 20,000원 / 트윈룸 50,000원 / 트리플룸 65,000원 / ☎ 054-745-7100 / www.gjguesthouse.com

경주 여행

가까운 성동 시장 구경에 좋아

경주역 앞에 위치한 대형 게스트하우스로 모텔을 리모델링해 시설이 좋다. 넓은 거실 겸 주방에서 여행자들과 대화를 나누거나 음식을 조리할 수 있고 경주역 및 성동 시장과도 가깝다. 경주역에서 도보로 갈 수 있고 성동 시장 건너 시내 구경하기도 편하다.

경주시 성동동 84-1, 경주역 앞 복성로가 / 경주 고속터미널에서 60번, 61번 버스 이용하여 경주역 하차, 도보 5분 / 경주역에서 도보 10분 / 경주 고속터미널에서 경주역 방향 / ₩ 도미토리_4인·6인실 20,000원 / 더블룸_주중 40,000원, 주말 50,000원 / 3~4인룸_주중 60,000원, 주말 70,000원 / ☎ 010-2291-5364 / www.gtguesthouse.net

달이 차오른다 가자

경주 고속터미널 뒤에 있어 편리한 교통

경주 고속터미널에서 3분 거리에 있는 게스트하우스다. 객실은 도미토리, 2~3인실 2층 침대, 2~4인실 온돌, 5~6인실 2층 침대 방으로 되어 있다. 도미토리나 방이나 모두 2층 침대방이다. 간단한 아침을 제공하고, 자체 투어 상품도 운영한다.

경주시 금성로 247번길 28-2 경주 고속터미널 뒤쪽, 게스트하우스 방향 도보 3분 ₩ 월~목_도미토리(6인실) 13,000원, 2~3인실 33,000원, 2~4인실 35,000원, 5~6인실 60,000원 ☎ 010-9998-0663 www.dalgagye.com

달모루

가까운 대릉원으로 가기 좋은 곳

경주시 황남동 남부 새마을 금고 앞에 위치한 한옥 게스트하우스로 한옥을 리모델링하여 예스러운 멋을 낸다. 주택가에 있어 조용하고 한산한 분위기를 내고 대릉원 정문과 가까워, 대릉원과 첨성대, 경주 월성을 돌아보기 편하다.

경주시 황남동 227-9, 남부 새마을 금고 앞 경주 고속터미널, 경주역에서 500번, 502번, 505번 버스 이용하여 황남 시장 하차, 황남 떡집 골목, 도보 10분 경주 고속터미널 또는 경주역에서 내남 사거리 방향, 내남 사거리에서 황남 시장 방향, 황남 시장 가는 길에서 황남 떡집 골목으로 ₩ 평일_트윈 55,000~60,000원, 패밀리(4인) 90,000원 / 한복 대여_1시간 10,000원, 1일 50,000원 ☎ 010-8590-0736 blog.naver.com/bbongye

사랑채

전통 한옥 체험에 적격인 곳

달모루 부근에 위치한 고택으로 부뚜막에서 불을 때는 온돌방이 있는 곳이다. 예스러운 한옥이 인상적이고 대릉원 정문과 가까워 대릉원, 첨성대, 경주 월성 등을 돌아보기도 좋다. 한옥에 익숙하지 않은 아이들을 위한 전통 숙소 체험으로도 괜찮을 듯.

경주시 황남동 238-1, 달모루 부근 달모루에서 도보 3분 ₩ 한실(2인실) 30,000~35,000원, 가족실 50,000원 ☎ 054-773-4868

락희원

편리해진 개량 한옥에서의 하룻밤

대릉원 정문 부근에 위치한 한옥 게스트하우스로 'ㄷ'자 형태로 건물이 배치되어 마당을 품은 형상이다. 온돌방이 있는 한옥에서 하룻밤을 보내는 것이 색다르고 대릉원 정문과 가까워 대릉원, 첨성대, 경주 월성 등을 둘러보기 좋다.

🏠 경주시 황남동 214-2, 대릉원 정문 부근 골목 안 🚌 경주 고속터미널, 경주역에서 60번, 61번, 70번 버스 이용하여 신라회관 앞(대릉원 정문) 하차, 정류장 옆 골목 안 도보 5분 🚗 경주 고속터미널 또는 경주역에서 내남 사거리 방향, 내남 사거리에서 황남 시장 방향, 황남 시장 지나 대릉원 정문 방향 ₩ 황토방(2인실)_주중 40,000~50,000원, 금·주말·성수기 50,000~60,000원 / 4인실_주중 70,000원 금·주말·성수기 80,000원 ☎ 054-744-6295

꽃자리

깔끔한 한옥에서 지내고 싶은 사람에게 좋은 곳

대릉원 정문 옆 숭혜전은 미추왕을 기리기 위한 곳이고 그 옆에 한옥 게스트하우스가 자리 잡고 있다. 주택가에 위치해 한적하고, 대릉원 정문과 가까워 대릉원, 첨성대, 경주 월성 등을 둘러보기 좋다. 게스트하우스 옆에 봄날이라는 한옥 카페가 있어 들를 만하다.

🏠 경주시 황남동 221-14, 대릉원 숭혜전 옆 🚌 경주 고속터미널, 경주역에서 60번, 61번, 70번 버스 이용하여 신라회관 앞(대릉원 정문) 하차, 대릉원 정문 옆 숭혜전 골목 안 도보 10분 🚗 경주 고속터미널 또는 경주역에서 내남 사거리에서 황남 시장 방향, 황남 시장 지나 대릉원 정문 방향 ₩ 한실_주중·비수기 60,000원, 주말·성수기 70,000원 ☎ 070-7136-8995 ℹ www.floralspace.co.kr

라온

마당 넓은 한옥에서의 하룻밤

경주 황남동 주민센터 부근에 위치한 한옥 게스트하우스로 넓은 마당이 있어 문을 열고 내다보기 좋다. 주택가에 위치해 조용하고 대릉원 정문과 그리 멀지 않아 대릉원, 첨성대 일대를 둘러보기 좋다. 인근에 외국인을 위한 게스트하우스 '호모 노마드'가 있다.

🏠 경주시 사정동 152, 황남동 주민센터 부근 🚌 경주 고속터미널, 경주역에서 60번, 61번, 70번 버스 이용하여 황남동 주민센터 하차, 정류장에서 골목 안쪽으로 도보 5분 🚗 경주 고속터미널 또는 경주역에서 내남 사거리에서 황남 시장 방향, 황남 시장 지나 좌회전, 라온 방향 ₩ 작은방_주중 50,000원, 주말 60,000원 / 큰방_주중 60,000~70,000원, 주말 70,000~80,000원 ☎ 010-7625-4368 ℹ www.raonpen.kr

펜션

경주의 펜션은 펜션 마을이라고 해서 단지를 이룬 경우가 많다. 이들 펜션 마을은 대개 보문호 주위에 모여 있어 보문 단지, 불국사, 경주 시내 여행을 하기에 편리하다. 펜션의 시설은 날로 발전해 기존에는 객실과 바비큐 시설이 전부였던 것에서 벗어나 일부 펜션에는 야외 수영장이나 스파 욕조를 갖춘 곳도 있다. 물론 야외 수영장이나 스파 욕조가 있는 경우에는 그렇지 않은 경우에 비해 가격이 조금 더 비싸다. 아울러 펜션 주위에는 이렇다 할 마트가 없으므로 펜션 오는 길에 먹거리나 필요한 물품을 챙겨 오면 두 번 발걸음을 할 일이 없다. 자세한 사항은 각 펜션의 홈페이지를 참고한다.

디아망

노천 스파, 물놀이장 등 부대시설이 좋은 곳

보문 펜션 마을에 위치한 펜션으로 브라운 컬러의 외관에 럭셔리한 내부를 자랑한다. 펜션 내에는 노천 스파와 작은 놀이장이 있어 연인이나 아이들이 이용하기 좋다. 인근에 진평왕릉와 설총 묘가 있어 들를 만하고 보문 단지도 멀지 않다.

경주시 보문동 244-3, 보문 펜션 마을 내 경주 고속터미널, 경주역(경주 우체국)에서 10번, 100번, 150번 버스 이용하여 보문 마을 하차, 보문 마을 방향 도보 10분 경주 고속터미널 또는 경주역에서 보문 단지 방향, 보문 단지 가기 전 우회전, 보문마을 방향 ₩ 비수기_주중 70,000~170,000원, 주말 90,000~210,000원 / 노천 스파 1인 6,000원 / 자전거 대여 무료 ☎ 054-749-1119, 010-8000-9797 www.idiamang.com

은하수 펜션

밤하늘 은하수를 보기 좋은 펜션

넓은 마당이 있는 유럽풍 목조 건물로 된 펜션이다. 객실은 깔끔한 인테리어로 되어 있어 편안한 잠자리를 보장한다. 작은 부엌이 있어 손수 음식을 조리해 먹을 수도 있다. 보문 마을 버스정류장에서 픽업 서비스도 제공한다.

경주시 보문마을4길 14-17, 보문 펜션 마을 내 경주 고속터미널, 경주역(경주 우체국)에서 10번, 100번, 150번 버스 이용하여 보문 마을 하차, 보문 마을 방향 도보 20분 경주 고속터미널 또는 경주역에서 보문 단지 방향, 보문 단지 가기 전 우회전, 보문 마을 방향 ₩ 비수기_주중 70,000~150,000원, 금요일 80,000~160,000원, 주말 100,000~180,000원 ☎ 054-749-1059 www.lovelypen.kr

보문 남촌

바비큐 때 주인장이 기른 채소를 맛볼 수 있는 곳

보문 펜션 마을 내에 위치한 펜션으로 외부에서 볼 때 잘 지어진 빌라 같은 느낌이 난다. 실내는 널찍하고 깔끔하게 꾸며져 있으며, 바비큐 때는 주인이 직접 기른 채소를 무료로 제공한다. 인근 설총 묘와 진평왕릉으로 산책을 나가기도 좋다.

🏠 경주시 보문동 547, 보문 펜션 마을 내 🚌 경주 고속터미널, 경주역(경주 우체국)에서 10번, 100번, 150번 버스 이용하여 보문 마을 하차, 보문 마을 방향 도보 20분 🚗 경주 고속터미널 또는 경주역에서 보문 단지 방향, 보문 단지 가기 전 우회전, 보문 마을 방향 ₩ 비수기_주중 80,000~120,000원, 금요일 100,000~140,000원, 주말 130,000~180,000원 / 준성수기_주중 130,000~160,000원, 금요일·주말 150,000~200,000원 / 성수기 150,000~220,000원 / 바비큐 준비 10,000원, 채소 무료 ☎ 054-772-6060, 010-2510-6060 ℹ www.ncpension.com

티아라

연인들을 위해 최적화된 펜션

보문 북군동 펜션 마을 내에 위치한 펜션으로 대부분의 객실이 2인용이어서 연인을 위한 펜션이라고 할 수 있다. 각 룸에는 제트스파 또는 히노키탕이 설치되어 색다른 경험을 할 수 있고 마당에 수영장이 있어 한여름 물놀이에도 좋다. 마을 입구까지 픽업 서비스를 해 준다.

🏠 경주시 북군동 488-7, 북군동 펜션 마을 내 🚌 경주 고속터미널, 경주역(경주 우체국)에서 10번, 700번 버스 이용하여 북군 홍보 마을 하차, 북군 펜션 마을 방향 도보 20분 🚗 경주 고속터미널 또는 경주역에서 보문 단지 방향, 보문 단지에서 북군 펜션 마을 방향 ₩ 비수기_주중 80,000~180,000원, 금요일 100,000~200,000원, 주말 140,000~220,000원 / 준성수기_주중 150,000~230,000원, 주말 170,000~260,000원 / 성수기_주중 150,000~230,000원, 주말 170,000~260,000원 ☎ 054-771-1900, 010-2569-5176 ℹ www.lhotsepension.com

스텔라

야외 수영장이 있어 아이들이 놀기 좋은 곳

북군동 펜션 마을 내 위치한 펜션으로 여러 동의 원색 펜션 건물로 되어 있다. 마당에 수영장을 갖추고 있어 한여름에 물놀이하기 좋고 펜션 내 노래방에서 즐거운 시간을 보낼 수도 있다. 펜션 마을에서 보문 단지, 대릉원 방향으로 나가기도 편리하다. 마을 입구까지 픽업 서비스를 해 준다.

🏠 경주시 북군동 515-1, 북군동 펜션 마을 내 🚌 경주 고속터미널, 경주역(경주 우체국)에서 10번, 700번 버스 이용하여 북군 홍보 마을 하차, 북군 펜션 마을 방향 도보 20분 🚗 경주 고속터미널 또는 경주역에서 보문 단지 방향, 보문 단지에서 북군 펜션 마을 방향 ₩ 비수기_주중 60,000~260,000원, 주말 110,000~330,000원 / 준성수기_주중 100,000~300,000원, 주말 130,000~350,000원 / 성수기_주중 170,000~400,000원, 주말 170,000~400,000원 / 바비큐 준비 10,000원 ☎ 054-771-1885, 010-3672-2888 ℹ www.stellaps.com

별그린

무료 자전거를 대여해 주는 곳

북군동 펜션 마을 내에 위치한 펜션으로 원색의 펜션 건물이 예쁘고 실내도 럭셔리하게 꾸며져 있다. 펜션 내 수영장이 있어 한여름에 물놀이하기 좋고 무료로 자전거를 대여해 동네를 돌아다닐 수도 있다. 시내에서 픽업 서비스(홈페이지 참조)도 실시한다.

🏠 경주시 북군동 515-6, 북군 펜션 마을 내 🚌 경주 고속터미널, 경주역(경주 우체국)에서 10번, 700번 버스 이용하여 북군 홍보 마을 하차, 북군 펜션 마을 방향 도보 20분 🚗 경주 고속터미널 또는 경주역에서 보문 단지 방향, 보문 단지에서 북군 펜션 마을 방향 ₩ 비수기_주중 70,000~250,000원, 주말 120,000~350,000원 / 준성수기_주중 110,000~330,000원, 주말 140,000~390,000원 / 성수기 180,000~430,000원 / 바비큐 준비 10,000원 ☎ 054-749-8883, 010-2613-2091 ⓘ www.byulps.com

보문 프로포즈 펜션

제트 스파에서 여행 피로 풀기 좋아

A~C동까지 3개의 건물로 된 대형 펜션으로, 각 객실마다 월풀인 제트 스파가 설치되어 있다. 욕조에 앉아 세찬 물보라를 맞으며 여행의 피로를 풀기에 적당하다. 마당에 개폐식 지붕이 있는 수영장도 있어 사계절 수영을 즐기기도 좋다.

🏠 경주시 천북면 목실길 14-25, 물천리 펜션 마을 내 🚌 경주 고속터미널, 경주역(경주 우체국)에서 16번, 277번 버스 이용하여 물천리 하차, 도보 5분 🚗 경주 고속터미널 또는 경주역에서 보문 단지 방향, 한화 콘도 지나 물천리 방향 ₩ 비수기_주중 70,000~120,000원 ☎ 010-3243-4477 ⓘ propose11.co.kr

와우 하우스

편안한 가족 호텔 같은 펜션

넓은 객실에 편안한 침대, 스파 욕조, 부엌을 갖추고 있어 호텔 시설이 부럽지 않다. 고급형 객실은 투룸이어서 가족 여행에도 적합하다. 개별 야외 바비큐 공간에서 고기를 구워 먹기도 좋다. 하일라 콘도나 한화 콘도 하차 시 픽업 서비스도 제공한다.

🏠 경주시 천북면 목실길 14-44, 물천리 펜션 마을 내 🚌 경주 고속터미널, 경주역(경주 우체국)에서 16번, 277번 버스 이용하여 물천리 하차, 도보 5분 🚗 경주 고속터미널 또는 경주역에서 보문 단지 방향, 한화 콘도 지나 물천리 방향 ₩ 비수기_주중 130,000~230,000원 ☎ 010-9870-5023 ⓘ gywow.pstoz.com

시크릿

월풀 욕조에서 물장난하기 좋아

물천리 펜션 마을 내에 위치한 펜션으로 원색으로 칠해진 실내가 예쁘고 일부 객실에는 월풀 욕조가 설치되어 있어 색다른 경험을 할 수 있다. 고기와 채소, 양념을 준비하여 야외에서 바비큐를 해 먹어도 즐겁다. 펜션에서 보문 단지로 나가기도 편리하다.

🏠 경주시 천북면 물천리 882, 물천리 펜션 마을 내 🚌 경주 고속터미널, 경주역(경주 우체국)에서 16번, 277번 버스 이용하여 물천리 하차, 도보 5분 🚗 경주 고속터미널 또는 경주역에서 보문 단지 방향, 한화 콘도 지나 물천리 방향 ₩ 비수기_주중 90,000~140,000원, 주말 120,000~180,000원 / 준성수기_주중 130,000~200,000원, 주말 140,000~200,000원 / 성수기_160,000~220,000원 / 바비큐 준비 10,000원 ☎ 054-773-6555, 010-9362-8769 ℹ www.secretpen.kr

프린세스

무료 자전거 타고 동네 한 바퀴

보문 물천지 연못 지난 곳에 위치한 펜션으로 주위가 산으로 둘러싸여 있어 조용하다. 각 객실은 독립된 발코니가 있어 개별 야외 바비큐가 가능하고 펜션에서 무료로 자전거를 대여해 준다. 낚시에 취미가 있다면 물천지에서 낚시를 해 보아도 좋다.

🏠 경주시 천북면 물천리 241-2, 손곡·물천지 펜션 마을 내 🚌 경주 고속터미널, 경주역(경주 우체국)에서 16번, 277번 버스 이용하여 물천 마을 하차, 물천지 방향 도보 20분 🚗 경주 고속터미널 또는 경주역에서 보문 단지 방향, 한화 콘도 지나 물천리 방향, 물천리에서 물천 마을·물천지 방향 ₩ 비수기_주중 60,000~70,000원, 주말 120,000~130,000원 / 준성수기_주중 90,000~100,000원, 주말 150,000~160,000원 / 성수기_주중 110,000~120,000원, 주말·극성수기 160,000~170,000원 ☎ 010-9256-7004 ℹ www.princesspen.com

또 다른 세상

인근 물천지에서 저녁거리 낚시

물천지 펜션마을 내에 위치한 펜션으로 전 객실에 테라스가 있어 개별적으로 야외 바비큐를 할 수 있다. 펜션에서 자전거, 닌텐도 게임기를 무료 대여해 주고 픽업 서비스(홈페이지 참조)도 실시한다. 낚시에 소질이 있다면 물천지에서 저녁거리를 낚아도 좋다.

🏠 경주시 천북면 물천리 241-5, 물천지 펜션 마을 내 🚌 경주 고속터미널, 경주역(경주 우체국)에서 16번, 277번 버스 이용하여 물천 마을 하차, 물천지 방향 도보 20분 🚗 경주고속터미널 또는 경주역에서 보문 단지 방향, 한화 콘도 지나 물천리 방향, 물천리에서 물천 마을·물천지 방향 ₩ 비수기_주중 50,000~120,000원, 금요일 60,000~140,000원, 주말 110,000~180,000원 / 준성수기_주중 70,000~150,000원, 주말 130,000~200,000원 / 성수기_주중 110,000~180,000원, 주말 140,000~220,000원 / 극성수기_160,000~250,000원 ☎ 010-6532-6306 ℹ www.ddworld.kr

다정다감(다다 하우스)

미니 당구장에서 포켓볼 한 게임

물천지 펜션 마을 내에 위치한 펜션으로 브라운 컬러의 2층 건물이 예쁘고 실내도 아기자기하게 꾸며져 있다. 펜션에서 자전거를 무료로 대여해 주고 미니 당구당에서 포켓볼을 즐길 수 있다. 펜션에서 보문 단지로 나가기도 편리하다.

경주시 천북면 물천리 241-1, 물천지 펜션 마을 내 경주 고속터미널, 경주역(경주 우체국)에서 16번, 277번 버스 이용하여 물천 마을 하차, 물천지 방향 도보 20분 경주 고속터미널 또는 경주역에서 보문 단지 방향, 한화 콘도 지나 물천리 방향, 물천리에서 물천마을·물천지 방향 ₩ 비수기_주중 60,000~80,000원, 주말 120,000~130,000원 / 준성수기_주중 90,000~ 100,000원, 주말 130,000~ 140,000원 / 성수기_주중 130,000~140,000원, 주말·극성수기 150,000~160,000원 ☎ 054-776-9658, 010-9307-4370 www.dadahouse.net

보문 호수 펜션

보문 단지 접근성이 좋은 펜션

캐나다 수입 원목으로 지은 펜션으로, 은은하게 풍기는 나무 냄새가 인상적이다. 정갈하게 정리된 객실에서 쉬기 편하고, 마당에서 바비큐를 즐기기도 괜찮다. 펜션에서 바로 보문 단지와 연결되므로 교통이 편리하다.

경주시 경감로 504-24, 천군동 펜션 마을 내 경주 고속터미널, 경주역(경주 우체국)에서 100번, 130번, 150번 버스 이용하여 서라벌 초교 앞 하차, 도보 5분 경주 고속터미널 또는 경주역에서 보문 단지 방향, 경주 월드 지나 천군동 방향 ₩ 비수기_주중 65,000~120,000원, 금요일 80,000~130,000원, 주말 130,000~210,000원 / 준성수기_주중 85,000~150,000원, 주말 120,000~240,000원 / 성수기_주중 120,000~240,000원, 주말 150,000~280,000원, / 극성수기 150,000~280,000원 ☎ 054-741-5353 www.bomunhosu.kr

아드리아

경주월드, 엑스포공원으로 산책을

천군동 펜션마을 내에 위치한 펜션으로 각 객실에 테라스가 있어 개별 야외 바비큐가 가능하고 실내에는 해드페인팅으로 그림이 그려져 있어 눈길을 끈다. 펜션에서 경주 월드, 엑스포 공원과도 가까워 걸어서 돌아볼 수 있다.

경주시 천군동 408, 천군동 펜션 마을 내 경주 고속터미널, 경주역(경주 우체국)에서 100번, 130번, 150번 버스 이용하여 서라벌 초교 앞 하차, 도보 5분 경주 고속터미널 또는 경주역에서 보문 단지 방향, 경주 월드 지나 천군동 방향 ₩ 비수기_주중 60,000~90,000원, 금요일 70,000~100,000원, 주말 120,000~150,000원 / 준성수기_주중 90,000~130,000원, 주말 130,000~170,000원 / 성수기_주중 130,000~160,000원, 주말 180,000~220,000원 ☎ 054-775-0158, 010-8338-5880 www.adriapen.co.kr

보문 월드

무료 자전거 타고 보문 단지 탐색

천군동 펜션 마을 내에 위치한 펜션으로 전 객실에 테라스가 있어 개별 야외 바비큐가 가능하고 일부 객실에는 월풀 욕조가 설치되어 즐거운 시간을 가질 수도 있다. 펜션에서 노트북, 자전거를 무료 대여해 정보를 검색하거나 자전거를 타고 보문 단지를 돌아 보아도 좋다.

경주시 천군동 1444-2, 천군동 펜션 마을 내 경주 고속터미널, 경주역(경주 우체국)에서 100번, 130번, 150번 버스 이용하여 서라벌 초교 앞 하차, 도보 5분 경주 고속터미널 또는 경주역에서 보문 단지 방향, 경주 월드 지나 천군동 방향 ₩ 비수기_주중 100,000~180,000원, 금요일 120,000~200,000원, 주말 130,000~260,000원 / 성수기_주중 150,000~280,000원, 주말 160,000~300,000원 / 바비큐 준비 15,000원 ☎ 054-772-0062 www.bomunworld.com

맑은 아침 펜션

편안한 공원처럼 꾸며진 펜션

스파 커플룸에서 독채, 단체룸까지 다양한 객실을 보유한 펜션이다. 입욕제를 풀은 스파는 로맨틱한 분위기를 자아내어 연인들이 이용하기에 좋고, 독채는 가족 여행에 적합하다. 부대시설로 수영장, 야외 바비큐장 등이 있어 수영을 하거나 바비큐를 즐기며 시간을 보내기 괜찮다.

경주시 하동 748-10, 하동 큰마을 펜션 마을 내 경주 고속터미널, 경주역(경주 우체국)에서 10번, 700번 버스 이용하여 하동 큰마을 하차, 도보 10분 경주 고속터미널 또는 경주역에서 보문 단지 방향, 경주 세계 문화 엑스포 공원 지나 불국사 방향 ₩ 비수기_주중 80,000~200,000원 ☎ 054-746-8787 www.finemorning.co.kr

엉클 톰스 캐빈

나무 위 오두막집은 어른들도 좋아해

각 객실에 테라스가 있어 개별 야외 바비큐가 가능하고 여름이면 야외 수영장에서 물놀이를 할 수도 있다. 펜션 내 커다란 나무에 오두막을 만들어 놓아 아이들이 좋아하고 펜션 내에 세워 둔 캠핑카는 여행의 낭만을 더한다.

경주시 하동 748-10, 하동 큰마을 펜션 마을 내 경주 고속터미널, 경주역(경주 우체국)에서 10번, 700번 버스 이용하여 하동 큰마을 하차, 도보 10분 경주 고속터미널 또는 경주역에서 보문 단지 방향, 경주 세계 문화 엑스포 공원 지나 불국사 방향 ₩ 비수기_주중 60,000~120,000원, 금요일 60,000~140,000원, 주말 110,000~230,000원 / 준성수기_100,000~230,000원 / 성수기_주중 120,000~230,000원, 주말 130,000~250,000원 ☎ 054-745-0350, 010-4589-9459 www.uncletomscabin.co.kr

뉴캐슬 쉐이리

객실 내 수영장이 있는 럭셔리 펜션

동화 속 캐릭터로 꾸며진 펜션으로 객실 내 작은 수영장을 갖추고 있어 개별적으로 물놀이를 할 수 있다. 자전거와 배드민턴을 무료 대여해 동네에서 자전거를 타거나 배드민턴을 칠 수도 있다. 인근 보문이나 불국사로 나가기도 편리하다.

경주시 하동 836-11, 하동 큰마을 펜션 마을 내 경주 고속터미널, 경주역(경주 우체국)에서 10번, 700번 버스 이용하여 하동 큰마을 하차, 도보 10분 경주 고속터미널 또는 경주역에서 보문 단지 방향, 경주 세계 문화 엑스포 공원 지나 불국사 방향 ₩ 비수기_주중 150,000~220,000원, 주말 210,000~300,000원 / 성수기_주중 250,000~350,000원, 주말 320,000~450,000원 / 개별 수영장 이용료 100,000원 ☎ 054-777-1550 gjchezlee.kr

호텔&리조트

경주의 호텔과 리조트는 주로 보문호 주위에 위치해 있어 보문 단지, 불국사, 경주 시내를 둘러보기 좋다. 일부 리조트 내에는 워터파크가 있어 리조트 밖으로 나가지 않고도 리조트 내에서 즐거운 시간을 보낼 수 있다. 호텔이나 리조트에서 대여해 주는 자전거를 타고 보문 단지를 돌아보기도 좋고 밤에는 연인이나 가족끼리 보문호 야경을 감상하며 보문호 산책로를 걸어도 즐겁다. 연인끼리의 여행이라면 객실만 이용하는 호텔을, 가족 여행이라면 음식을 조리해 먹을 수 있는 리조트를 선택하는 것이 좋다. 자세한 사항은 각 호텔과 리조트의 홈페이지를 참고한다.

한화 콘도

리조트 내 워터파크에서 즐거운 시간

보문 단지 초입에 있어 찾아가기 편리하고 에톤과 담톤 두 개의 건물로 되어 있다. 콘도 내에 온천 워터파크인 스프링 돔이 있어 사계절 물놀이가 가능한데 스프링 돔은 신라 전설을 테마로 한 다양한 물놀이 시설을 자랑한다. 아사달 레스토랑(054-777-8330)에서는 정갈하게 차려진 음식을 맛볼 수 있어 여행의 즐거움이 더해진다.

경주시 북군동 30-3, 보문 단지 내 경주 고속터미널, 경주역(경주 우체국)에서 10번, 700번 버스 이용하여 한화 콘도 하차, 도보 10분 경주 고속터미널 또는 경주역에서 보문 단지 방향 ₩ 담톤(패밀리형) 일반 요금_347,000원 / 회원 요금_주중 73,000원, 주말 84,000원, 성수기 90,000원 ☎ 054-745-8060 www.hanwharesort.co.kr

켄싱턴 리조트

리조트 내 식당, 카페에서 시간을 보내기도 좋아

한화 콘도 옆에 위치해 있고, 본관과 서관으로 되어 있다. 부대시설로는 뷔페 식당 더 클라우드(054-748-8400), 사우나 더 리프(054-741-1080), 북 카페(054-748-8400), 카페 디반(054-748-8400) 등이 있어 이용에 불편함이 없다.

경주시 북군동 11-1, 보문 단지 내 경주 고속터미널, 경주역(경주 우체국)에서 10번, 700번 버스 이용하여 한화 콘도 하차, 도보 10분 경주 고속터미널 또는 경주역에서 보문 단지 방향 ₩ 젠트리(16평형) 일반 요금_200,000원 / 회원 요금_주중 47,000원, 주말 59,000원, 성수기 64,000원 ☎054-748-8400

스위트 호텔

깔끔한 호텔에서 편안한 휴식

한화 콘도 지난 곳에 위치한 호텔로 'ㄴ'자 형태의 건물로 되어 있다. 부대시설로는 레스토랑 라 테라스(054-778-5320), 파크 골프장(054-778-5300), 실내 수영장(드림 센터 내), 사우나(드림 센터 내) 등이 있어 호텔 내에서 즐거운 시간을 보내기 좋다.

경주시 북군동 110-9, 보문 단지 내 경주 고속터미널, 경주역(경주 우체국)에서 10번, 700번 버스 이용하여 스위트 호텔 하차, 도보 10분 경주 고속터미널 또는 경주역에서 보문 단지 방향, 한화 콘도 지나서 ₩ 디럭스 베드 231,000원, 디럭스 온돌 231,000원 ☎ 054-778-5300 gyeongju.suites.co.kr

현대 호텔

경주 최고의 호텔 중의 하나

경주를 대표하는 호텔 중의 하나로 보문 단지 중간에 위치한다. 부대시설로는 양식당 피사(054-779-7373), 중·일 식당 남경(054-779-7365), 커피숍 & 뷔페 사라(054-779-7374), 클럽 하바나(054-779-7384) 등이 있어 이용에 불편함이 없다. 인근의 테디 베어 박물관, 보문 수상 공연장, 선덕여왕 공원, 물너울 공원 등으로 산책을 나가기도 좋다.

경주시 신평동 477-2, 보문 단지 내 경주 고속터미널, 경주역(경주 우체국)에서 10번, 700번 버스 이용하여 현대 호텔 하차, 도보 5분 경주 고속터미널 또는 경주역에서 보문 단지 방향, 한화 콘도 지나서 ₩ 디럭스 트윈_마운틴뷰 314,600원, 레이크뷰 338,800원 / 디럭스 트리플_314,600원 ☎ 054-748-2233 www.hyundaihotel.com

한국 콘도

보문호가 한눈에 들어오는 객실

현대 호텔 지나 붉은 벽돌 건물로 되어 있는 콘도로 전통적인 한실 객실을 갖추고 있다. 보문 단지 중간에 있어 테디베어 박물관, 보문호 유선장, 경주 월드 등을 둘러보기 편리하다. 콘도 객실에서 창을 열면 보문호가 한눈에 들어오기도 한다.

경주시 신평동 601-8, 보문 단지 내 경주 고속터미널, 경주역(경주 우체국)에서 10번, 700번 버스 이용하여 일성 콘도 하차, 콘도 방향, 도보 5분 경주 고속터미널 또는 경주역에서 보문 단지 방향, 현대 호텔 지나서 ₩25평형 회원 요금_주중 49,000원, 주말 55,000원, 성수기 61,000원 ☎ 054-777-2780 www.coreacondo.co.kr

일성 콘도

다양한 크기의 한실과 양실

보문호가 내려다보이는 언덕에 위치하고 있고 다양한 크기의 한실과 양실을 갖추고 있다. 부대시설로는 세미나실(054-744-1199), 사우나(6,000원), 노래방, 오락실 등이 있어 단체 연수나 가족 여행을 하기에 좋다.

경주시 신평동 601-19, 보문 단지 내 경주 고속터미널, 경주역(경주 우체국)에서 10번, 700번 버스 이용하여 일성 콘도 하차, 도보 1분 경주 고속터미널 또는 경주역에서 보문 단지 방향, 현대 호텔 지나서 ₩ 사이버 회원 요금(17평형)_주중 88,000원, 주말 124,000원 ☎ 054-744-1199 ilsung.ilsungcondo.co.kr

경주 관광 호텔

보문 단지 중간에 있어 둘러보기 편리

호텔 객실에서 창문을 열면 보문호가 한눈에 들어와 상쾌한 기분이 든다. 부대시설로는 세미나실, 단체 식당 등을 갖추고 있어 단체 손님이 이용하기 편리하다. 가족 투숙객이라면 자전거를 빌려 보문호 유선장이나 신라 밀레니엄 파크, 경주 세계 문화 엑스포 공원 등을 돌아보아도 좋다.

경주시 신평동 645, 보문 단지 내 경주 고속터미널, 경주역(경주 우체국)에서 10번, 700번 버스 이용하여 일성 콘도 하차, 도보 1분 경주 고속터미널 또는 경주역에서 보문 단지 방향, 현대 호텔 지나서 ₩ 온돌·침대_주중 64,000원, 주말·휴일 80,000원, 성수기 120,000원 ☎ 054-745-7123 www.kthotel.co.kr

대명 리조트

아쿠아 월드에서 즐거운 시간

보문 단지 중간에 있고 경주를 대표하는 리조트 중의 하나이다. 리조트 내의 워터파크인 아쿠아 월드에서 사계절 물놀이하기 좋고 레스토랑 경주 원화(054-778-8344)에서 맛있는 음식을 맛볼 수도 있다. 스타벅스 대명점(054-746-8594)에서 향긋한 커피 마시며 대화를 나눠도 즐겁다.

경주시 신평동 400-1, 보문 단지 내 경주 고속터미널, 경주역(경주 우체국)에서 10번, 700번 버스 이용하여 일성 콘도 하차, 도보 1분 경주 고속터미널 또는 경주역에서 보문 단지 방향, 현대 호텔 지나서 ₩ 패밀리B

형 일반 요금_363,000원 / 회원 요금_주중 60,000원, 금 68,000원, 토 76,000원, 성수기 80,000원 ☎ 1588-4888 www.daemyungresort.com/gj

경주 조선 온천 호텔

여행의 피로는 호텔 내 온천에서

보문 콩코드 호텔 건너편에 있는 호텔로 객실 창가에서 보문 단지가 한눈에 들어온다. 부대시설로는 한식당 안압지, 커피숍 남산, 온천 사우나인 스파랜드 등이 있다. 보문 단지 중간에 있어 자전거를 타고 보문 수상 공연장이나 경주 월드 쪽으로 가기 편하다.

경주시 신평동 452-1, 콩코드 호텔 건너편 경주 고속터미널, 경주역(경주 우체국)에서 10번, 700번 버스 이용하여 콩코드 호텔 하차, 도보 1분 경주 고속터미널 또는 경주역에서 보문 단지 방향, 현대 호텔 지나서 ₩ 한실·양실(일반실) 비수기_주중 77,000원, 주말 88,000원 / 성수기_주중 88,000원, 주말 99,000원 / 극성수기_110,000원 ☎ 054-740-9600 www.chosunspahotel.com

코모도 호텔

야외 수영장에서 즐거운 시간

보문 단지 중간에 있고 부대시설로는 한식당 아리랑(054-740-8392), 일식당 아카사와(054-740-8293), 야외 수영장(054-740-8287), 사우나(054-740-8258) 등을 갖추고 있다. 보문호 유선장, 경주 월드, 신라 밀레니엄 파크, 경주 세계 문화 엑스포 공원 등으로 가기 좋다.

경주시 신평동 410-2, 보문 단지 내 경주 고속터미널, 경주역(경주 우체국)에서 10번, 700번 버스 이용하여 콩코드 호텔 하차, 도보 3분 경주 고속터미널 또는 경주역에서 보문 단지 방향, 현대 호텔 지나서 ₩ 스탠다드 더블 205,700원, 온돌 302,500원 ☎ 054-745-7701 www.chosunhotel.net

콩코드 호텔

보문호 유선장에서 백조 보트를 타도 좋아

보문호가에 있어 객실에서 보문호를 조망할 수 있고 지하 600m에서 솟아 나오는 온천수가 객실로 보급된다. 보문호 유선장을 운영하고 있어 백조 보트나 유람선을 이용할 수도 있다. 부대시설로는 양식당 킹스 암(054-745-7000), 한정식 호반장(054-745-7000), 비어 테라스(054-740-6221) 등이 있어 이용하기 편리하다.

경주시 신평동 410, 보문 단지 내 경주 고속터미널, 경주역(경주 우체국)에서 10번, 700번 버스 이용하여 콩코드 호텔 하차, 호텔 방향, 도보 1분 경주 고속터미널 또는 경주역에서 보문 단지 방향, 현대 호텔 지나서 ₩ 디럭스 더블룸 140,000원, 온돌 160,000원 ☎ 054-745-7000 www.concorde.co.kr

힐튼 호텔

호텔 옆 우양 미술관에서 명작 감상

보문 단지 남쪽에 위치하고 있고 호텔 옆에 우양 미술관이 있어 미술 작품을 감상하기 좋고 인근 보문호 유선장에서 백조 보트나 유람선을 타기도 좋다. 부대시설로는 양식당 다빈치, 뷔페 식당 레이크 사이드, 일식당 겐지, 중식당 실크로드(이상, 054-740-1712), 실내외 수영장, 사우나(이상, 054-740-1277) 등이 있다.

경주시 신평동 370, 보문 단지 내 경주 고속터미널, 경주역(경주 우체국)에서 10번, 700번 버스 이용하여 힐튼 호텔 하차, 호텔 방향, 도보 1분 경주 고속터미널 또는 경주역에서 보문 단지 방향, 보문 단지 지나서 ₩ 디럭스_주중 170,000원, 주말 270,000원 / 디럭스 온돌_주중 240,000원, 주말 340,000원 ☎ 054-740-1234 www.kyongjuhilton.co.kr

The-K 경주호텔

호텔 내 온천에서 여행 피로를 풀다

경주 힐튼 호텔 동쪽에 위치해 있으며, 호텔 내 스파 월드에서는 지하 630m에서 끌어올린 온천수 사우나, 실내외 수영장이 있어 온천욕을 하며 여행의 피로를 풀기 좋다. 부대시설로는 한식당 무궁화(054-770-9122), 뷔페 식당 에델바이스(054-770-9111) 등이 있다. 인근 신라 밀레니엄 파크, 경주 세계 문화 엑스포 공원을 둘러보기도 좋다.

🏠 경주시 신평동 150-2, 보문 단지 내 🚌 경주 고속터미널, 경주역(경주 우체국)에서 16번, 700번 버스 이용하여 The-K 경주 호텔 하차, 도보 1분 🚗 경주 고속터미널 또는 경주역에서 보문 단지 방향, 힐튼 호텔에서 우회전, The-K 경주 호텔 방향 ₩ 일반실 전면부_주중 200,000원, 주말 220,000원, 성수기 260,000원, 극성수기 280,000원 / 후면부_주중 180,000원, 주말 200,000원, 성수기 240,000원, 극성수기 260,000원 ☎ 054-745-8100 ⓘ www.thek-hotel.co.kr/gyeongju

라궁

고급 한옥 호텔에서 색다른 하룻밤

신라 밀레니엄 파크의 부대시설로 '신라의 궁궐'을 뜻하는 이름의 한옥 호텔이다. 객실은 크게 독채 형태의 누마루와 마당형으로 나뉘고, 모든 객실에는 작은 노천탕이 있어 여행의 피로를 풀 수도 있다. 럭셔리한 한옥에서 하룻밤을 지내는 색다른 경험을 할 수 있어 좋고 인근 신라 밀레니엄 파크, 경주 세계 문화 엑스포 공원을 돌아보기도 편리하다.

🏠 경주시 신평동 719-70, 보문 단지 내 🚌 경주 고속터미널, 경주역(경주 우체국)에서 16번, 700번 버스 이용하여 The-K 경주 호텔 하차, 도보 5분 🚗 경주 고속터미널 또는 경주역에서 보문 단지 방향, 힐튼 호텔에서 우회전, 신라 밀레니엄 파크·라궁 방향 ₩ 한옥 스위트_주중 300,000원, 주말 350,000원 ☎ 054-778-2100 ⓘ www.smpark.co.kr

블루원 리조트

리조트 내 워터파크에서 즐기는 물놀이

경주 세계 문화 엑스포 공원 뒤쪽에 위치한 리조트로 리조트 내 워터파크가 있어 여름철 물놀이하기 좋고 세계적인 스파 엘레미스에서는 최고급의 스파, 마사지 서비스를 받을 수 있어 즐겁다. 이 밖에도 한식당 포석정, 사우나 등이 있어 이용에 불편함이 없다.

🏠 경주시 천군동 산31, 보문 단지 내 🚌 경주 고속터미널, 경주역(경주 우체국)에서 100번, 150번 버스 이용하여 경주 월드 하차, 도보 20분 🚗 경주 고속터미널 또는 경주역에서 보문 단지 방향, 경주 월드 지나 리조트 방향 ₩ 패밀리 콘도(36평형) 일반 요금_450,000원 / 회원 요금_주중 72,000원, 주말 85,000원, 성수기 95,000원 ☎ 054-778-9000 ⓘ www.blueone.com

모처럼 여행을 왔는데 경주만 보고 돌아가기 아쉽다면?
경주 근교에는 영천의 보현산 천문대, 청도의 소싸움 경기장,
울산의 장생포 고래 박물관, 그리고 포항의 호미곶까지
경주 여행을 마치고 돌아가는 길에 들르거나
경주에 머물면서 당일치기로 다녀올 만한 근교 여행지가 많다.
그중에서도 인기 만점인 근교 여행지를 엄선해서 떠나 보자!

근교 여행

영천

청도

울산

포항

환상적인 별빛 도시

영천

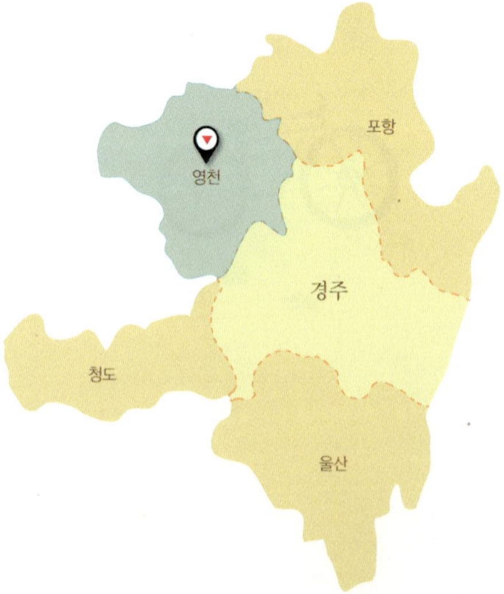

가장 아름다운 밤하늘을 만나다

경주의 근교 영천은 삼한 시대에 골번국이라는 부족 국가가 있었고 236년 신라에 흡수되어 신라 땅이 되었다. 지금의 영천이란 이름은 1414년 조선 태종 14년에 영천군으로 명명되면서부터 사용되었다. 영천은 보현산, 팔공산, 운주산에 둘러싸여 분지를 이루고 있으며, 돌할매, 영천 한약재 전시장, 최무선 과학관, 보현산 천문대 등의 볼거리가 있다. 북서쪽 지역에서 경주로 들어오고 나갈 때 영천에 들르면 좋다.

★Access★

- 경주 시외버스터미널에서 시외버스 이용, 07:10~21:10 약 1시간 간격, 요금 4,100원
- 경주 IC에서 경부 고속도로 이용하여 영천 IC에서 영천시 방향, 또는 경주에서 4번 국도 이용하여 영천시 방향, 영천 도동 교차로에서 영천 시청 방향

영천

죽장
보현산 천문대
908
보현산
보현산댐 짚와이어
보현산 천문 과학관
별빛 마을
미나리 비닐하우스
별그린 펜션
별빛촌
35
장곡
자연 휴양림
화북면
69
자양면
영천호
익산 포항 고속
영천 휴게소
화남면
샤넬 펜션
레이포드 CC
벨라로즈 펜션
20
921
28
북영천
별별 미술 마을
시안 미술관
화산면
임고면
영천 하이테크파크
경제 자유 구역
28
오펠 GC
고경면
청통면
청통 휴게소
영천 시청
삼송 꾼만두
무학
청통와촌
사일 온천
편대장 영화 식당
영천 약령시
영천 터미널
영천역
돌할매
와촌면
금호강
영천 한방 유통 단지
영천 한약재 전시관
경산 지식 산업
경제 자유 구역
중화
금호대교
금호읍
4
909
영천
북안면
하양읍
대구대교
최무선 과학관
경부 고속
영천 일반
산업 단지
대승지
삼명 숯불 가든
만불사
대구 대학교
69
문천지
서면
평사 휴게소
도계 서원
1
대구 CC
대구3 일반
산업 단지
909
경부 고속

영천 하루 코스

영천 한방 유통 단지 & 한약재 전시관 → 별별 미술 마을 → 시안 미술관 → 보현산 천문대 → 보현산 천문 과학관

영천 한방 유통 단지와 한약재 전시관에서 진한 한방차를 맛본 뒤, 별별 미술 마을과 시안 미술관을 둘러보고 보현산 천문대에 올라 영천을 한눈에 내려다보는 코스다. 아이들이 있다면 별별 미술 마을 대신 최무선 과학관으로 가도 좋다. 근교 지역으로 가는 버스는 운행 간격이 기니, 시간대가 맞지 않으면 택시를 이용하자.

출발!

영천 한방 유통 단지 & 한약재 전시관

다양한 한약재와 한방 제품을 둘러보고 직접 구입해 보기 (1시간)

버스 40분

별별 미술 마을

예쁜 벽화와 독창적인 조형물로 가득한 시골 마을 (30분)

도보 5분

시안 미술관

별별 미술 마을 내에 위치한 미술관에서 미술 작품 감상 (30분)

버스 1시간 + 택시 30분 (또는 도보 2시간)

보현산 천문대

보현산 정상에 위치한 천문대를 둘러보고 영천 일대를 내려다보기 (30분)

택시 30분 (또는 도보 2시간)

도착!

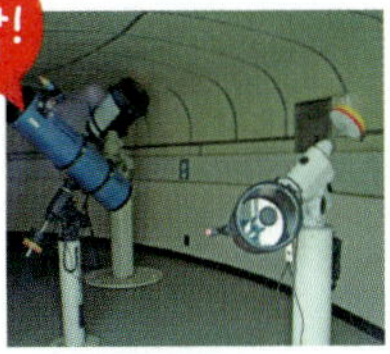

보현산 천문 과학관

5D 영상으로 우주 체험도 하고 실제 천문 관측도 해 보기 (30분)

만불사

크고 작은 불상이 산을 이루는 곳

만불사는 짧은 역사에도 불구하고 국내에서 가장 많은 20만 이상의 불상을 조성하여 만불도량으로 유명하다. 주요 시설로는 17,000불이 모셔진 만불보전, 인등대탑, 황동만불대범종, 황동와불열반상, 아미타대불 등이 있다. 산 중턱에 자리 잡은 아미타대불은 33m 높이의 거대 불상으로, 멀리서도 볼 수 있어서 흔히 영천대불이라고 불린다. 황동와불열반상은 길이 13m로 국내에서 가장 큰 와불이며, 발바닥을 만지면 소원이 이루어진다고 한다. 만불보전 앞마당에는 인등대탑이 있는데, 인도의 부다가야에 있는 대탑을 축소해 만든 탑답게 이국적인 분위기가 눈길을 끈다.

영천시 북안면 고지리 산46 영천 버스터미널에서 753번 또는 경주에서 305번 버스 이용하여 아화3리 하차, 도보 10분 영천에서 북안면 방향, 북안 삼거리에서 만불사 방향 ☎ 054-335-0101 www.manbulsa.org

돌할매

돌할매에게 소원을 빌어 봐

돌할매는 영험 있는 돌덩이로, 모양은 타원형이고 지름 25cm, 무게 10kg이다. 돌할매는 350년 전부터 인근 주민들이 길흉화복을 점치는 데 이용했다. 점치는 방법은 마음속으로 생년월일, 주소, 나이, 성명 등을 말한 뒤 다음 소원을 빌고 돌할매를 들어올리는 것이다. 돌할매가 들리지 않으면 소원이 이루어지고, 가볍게 들리면 소원이 이루어지지 않는다고 한다. 믿거나 말거나 영천 돌할매를 찾아가 소원을 빌어 보는 것은 어떨까. 돌할매 가는 길에 돌할매가 아닌 돌할배 표지판도 있으니 혼동하지 말 것.

영천시 북안면 관리 417 영천에서 751번 버스(08:30, 1일 1회) 이용하여 송학리 하차, 도보 10분 영천에서 4번 국도 이용하여 북안 농공 단지 방향, 북안 농공 단지 지나 북안면 내포리 · 돌할매 방향 ☎ 054-338-8879

영천 한방 유통 단지

부모님 위한 한약재를 구입해도 좋아

영천 도동 네거리 부근에 위치한 한방 유통 단지로 A~E동 건물에 80여 곳의 한약재 상점이 밀집해 있다. 한약재 상가에서 진귀한 한약재를 구경하는 재미가 쏠쏠하고 인삼, 당귀, 하수오 등 특별한 처방 없이 이용할 수 있는 한약재나 경옥고, 총명탕, 십전대보탕 등과 같은 한방 제품을 구입하기에도 좋다.

영천시 도동 265-1, 영천 남쪽 영천에서 111번, 730번, 112번, 752번, 760번 버스 이용하여 도동 네거리 하차, 도보 5분 영천에서 도동 네거리·한방 유통 단지 방향 ☎054-330-6535 www.ycherbs.com

영천 한약재 전시관

다양한 한약재의 종류와 효능

한약재 전문 전시관으로 2008년 전국 한약재 유통의 30%를 차지한 한방 도시 영천의 한약재를 홍보하고자 설립되었다. 한방 유통 단지 옆에 위치해 있으며 2층 규모의 전시관에 영천 약령시와 한의학의 역사, 한약재 소개, 한방의 미래, 한방 체험 등에 관한 내용을 전시하고 있다. 사상체질관에서 자신에게 맞은 체질을 짐작해 볼 수 있고 몸에 좋은 한방 보약에 대해서도 알 수 있어 유익하다.

영천시 도동 267-11, 영천 한방 유통 단지 옆 영천에서 111번, 730번, 112번, 752번, 760번 버스 이용하여 도동 네거리 하차, 도보 5분 영천에서 도동 네거리·한방 유통 단지 방향 10:00~17:00(매주 월요일 휴관) ☎054-330-6710 www.ycherbs.com

영천 약령시

한의원에서 진맥을 받아도 좋아

영천 약령시에는 110여 개의 한약재 상가가 늘어서 있어 갖가지 한약재를 구경할 수 있고 인근 한의원에서 처방을 받아 보약을 제조할 수도 있다. 영천 약령시는 예전부터 양질의 한약재를 취급하여 명성이 높았고 현장에서뿐만 아니라 인터넷을 통해서도 한방 제품을 구입할 수 있어 편리하다. 한방 거리를 거닐다가 진한 한방차를 한 잔 마셔도 좋다.

🏠 영천시 완산동 934, 영천역 앞 🚌 영천에서 1번 버스 이용하여 시장 삼거리 하차 🚗 영천에서 영천역 방향 ⓘ www.ycherbs.com

최무선 과학관

최무선의 화포, 화통 소리가 들리는 듯

고려 말, 조선 초의 과학자 최무선을 기리는 과학관이다. 최무선은 당시 우리나라가 왜구의 침입에 시달리자 원나라에서 화약 제조법을 익혔고 1377년 고려 우왕 3년에 화통도감에서 화약을 만들었다. 1380년 전라도에 왜구가 침입하자 화포, 화통을 이용해 물리쳤다. 과학관에서는 최무선이 한국 최초로 발명한 화약, 세계 최초로 사용한 화포 등을 볼 수 있고 우리나라를 빛낸 다른 과학인들도 만나볼 수 있다. 과학관 마당에서는 탱크와 전투기 등도 볼 수 있어 아이들이 즐거워한다.

🏠 영천시 금호읍 원기리 277, 영천 남서쪽 🚌 영천 금호읍에서 132번 버스(08:30, 14:40 1일 2회) 이용하여 원기 하차, 도보 10분 🚗 영천에서 금호읍 방향, 금호읍에서 원기리·최무선 과학관 방향 ₩ 무료 ✔ 09:00~18:00(매주 월요일 휴관) ☎ 054-330-6354 ⓘ cms.yc.go.kr

사일 온천

여행 피로 회복에는 온천욕이 최고

사일 온천은 국내에서 보기 드물게 황산염천, 아연 온천, 스트론튬 온천, 함리튬 온천 등 4가지 온천수가 용출된다. 온천욕은 원기 회복, 혈액 순환, 피로 회복 등에 효과가 있는 것으로 알려져 있다. 주요 시설로는 대욕탕, 열탕, 침탕, 사우나, 냉탕 등이 있어 다양한 온천욕을 즐길 수 있다.

영천시 서산동 산123, 영천 서쪽 영천 금호읍에서 120번 버스(1일 3회) 이용하여 신덕리 하차, 도보 10분 / 영천 금호읍 시외버스터미널에서 사일 온천행 셔틀버스(09:05, 10:40) 이용 영천에서 금호읍 방향, 금호읍에서 풍락제·사일 온천 방향 ₩성인 7,000원, 소인 4,000원, 가족탕 35,000원 06:00~22:00 ☎054-332-4141 www.sailspa.com

별별 미술 마을

동심을 자극하는 예쁜 벽화

공공 미술 마을로 2011년 마을 미술 프로젝트 '신몽유도원도'라는 이름하에 조성되었다. 별별 미술 마을에는 시안 미술관, 마을사 박물관, 정보 센터인 바람의 카페, 예술 창작 스튜디오 등이 자리하고 있고 걷는길, 바람길, 스무골길, 귀호마을길, 도화원길 등 다섯 갈래 행복길을 통해 돌아볼 수 있다. 시골길을 걸으며 마을 벽화, 예술 스튜디오, 미술관을 돌아보며 예술의 향기에 빠져 하루를 보내 보자.

영천시 화산면 가상리·화산리·귀호리 일대, 영천 북쪽 영천에서 331번 버스(14:20 1일 1회), 241번 버스(1일 3회) 이용하여 가상리 하차 영천에서 28번 국도 이용하여 삼부리 방향, 삼부리에서 암기리·가상리 방향 ₩무료 10:00~18:00 ☎054-330-6067 bbmisulmaeul.yc.go.kr

시안 미술관

미술 작품도 보고 카페에서 커피도 마시고

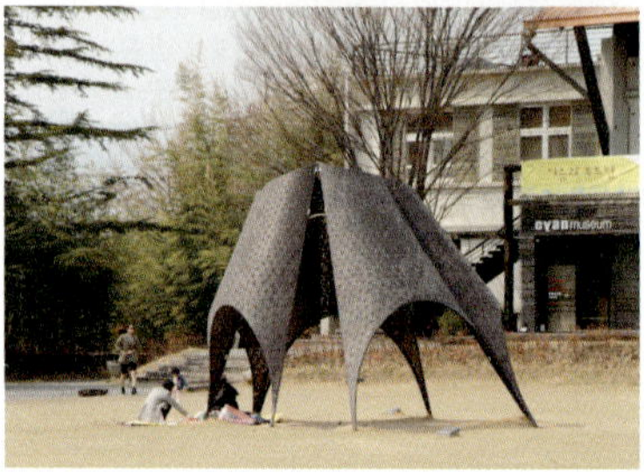

시안 미술관은 2004년 개관하였으며, 제1~3 전시실과 카페 시안으로 되어 있다. 시안 미술관은 경북과 대구, 영천 등을 아우르는 지역 대표 미술관으로 한적한 시골에서 미술 작품을 감상할 수 있어 느낌이 새롭다. 미술관은 전시 외에도 어린이를 위한 어린이 미술관, 꿈다락 토요 문화 학교 등의 교육 프로그램을 진행하고 있고 봄부터 가을까지 야영장을 열기도 한다.

영천시 화산면 가상리 649, 영천 북쪽 · 영천에서 331번 버스(14:20 1일 1회), 241번 버스(1일 3회) 이용하여 가상리 하차 · 영천에서 28번 국도 이용하여 삼부리 방향, 삼부리에서 암기리·가상리 방향 · ₩ 전시장 입장료_성인 3,000원, 청소년 2,000원 / 야영장_평일(화~금) 20,000원, 주말(토·일·공휴일) 25,000원 · 10:30~18:00 · ☎ 054-338-9391 · www.cyanmuseum.org

보현산 천문 과학관

천체를 관측하는 천문학자가 되어 볼까

보현산 자락에 위치한 천문 과학관으로 5D 돔영상관, 춤추는 로봇, 태양 및 천체 관측관 등을 갖추고 있다. 5D 돔영상관에서 디지털 플라네타륨과 시뮬레이터를 이용해 환상적인 우주 여행을 체험할 수 있다. 관측실에서는 낮에는 태양 관측을, 밤 시간 천체 관측을 할 수 있다. 개장 시간인 오후 2시 전에 도착하면 입장할 수 없으니 주의.

영천시 화북면 정각리 689, 영천 북쪽 · 영천에서 360번 버스(09:30, 16:20, 1일 2회), 361번 버스(06:50, 1일 1회) 이용하여 천문대 식당 하차, 도보 5분 · 영천에서 35번 국도 이용하여 북영천·보현산 방향 · ₩ 성인 4,000원, 청소년·어린이 2,000원 · 14:00~22:00(매주 월요일 휴관) · ☎ 054-330-6447 · www.staryc.com

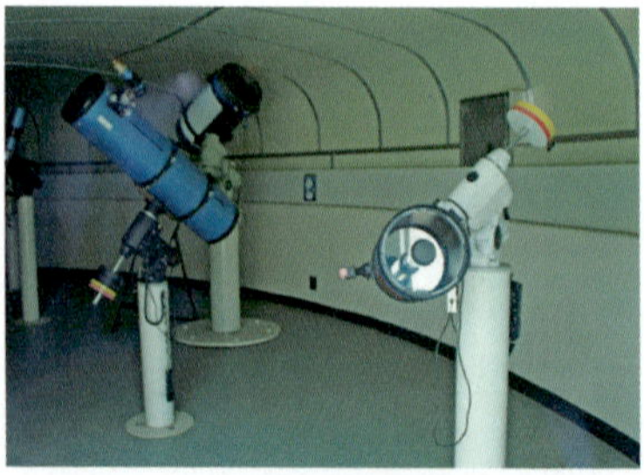

보현산 천문대

별자리 관측도 산 아래 풍경도 흥미로워

보현산 정상(1,124m)에 위치한 천문대로 1996년 완공되었고 단양 소백산 천문대, 대덕 전파 천문대와 함께 우리나라 3대 천문 관측소 중 하나이다. 천문대 주요 시설로는 국내 최대 구경의 1.8m 반사 망원경, 태양 플레어 망원경, 방문자 센터 등이 있다. 4월~10월 중에는 매월 네 번째 토요일에 천문대 공개 행사가 있어서 천문학 강연, 1.8m 광학 현미경동 견학, 태양 망원경동 견학 등을 할 수 있는데, 회당 정원이 40명에 불과하므로 행사 5일 전에 예약해야 한다. 방문자 센터에서는 다양한 천체 사진, 기념품 상점 등이 있어 둘러볼 만하다. 산 아래에서 임도를 통해 천문대까지 오를 수 있으나 굴곡이 심하므로 운전에 주의한다.

4월·5월·6월·9월·10월의 네 번째 토요일(예약)

프로그램	1회	2회
천문학 강연	14:00	15:00
1.8m 광학 망원경동	14:20	15:20
태양 망원경동	14:40	15:40

영천시 화북면 정각리 산6-3, 영천 북쪽 영천에서 360번 버스(09:30, 16:20, 1일 2회), 450번 버스(07:40, 1일 1회) 이용하여 별빛 마을 하차, 보현산 정상 방향 도보 약 2시간 영천에서 35번 국도 이용하여 북영천·보현산 방향, 정각리 별빛 마을에서 보현산 정상 방향 10:00~17:00(동절기 16:00, 매주 월요일 휴관) 방문자 센터 054-330-1038, 예약 문의 054-330-1000 boao.kasi.re.kr

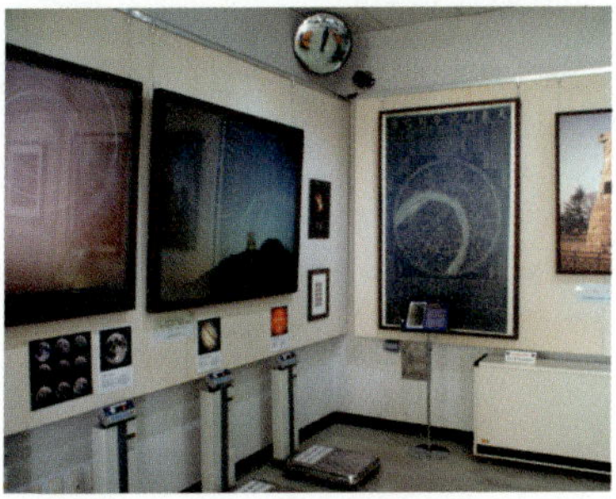

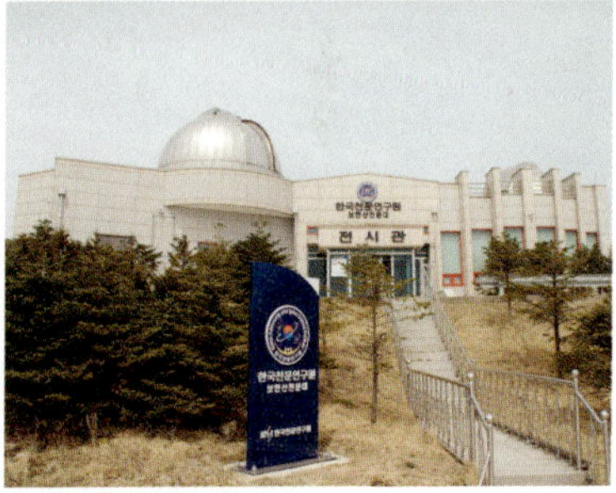

보현산댐 짚와이어

자유롭게 하늘을 나는 짚와이어

보현산 자락에서 보현산댐까지 1.411km를 강철 와이어에 의지해 빠른 속도로 날아갈 수 있는 레포츠다. 산자락의 짚와이어 활공장까지는 매표소에서 모노레일을 타고 약 10분 동안 올라간다. 짚와이어로 보현산댐에 도착한 뒤에는 셔틀버스로 다시 매표소까지 데려다준다.

영천시 화북면 배나무정길 196 영천 시외버스터미널 버스정류장에서 350번 버스 이용, 입석 정류장 하차 후 짚와이어까지 도보 23분 영천 시내에서 화남면, 화북면 거쳐 보현산 방향 ₩ 짚와이어 40,000원, 모노레일만 이용 시 6,000원 09:30~17:00(11~12월 10:00~16:00) 054-339-8701

Travel Tips

보현산 하늘길

보현산 아래에서 정상의 천문대까지는 자동차를 이용할 수도 있고 보현산 하늘길을 이용해 걸어서 오를 수도 있다. 보현산 하늘길에는 보현산 능선을 걷는 1코스 구들장길, 구불구불 임도를 걷는 2코스 천수누림길, 마을 사이를 걷는 3코스 태양길, 보현산 댐이 있는 산허리를 걷는 4코스 보현산댐길, 계곡을 걷는 횡계구곡길 등이 있다. 그 밖에 등산으로 보현산을 오르는 길도 있는데, 등산길에는 정각리 별빛 마을을 출발하는 1코스와 2코스가 있다.

구분	코스	길이 / 시간	내용
보현산 하늘길	1코스 구들장길	5km 약 2시간 30분	별빛 마을 안내 센터 → 보현산 천문 과학관 → 쉼터 → 전망대 · 쉼터 → 팔각정
	2코스 천수누림길	11km 약 4시간~5시간	별빛 마을 안내 센터 → 별자리 체험촌 → 별빛 마을 → 별빛 문화 센터 → 절골 → 전망대 · 쉼터 → 보현산 천문대 → 시루봉(보현산 정상)
	3코스 태양길	3km 약 1시간	음지 마을 → 양지 마을
	4코스 보현산댐길	4km 약 1시간 30분	별빛 마을 → 별빛 벽화 골목 → (보현산 댐) → 옥계 마을
	5코스 횡계구곡길	5km 약 2시간	별빛 마을 안내 센터 → 횡계 마을
등산길	1코스	8.5km 약 5시간	정각리 별빛 마을 → 절골 → 보현산 → 보현리
	2코스	10.5km 약 6시간	정각리 별빛 마을 → 절골 → 보현산 → 부약산 → 법룡사 → 용소리

별빛 마을 미나리 비닐하우스

씹는 순간 퍼지는 향긋한 미나리 향내

매년 5월경 봄 미나리가 나올 무렵에 영천 일대의 미나리 비닐하우스에서 간이식당이 열린다. 잘 구운 돼지고기를 미나리깡(밭)에서 뽑은 신선한 미나리에 싸 먹는 맛은 둘이 먹다가 하나가 없어져도 모를 지경이다. 쌈을 입에 넣는 순간, 향긋한 미나리 향이 코끝을 맴돈다. 영천뿐만 아니라 청도, 울산 산간의 미나리 재배지에서 미나리 비닐하우스를 만날 수 있다.

🏠 영천시 화북면 정각리, 보현산 천문 과학관 일대 🚌 영천에서 360번 버스(09:30, 16:20, 1일 2회), 361번 버스(06:50, 1일 1회) 이용하여 천문대 식당 하차 🚗 영천에서 35번 국도 이용하여 북영천 · 보현산 방향 🍲 돼지고기(1근) 13,000원, 미나리(1kg) 8,000원, 세팅비 1인 1,000원(돼지고기 가져올 때)

편대장 영화식당

참기름 넣고 버무린 소고기 육회의 맛

소고기 육회로 유명한 식당으로 영천 버스터미널 옆에 있어 찾기 쉬우나 유명세에 비해 외관은 다소 소박해 보인다. 육회비빔밥은 육회에 따뜻한 밥을 비벼 먹는 것이고 소고기찌개는 뚝배기에 소고기, 채소를 넣고 끓인 것. 참기름 넣고 버무린 육회가 맛이 없다면 이상한 일일 것이다.

🏠 영천시 금노동 582-3, 영천 버스터미널 옆 🚌 영천 버스터미널에서 도보 1분 🍲 육회 21,000원, 육회비빔밥 19,000원, 주물럭 12,000원, 소고기찌개 9,000원 ☎ 054-334-2655

삼송 꾼만두

뜨거울 때 먹어야 제맛

분명 군만두인데 이곳에서는 굳이 꾼만두라고 한다. 삼송 꾼만두는 당면과 채소를 섞은 만두소를 넉넉하게 넣고 팔팔 끓는 기름에 충분히 튀겨, 고소하고 쫄깃한 맛을 낸다. 튀긴 음식이 다 그렇지만 갓 튀겨 나올 때 먹는 것이 가장 맛이 좋고 시간이 지나면 바삭한 만두피가 눅눅해진다. 중앙 사거리에 본점이 있고 야사동에 분점(054-337-8806)이 있다.

영천시 창구동 52, 중앙 사거리 부근 영천 버스터미널에서 730번, 760번, 761번 버스 이용하여 중앙 사거리 하차, 정류장 건너편 골목 안 도보 3분 영천 버스터미널 또는 영천역에서 중앙 사거리 방향 꾼만두 5,000원, 찐교스(찐만두) 5,000원 054-333-8806

중화

다양한 해물에 양도 많은 활패짬뽕

금호읍 교대 사거리 4번 국도가에 위치하고 있는 중화요리점으로 활패짬뽕으로 유명한 곳이다. 활패란 키조개, 가리비, 전복 등 살아 있는 조개류를 말하는데 한마디로 신선한 해물을 가리킨다. 수북이 쌓여 나오는 해물이 인상적이고 양이 적은 사람은 해물짬뽕으로도 충분하다.

영천시 금호읍 교대리 74-3 영천 버스터미널에서 111번, 113번 버스 이용하여 금호 시장 하차, 교대 사거리에서 금호 방향, 도보 10분 영천 버스터미널 또는 영천역에서 금호읍 방향 해물짬뽕 6,000원, 홍합짬뽕 7,000원, 낙지짬뽕 8,000원, 활패짬뽕 10,000원 054-333-6233

삼명 숯불 가든

석쇠에 지글지글 구워지는 시골 한우

영천에서 만불사 가는 길에 위치한 식당으로 경상북도 지정 한우 판매 전문점이다. 신선한 한우를 저렴한 가격에 맛볼 수 있고 석쇠에 지글지글 구워지는 소고기를 보면 입안에 절로 침이 고인다. 인근 돌할매, 만불사를 둘러보기도 좋다.

영천시 북안면 고지리 539-13 영천 버스터미널에서 760번, 761번, 763번 버스 이용하여 고지 주유소 하차, 도보 3분 영천 버스터미널 또는 영천역에서 북안면 방향 특한우갈비살 17,000원, 한우갈비살 13,000원 내외 054-333-8093

영천의 특별한

숙소

별그린 펜션

보현산 아래 공기 맑고 물도 시원하고

보현산 자락에 있어 공기가 상쾌하고 조용하며 예쁘게 꾸며진 객실은 편안한 휴식을 보장한다. 고기와 채소를 준비해 야외에서 바비큐를 해 먹어도 좋고 다음날 아침에는 주인장이 직접 내린 커피를 마실 수도 있다. 인근 천문 과학관이나 보현산 정상 천문대를 둘러보기도 좋다.

🏠 영천시 자양면 보현리 2395, 보현산 천문 과학관 부근 🚌 영천 버스터미널에서 450번(07:40, 1일 1회) 버스 이용하여 보현4리 하차, 도보 5분 🚗 영천 버스터미널 또는 영천역에서 보현산 천문대 방향, 천문 과학관 입구에서 보현4리 · 펜션 방향 ₩ 비수기_주중 100,000~120,000원, 주말 120,000~140,000원 / 성수기_150,000~170,000원 / 바비큐 준비_10,000원 ☎ 011-9719-5775 ℹ star-green.net

샤넬 펜션

산들바람 불어오는 강변 펜션

영천호에서 발원한 자호천가에 있어 경관이 좋은 펜션이다. 여러 동의 건물로 되어 있어 흡사 하나의 마을처럼 보인다. 넓은 객실 위주여서 가족 여행이나 단체 여행에 적합한 곳이다. 강변 공원 내 수영장과 축구장, 족구장을 이용하기도 편리하다.

🏠 영천시 임고면 포은로 850 🚌 영천 시외버스터미널 버스정류장에서 432번 버스 이용, 덕연리 강변공원 하차 🚗 영천 시내에서 동영천, 임고면 방향 ₩ 비수기_주중 90,000원~400,000원 ☎ 054-335-1000 ℹ www.chanelpension.com

별빛촌

산속 공기 신선한 펜션

보현산 자락에 있어 상쾌한 공기를 자랑하는 곳이다. 주위에 민가가 적어 한가롭게 시간을 보내기 좋다. 등산을 좋아한다면 보현산을 오르거나, 자녀가 있다면 보현산 천문대에 가보아도 괜찮다.

🏠 영천시 화북면 별빛로 474 🚌 영천 시외버스터미널 버스정류장에서 361번 버스 이용, 적각 2리 양지 정류장 하차 후 도보 6분 🚗 영천 시내에서 화남면, 화북면 지나 보현산 방향 ₩ 커플룸, 가족룸, 단체룸 100,000원~150,000원 내외 ☎ 010-4521-1175 ℹ www.별빛촌.com

박진감 넘치는 소싸움의 도시

청도

고요한 운문사에서 떠들썩한 소싸움 경기장까지

경주 서쪽에 있는 청도군에는 옛날 이서소국이 있었으나 신라 유리왕 때 신라로 흡수되었고 940년 고려 태조 23년 처음 청도군이란 이름을 얻었다. 동쪽으로 가지산과 운문산, 서쪽으로 비슬산, 북쪽으로 삼성산, 남쪽으로 화악산 등 크고 작은 산으로 둘러싸여 있다. 주요 볼거리는 운문사, 와인 터널, 청도 소싸움 경기장, 청도 읍성, 웃음 치료 센터 철가방 극장 등이 있으며, 그중에서 청도 소싸움 경기장에서는 박진감 넘치는 소들의 경기를 지켜볼 수 있다. 청도는 경주 서쪽 지역에서 경주를 오갈 때 들르면 좋다.

★Access★

- 경주 시외버스터미널에서 시외버스 이용, 1일 2회(07:40, 09:50), 요금 8,300원
- 경주에서 건천 방향, 건천에서 20번 국도 이용하여 청도 방향

청도

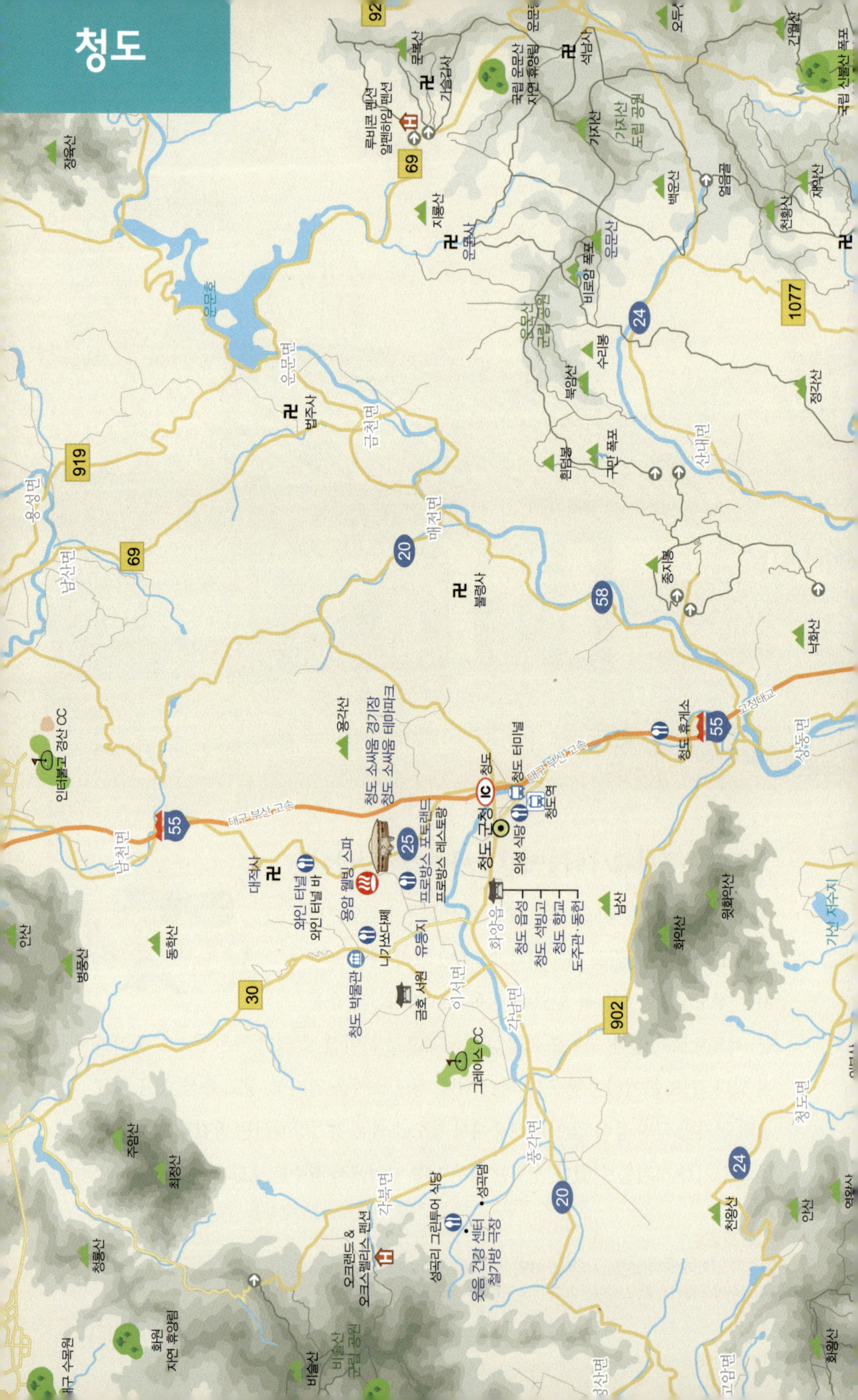

장육산
운문호
운문면
법주사
금천면
919
69
용성면
남산면
매전면
20
불령사
문복산
가슬갑사
루비콘 펜션
알펜하임 펜션
국립 운문산 자연 휴양림
석남사
가지산
가지산 도립 공원
지룡산
운문사
비로암 폭포
운문산
백운산
얼음골
천황산
재약산
24
1077
운문산 군립 공원
수리봉
북암산
정각산
산내면
구만 폭포
흰덤봉
중지봉
58
낙화산
청도 휴게소
55
고정대교
상동면
인터불고 경산 CC
대구-부산 고속
남천면
용각산
청도 소싸움 경기장
청도 소싸움 테마파크
청도 IC
청도 터미널
청도역
의성 식당
청도 군청
프로방스 포토랜드
프로방스 레스토랑
25
용암 웰빙 스파
와인 터널
와인 터널 바
대적사
나기쓰다제
유등지
청도 박물관
금호 서원
이서면
화양읍
청도 읍성
청도 석빙고
청도 향교
도주관·동헌
남산
화악산
윗화악산
가산 저수지
안산
동학산
병풍산
30
902
각남면
그레이스 CC
풍각면
각북면
청도면
주암산
최정산
청룡산
화원 자연 휴양림
대구 수목원
비슬산
비슬산 군립 공원
오그랜드 & 오크스펠리스 펜션
성곡리 그린투어 식당
웃음 건강 센터
철가방 극장
성곡댐
천왕산
안산
억왕산
화왕산
고암면

청도 하루 코스

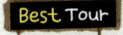

운문사 → 와인 터널 → 청도 소싸움 경기장 → 청도 소싸움 테마파크 → 프로방스 포토랜드

경치가 뛰어난 운문산과 운문사를 둘러본 뒤, 청도 시내를 거쳐 와인 터널로 갔다가 청도 소싸움 경기장과 소싸움 테마파크, 프로방스 포토랜드 등을 찾는다. 소싸움 경기가 열리는 주말이 아니라면 소싸움 경기장을 빼고 청도 읍성을 방문해도 좋다.

출발!

운문사

많은 보물급 문화재와 천연기념물 소나무가 있는 신라 고찰 (1시간)

버스 1시간 + 청도터미널에서 버스 30분

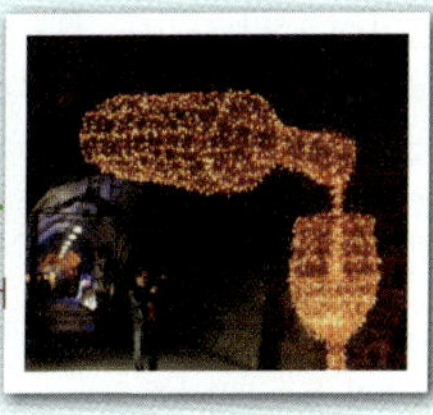

와인 터널

색색의 조명이 켜진 옛 철도 터널 안에서 감 와인 맛보기 (1시간)

버스 30분

청도 소싸움 경기장

주말이면 우람한 황소들의 경기를 볼 수 있는 곳 (30분)

도보 1분

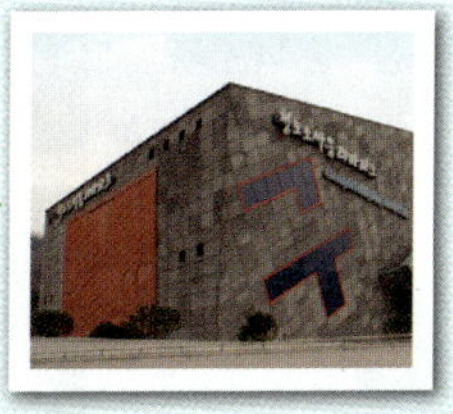

청도 소싸움 테마파크

소싸움의 역사와 문화를 살펴보고 로봇 소싸움도 구경하기 (30분)

도보 20분

도착!

프로방스 포토랜드

낮에는 사진 찍기 좋은 동화 속 나라, 밤에는 환상적인 야경 (1시간)

운문사

예쁘게 꾸며 놓은 비구니 사찰

청도 호거산에 위치한 신라 고찰로 560년 신라 진흥왕 21년 창건되었고 신라 원광국사, 보양국사, 고려 원진국사 등이 중창하였다. 원광국사는 세속오계를 만든 것으로 유명한데, 운문사 동쪽 삼계리 가슬갑사에서 일생의 좌우명을 묻는 화랑 귀산과 추항에게 세속오계를 주었고 이는 화랑 정신의 중심이 되었다. 주요 문화재로는 보물 제835호 대웅보전, 보물 제193호 금당 석등, 보물 제208호 동호, 보물 제316호 원응국사비, 보물 제317호 석조여래좌상, 보물 제318호 사천왕석주, 보물 제678호 삼층석탑이 있고 천연기념물 제180호인 처진 소나무도 볼만하다. 여자 승려인 비구니들이 살고 있는 곳이어서 사찰 곳곳이 아기자기하고 예쁘다.

청도군 운문면 신원동 1789, 청도 동쪽 청도 운문면에서 3번 농어촌버스 이용하여 운문사 하차, 도보 20분 / 청도 버스터미널, 대구 남부 시외버스터미널, 언양 시외버스터미널(09:00, 10:30, 13:00, 15:40, 18:50)에서 운문사행 시외버스 이용하여 운문사 하차 청도 버스터미널에서 20번 국도 이용하여 운문면 방향, 운문면에서 운문사 방향 ₩2,000원 09:00~18:00 054-372-8800 www.unmunsa.or.kr

운문사 대웅보전

복잡한 다포 양식에 팔작지붕

운문사 내에 있는 불전으로 보물 제835호이고 조선 중기의 건축 양식을 취하고 있다. 다포 양식의 팔작지붕을 하고 있고 정면 3칸, 측면 3칸 건물로 정면에 5짝의 꽃살 분합문을 달았다. 원래의 대웅보전은 임진왜란 시 소실되고 1718년 조선 숙종 44년 중건 시 세워졌을 것으로 보인다. 이 대웅보전 뒤에 새로 지은 대웅보전이 있어 한 사찰에 2개의 대웅보전이 있는 것도 특이하다.

운문사 삼층석탑

전형적인 신라의 이중 기단 삼층석탑

운문사 대웅보전 앞에 있는 쌍탑으로 보물 제678호이고 통일 신라 때의 것으로 추정된다. 전형적인 이중 기단 위에 3층의 탑신이 올라가 있고 상륜부 일부가 남아 있다. 대웅보전 앞에 쌍탑이 있는 것으로 보아 운무사의 사찰 배치는 1금당 쌍탑식임을 알 수 있다.

운문사 석조여래좌상

인자한 미소의 고려 불상

운문사 내에 있는 석조여래좌상으로 보물 제317호이고 고려 전기의 것으로 추정된다. 석조여래좌상은 불상 특유의 곱슬머리인 나발과 정수리 부분이 솟은 육계를 갖고 있고 얼굴이 튼실하다. 법의를 양어깨에 걸쳤으며, 손 모양은 왼손을 무릎 위에 두고 오른손은 내려 땅을 가리키는 항마촉지인이고, 좌상 뒤로 광배가 표현되어 있다.

운문사 사천왕석주

무서운 모습의 부처님 수호자들

운문사 내에 있는 사천왕을 표현한 석주로 보물 제318호이고 신라 말기의 것으로 추정된다. 사천왕석주는 삼고저를 든 증장천왕, 탑을 든 다문천왕, 불꽃을 든 광목천왕, 칼을 든 지국천왕 등이 악귀를 밟고 있는 모습을 하고 있다. 현재 석조여래좌상 좌우에 세워져 있다.

운문사 원응국사비

고려 명필 탄연의 글이 적힌 비석

운문사 중창에 기여한 고려 중기의 원응국사 학일을 기리는 비석으로 보물 제316호이다. 비석 받침인 귀부와 머릿돌인 이수가 사라지고 탑신만 남아 있으며 글씨는 고려 중기의 명필인 탄연 스님이 썼다. 원응국사는 송나라에 유학하여 천태교관을 배웠고 1114년 고려 예종 9년 대선사가 되었으며 1144년 인종 22년 입적 후 국사로 임명되었다.

운문산

운문사를 품고 있는 영남 알프스 중 하나

청도군 운문면과 밀양 산내면 일대에 위치한 산으로 높이는 1,188m이다. 운문산은 동쪽의 가지산, 남서쪽의 천황산과 재약산, 남동쪽의 신불산과 영축산 등과 함께 영남 알프스라 불린다. 수려한 산세와 풍광이 알프스와 견줄 만하다고 하여 붙여진 이름이다. 운문산 북쪽 자락에는 신라 고찰이자 비구니 사찰인 운문사가 자리 잡고 있다. 운문산 정상에서 1,000m 이상의 산들이 굽이굽이 이어진 풍경을 만끽할 수 있다.

청도군 운문면 · 밀양 산내면, 청도 동쪽 운문사 방향_청도 운문면에서 3번 농어촌버스 이용하여 운문사 하차, 도보 20분 / 석골사 방향_밀양에서 얼음골행 1~3번 농어촌버스 이용하여 원서리(석골사) 하차 운문사 방향_청도 버스터미널에서 20번 국도 이용하여 운문면 방향, 운문면에서 운문사 방향 / 석골사 방향_밀양에서 24번 국도 이용하여 산내면 · 운문산 방향

코스

1) **1코스 :** 운문사 사리암 주차장 → 심심 계곡 → 아랫재 → 정상
2) **2코스 :** 운문사 못골 → 천문지골 → 딱발 고개 → 정상
3) **3코스 :** 밀양 원서리 석골사 → 갈림길 → 비로암 폭포 / 떡밭재(우회) → 정상

와인 터널

터널 속을 걸으며 감 와인 시음하기

와인 터널은 경부선 기차가 다니던 옛 터널을 개조해 감 와인을 숙성, 보관하는 용도로 사용하고 있으며, 높이 5.3m, 길이 1,015m, 너비 4.5m이다. 원래 터널 이름은 (구)남성현 철도 터널로 대한제국 말기인 1896년 착공해 1904년 완공하였고 1905년부터 기차가 다녔으나 1937년 지금의 남성현 상행선 터널이 생기며 폐쇄되었다. 2006년부터 청도 감 와인에서 사용 중인데 터널 내부가 연중 온도 15~16℃, 습도 60~70%로 와인 숙성, 보관에 최적의 조건을 갖췄다.

청도 감 와인은 서리 맞은 청도 반시를 이용한 와인인데 감에 함유된 타닌으로 인해 떫은 맛이 풍부한 것이 특징이고 타닌 성분은 심장병이나 노화 방지에 효과가 있다고 한다. 최근 감 와인의 깊은 맛이 알려져 대통령 건배주로도 이용되고 있다.

단체 방문객일 경우 와인 시음, 와인 만들기 같은 체험을 할 수 있고 와인 터널 중간에 있는 와인 바에서 와인 시음을 해 볼 수도 있다.

청도군 화양읍 송금리 252-2, 청도 북쪽 청도에서 와인 터널행 청도 순환 버스 이용하여 송금리 하차, 도보 10분 청도 버스터미널에서 청도대교 지나 좌회전, 25번 국도 이용하여 삼신리 · 소싸움 경기장 방향, 소싸움 경기장 지나 송금리 · 와인 터널 방향 ₩ 와인 시음 3,000원, 와인 만들기 20,000원~27,000원, 감 따기 5,000원~7,000원(각 체험 15인 이상, 사전 신청) 09:30~20:00(주말 21:00) ☎ 054-371-1904 www.gamwine.com

대적사

연꽃, 거북, 용이 새겨진 기단

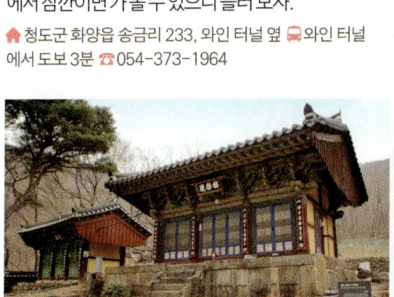

신라 고찰로 876년 신라 헌강왕 2년 보조선사 체징이 창건하였고 임진왜란 때 불에 탄 것으로 1635년 조선 인조 13년과 1689년 숙종 15년에 중건하였다. 극락전은 보물 제836호이고 정면 3칸, 측면 2칸에 겹처마 맞배지붕으로, 서방 정토를 관장하는 아미타불을 모시는 곳이다. 보기 드물게 극락전 기단부에 연꽃 무늬와 거북 무늬, 계단 옆 석축에 용비이천도가 그려져 있기도 하다. 와인 터널에서 잠깐이면 가 볼 수 있으니 들러 보자.

청도군 화양읍 송금리 233, 와인 터널 옆 와인 터널에서 도보 3분 054-373-1964

용암 웰빙 스파

셀레늄이 함유된 온천수

용암 웰빙 스파는 지하 1,240m에서 용출되는 온천수를 이용하는데 온천수에는 제5원소라 불리는 셀레늄이 함유되어 있어 혈액 순환, 원기 회복, 피로 회복 등에 좋다고 한다. 이 밖에 독일식 수중 안마 시스템인 바데풀과 유럽식 수중 헬스 시스템인 아쿠아짐 등을 갖추고 있어 청도 소싸움 경기장을 찾은 뒤 쉬어 가기 좋다.

청도군 화양읍 삼신리 929, 청도 소싸움 경기장 건너편 청도에서 용암 온천행 청도 순환 버스 이용하여 소싸움 경기장 하차, 도보 5분 청도 버스터미널에서 청도대교 지나 좌회전, 25번 국도 이용하여 삼신리·소싸움 경기장 방향, 소싸움 경기장 지나 스파 방향 ₩ 온천_주중 10,000원, 주말 11,000원 / 아로마 가족탕_주중 35,000원, 주말 45,000원(인터넷 예매 시 할인) 주중 06:00~21:00, 주말 06:00~21:30 054-371-5500 www.yongamspa.co.kr

프로방스 포토랜드

낮보다 밤이 더욱 화려한 테마파크

청도 소싸움 경기장 맞은편 언덕에 자리한 테마파크로, 철길에 놓인 기차, 동화 속 작은 집, 동화 캐릭터 등으로 꾸며 놓아 사진 찍기 좋은 곳이다. 밤이면 테마파크에 색색의 조명이 들어와 신비의 세계를 연출한다. 일몰 1시간 전에 도착해 테마파크를 둘러보고 일몰 후 야경을 감상하는 것이 좋다.

청도군 화양읍 삼신리 893-1, 청도 소싸움 경기장 인근 청도 버스터미널에서 오부행 농어촌버스(07:55, 16:30, 1일 2회) 이용하여 오부 하차, 프로방스까지 도보 20분 / 용암 온천행 순환 버스 이용하여 용암 온천 하차, 도보 10분 청도 버스터미널에서 청도대교 지나 좌회전, 25번 국도 이용하여 삼신리·소싸움 경기장 방향, 소싸움경기장 지나 프로방스 방향 ₩ 주중 8,000원, 주말 9,000원 10:00~23:00(빛 축제 점등시간_하절기 일몰~23:30, 동절기 일몰~23:00) ☎ 054-372-5050 www.cheongdo-provence.co.kr

청도 박물관

청도의 찬란한 과거를 담은 타임캡슐

2013년 12월 개관한 청도 박물관은 청도의 과거와 현재를 모두 담고 있는 타임캡슐이라고 할 수 있다. 고고 역사관, 민속관, 야외 전시로 나눠진 전시장에서 청도 지역에 처음 사람이 살기 시작한 신석기 시대 빗살무늬토기부터 삼국 시대 굽다리 접시, 고려 시대 청자병, 조선 시대의 목판까지 다양한 청도의 고고 역사 유물이 전시된다.

청도군 이서면 이서로 567(양원리 129-5) 청도터미널에서 2번 버스(1일 6회) 이용, 박물관 하차 청도 서상 사거리에서 20번 국도 이용, 양원 삼거리 방향, 양원 삼거리에서 30호 지방도 이용, 박물관 방향 ₩ 무료 09:00~18:00(월요일 휴관) ☎ 054-370-2281 museum.cd.go.kr

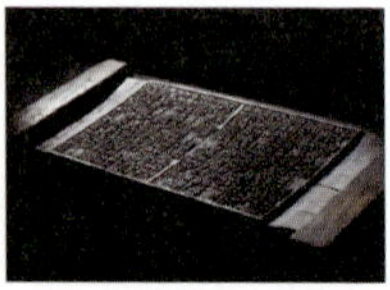

유등지

넓은 연못에 가득 피어난 연꽃 향연

유등지의 이름은 원래 신라지였으나, 조선시대 문신 이육이 무오사화를 겪은 후에 이곳에 은거하면서 연못을 넓히고 연꽃을 심어 유호연지(柳湖蓮池)라 불렀다. 연못가에는 모헌정사라는 정자가 있는데, 이육 선생이 후학을 가르치기 위해 지은 것으로 4칸 겹집에 방이 2칸, 마루가 10칸인 독특한 구조를 하고 있다. 현재 모헌정사에는 '군자정(君子亭)'이라는 현판이 붙어 있는데, 이는 송나라 주돈이의 〈애련설〉에서 군자를 연꽃에 비유한 것에서 유래되었다. 이는 시골에 은거해 군자로 살아가고 싶은 이육 선생의 바람도 투영되어 있다고 할 것이다. 유등지는 연꽃이 만발하는 여름에 방문하는 것이 좋다.

청도군 화양읍 유등리 783-3 청도 버스터미널에서 양원리행 농어촌버스 이용하여 양원리 하차, 유등지 방향, 도보 20분 청도 버스터미널에서 20번 국도 이용하여 화양읍 방향, 화양읍 지나 서상 사거리에서 유등지 방향

청도 소싸움 경기장

박진감 넘치는 소싸움은 주말에

소싸움 전용 경기장으로 우람한 소들이 벌이는 박진감 있는 경기를 관람할 수 있는 곳이다. 소싸움은 농경 민족인 우리나라에서 오래전부터 있었던 것으로 일제 강점기 금지당했다가 70년대부터 부활하기 시작해, 90년대에는 영남 소싸움 대회로 활성화되고 최근에는 소싸움 전용 경기장까지 생기게 되었다. 2월~12월 매주 상설 소싸움 경기가 열리고 매년 3~4월경에는 청도 소싸움 축제도 벌어져, 편리하게 소싸움을 관람할 수 있고 소액의 배팅도 할 수 있어 보는 재미를 더한다.

청도군 화양읍 삼신리 693-2, 청도 북쪽 · 청도에서 청도 소싸움 경기장행 청도 순환 버스 이용하여 소싸움 경기장 하차 · 청도 버스터미널에서 청도대교 지나 좌회전, 25번 국도 이용하여 삼신리 · 소싸움 경기장 방향 · ₩ 무료 · 2월~12월 토 · 일요일 11:30~17:00(1일 10경기) · ☎ 054-370-7500 · 청도 공영 사업 공사 www.sossaum.or.kr

청도 소싸움 테마파크

로봇 소와 줄다리기하고 로봇 소들의 소싸움 보고

청도 소싸움 경기장 옆에 위치하고 있는 전시관으로 소싸움의 역사와 문화에 대해 자세히 알려 주는 곳이다. 1층 전시관에서 소싸움의 역사와 4D 영상관의 소싸움 올림피아드를 전시하고, 2층 전시관에서 싸움소의 문화 등에 대해 전시하고 있다. 농경 문화와 함께한 소싸움은 한민족의 역사와 함께했다고 해도 과언이 아니다. 최근 로봇 소싸움 시스템을 도입해 흥미를 더하고 있다.

청도군 화양읍 삼신리 1059-1, 청도 소싸움 경기장 옆 · 청도 소싸움 경기장에서 도보 1분 · ₩ 무료 · 09:00~18:00(매주 월요일 휴관) · ☎ 054-373-9612

청도 읍성

복원된 석벽을 따라 동네 한 바퀴

조선 시대의 성으로 높이 1.7m, 둘레 길이 1.88km, 면적 6,178m²이다. 원래 청도 읍성은 고려 시대부터 있었다고 전해지며 1592년 선조 25년에 청도 군수 이은휘가 다시 쌓았다. 임진왜란, 일제 강점기, 현대를 지나며 많이 훼손되어 일부 성벽만 남은 상태이나 최근 성벽과 성문(북문, 공북루)을 복원하고 있다. 이 밖에 가까운 곳에 청도 향교, 청도 석빙고, 도주관, 동헌 등이 있어 둘러볼 만하다.

청도군 화양읍 동천리 248, 청도 서쪽 청도에서 화양읍행 농어촌버스 이용하여 화양읍 하차, 도보 5분 청도 버스터미널에서 화양읍 방향

청도 석빙고

사람이 드나들 수 있는 유일한 석빙고

조선 시대 석빙고로 보물 제323호이고 1713년 조선 숙종 39년 축조된 것으로 추정된다. 현재 남아있는 석빙고 중 가장 오래되었고 규모도 경주 석빙고 다음으로 크다. 얼음을 보관하는 빙실은 동서로 놓인 긴 아치형 터널로 높이 4.4m, 길이 14.75m, 폭 5m이다. 빙실의 입구는 서쪽이며 빙실은 안으로 들어갈수록 경사지고 바닥에 배수구가 있어 물이 밖으로 빠져나가도록 설계되어 있다. 천장에 환기 구멍이 있었을 것으로 보인다.

청도군 화양읍 동천리 285 청도 읍성 동문지에서 도보 3분

청도 향교

어디선가 들릴 듯한 서책 읽는 소리

1568년 선조 1년 고평동에 처음 세워졌으며, 1626년 인조 4년에 합천동으로 이전되었다가 1734년 영조 10년에 다시 현 위치인 화양읍 교촌리로 옮겨졌다. 이 때문에 화양 향교라고도 한다. 청도 향교는 일반적인 향교가 앞에 강당이 있고 뒤에 사당이 있는 전학후묘(前學後廟)인 것과 달리, 강당인 명륜당과 사당인 대성전을 나란히 배치한 것이 특이하다. 이곳에서는 설총, 안유, 이황 등 유학자 16명을 배향하고 있다.

청도군 화양읍 교촌리 48 청도 읍성 동문지에서 도보 5분

도주관

길게 이어진 당당한 건물이 인상적

조선 시대 관리들이 사용하던 객사로 1670년 조선 현종 때 세워졌다. 도주관의 '도주'는 청도의 옛 이름이다. 현판이 있는 중앙부는 정면 3칸이고 좌우 건물에 비해 지붕이 높으며, 중앙부 좌우는 정면 각 6칸, 측면 3칸으로 길고 웅장한 모습을 하고 있다.

청도군 화양읍 서상리 15-10, 청도 읍성 부근 청도 읍성 동문지에서 도보 3분

동헌

초교 안에 있어 아이들 떠드는 소리가 들려

조선시대의 지방 관아 건물로 관찰사나 수령이 행정 업무를 보고 재판을 하던 곳이다. 청도 동헌은 화양읍 언덕 위에 자리 잡고 있어 화양읍이 한눈에 내려다보이고 정면 7칸, 측면 4칸으로 되어 있다.

청도군 화양읍 동상리 158-2, 화양 초교 내 도주관에서 도보 5분

웃음 건강 센터 철가방 극장

코미디 전문가들의 웃음 폭탄

청도 풍각면 성곡리에 위치한 코미디 전용 극장이자 웃음 건강 센터로 개그맨 전유성이 운영한다. '코미디도 자장면처럼 배달된다.'라는 콘셉트로 2011년 중국집 철가방 모양을 본뜬 철가방 극장이 개관했고, 독특한 외관만큼 철가방 극장에서 열리는 공연도 즐겁다. 철가방 극장 옆으로 성곡 댐이 있어 무대에서 성곡 댐의 풍경을 감상하는 이색 체험도 할 수 있다. 철가방 극장의 공연은 좌석이 40여 석에 불과해 인터넷으로 예매를 하는 것이 좋다.

청도군 풍각면 성곡리 581, 청도 서쪽 청도 버스터미널에서 풍각면행 농어촌버스 이용하여 풍각면 도착, 풍각면에서 풍각행 청도 순환 버스 이용(13:00~17:10, 1일 3회) 성곡1리 하차, 철가방 극장 방향 도보 5분 청도 버스터미널에서 20번 국도 이용하여 풍각면 방향, 풍각면에서 성곡 댐·철가방 극장 방향 ₩ 15,000원(티켓링크 theater.ticketlink.co.kr에서 예약) 토~일, 공휴일 11:00, 14:00, 17:00 3회 공연(주중 단체 공연) 공연 문의 02-703-1950, 단체 문의 054-373-1951 www.comedymarket.kr

성곡리 그린투어 식당

동네 주민들이 마련한 따뜻한 식사

웃음 건강 센터 철가방 극장 부근 그린투어 센터 내에 있는 식당으로 성곡리 주민들이 운영하고 있다. 일반 식당과 달리 동네에서 생산된 농산물을 이용하므로 식재료가 신선하고 투박한 어머니의 손맛을 느낄 수 있어 좋다. 철가방 극장에서 공연을 본 뒤에 들르기 편하다.

청도군 풍각면 성곡리 581, 철가방 극장 부근 청도 버스터미널에서 풍각면행 농어촌버스 이용하여 풍각면 도착, 풍각면에서 풍각행 청도 순환 버스 이용(13:00~17:10, 1일 3회) 성곡1리 하차, 철가방 극장 방향 도보 5분 청도 버스터미널에서 20번 국도 이용하여 풍각면 방향, 풍각면에서 성곡 댐·철가방 극장 방향 비빔밥 6,000원, 한우국밥 6,000원, 돼지수육(중) 20,000원 054-371-1170

니가쏘다쩨

짬뽕과 피자의 약간 어색한 만남

청도에서 대구 방향 30번 국도기에 위치한 식당으로 개그맨 전유성이 운영하는 짬뽕과 피자 전문점이다. 옛 성당 건물을 개조하여 외관은 중세의 성을 연상시키고 실내는 정감 있는 분위기를 자아낸다. 사방을 둘러봐도 시골인 이곳에서 맛보는 피자 맛은 어떨지 시식해 보자.

청도군 이서면 영원리 131-9 청도 버스터미널에서 대곡리행 농어촌버스 이용하여 대곡리 하차, 도보 7분 청도 버스터미널에서 20번 국도 이용하여 화양읍 방향, 화양읍 지나 서상 사거리에서 유등지 방향, 유등지 지나 30번 국도 이용하여 대구·니가쏘다쩨 방향 짬뽕 9,000원, 라이스 12,000~14,000원, 파스타 12,000원~15,000원, 피자 19,000원~23,000원, 스테이크 30,000~35,000원 11:50~21:00(식사 11:50~15:00, 16:30~20:00) 054-373-9889

와인 터널 바

새콤한 감 와인 한잔, 건강을 위해 감식초도 좋아

와인 터널 중간에 있는 와인 바이며, 달달한 감 와인 레귤러나 깔끔한 감 와인 스페셜을 맛볼 수 있다. 여럿이라면 모듬치즈에 레귤러 또는 스페셜 1병을 구입해 마시는 것도 좋다. 술을 못하는 사람은 감식초나 아이스초코, 사과주스를 맛보아도 좋을 것이다.

청도군 화양읍 송금리 252-2, 청도 북쪽 / 청도에서 와인 터널행 청도 순환 버스 이용하여 송금리 하차, 와인 터널 방향 도보 10분 / 청도 버스터미널에서 청도대교 지나 좌회전, 25번 국도 이용하여 삼신리 · 소싸움 경기장 방향, 소싸움 경기장 지나 송금리 · 와인 터널 방향 / 와인 레귤러 1잔 3,000원, 1병 18,000원 / 스페셜 1잔 4,000원, 1병 25,000원 / 감 와인 상그리아 5,000원, 모듬치즈 5,000원 / 09:30~20:00(주말 21:00) / 054-371-1904 / www.gamwine.com

프로방스 레스토랑

중국 요리와 서양 요리의 퓨전

프로방스 포토랜드 중앙에 있는 레스토랑으로 중국 요리와 서양 요리가 섞인 퓨전 요리를 선보이고 있다. 나이가 있는 분들은 사천식해물덮밥, 젊은 사람은 양젖크림새우파스타, 아이들은 양송이베이컨피자 등을 선택하면 좋을 것이다. 밤에 포토랜드에 조명이 켜지면 창가에 앉아 와인 한잔을 해도 낭만적이다.

청도군 화양읍 삼신리 893-1, 청도 소싸움 경기장 인근 / 청도 버스터미널에서 오부행 농어촌버스(07:55, 16:30, 1일 2회) 이용하여 오부 하차, 프로방스까지 도보 20분 / 용암 온천행 순환 버스 이용하여 용암 온천 하차, 도보 10분 / 청도 버스터미널에서 청도대교 지나 좌회전, 25번 국도 이용하여 삼신리 · 소싸움 경기장 방향, 소싸움 경기장 지나 프로방스 방향 / 요리_사천식해물덮밥, 양젖크림새우파스타, 양송이베이컨피자 등 20,000 내외 / 10:00~23:00 / 054-372-5050 / www.cheongdo-provence.co.kr

의성 식당

해장으로 더욱 좋은 추어탕

청도역 앞 청도 추어탕 거리에 위치한 식당으로 원조 추어탕집으로 불린다. 텁텁한 맛의 다른 지역 추어탕과 달리 맑은 우거지탕 형태를 하고 있어 시원한 국물이 일품이다. 청도 추어탕 거리는 청도역 앞에 형성된 추어탕 식당 거리인데 저마다 원조를 내세우고 있다.

청도군 청도읍 고수리 969-23, 청도 추어탕 거리 / 청도 버스터미널에서 도보 1분 / 추어탕 7,000원 / 054-371-2349

청도의 특별한 숙소

루비콘 펜션

문복산과 삼계천의 비경에 둘러싸인 곳

청도 삼계리 계곡 부근에 있고 흰색 건물에 오렌지색 지붕을 하고 있어 마치 지중해의 어느 곳에 온 듯한 느낌이 든다. 별자리를 관찰할 수 있는 망원경, 바비큐장, 족구장, 노래방, 농구장 등이 갖춰져 있어 심심할 틈이 없다. 마당에는 작은 수영장이 있어 아이들이 놀기 좋고 인근 운문령에서 가지산 등산을 해도 즐겁다.

🏠 청도군 운문면 신원리 206, 삼계리 부근 🚌 울산 언양 버스터미널에서 운문사행 버스 이용하여 삼계리 · 펜션 앞 하차, 도보 5분 🚗 청도 버스터미널에서 20번 국도 이용하여 운문면 방향, 운문면에서 운문사 방향 ₩ 비수기_주중 60,000~90,000원, 주말 90,000~150,000원 / 성수기 150,000~200,000원 ☎ 054-373-2200 ⓘ rubicon.kr

알펜하임 펜션

야외 수영장에서 아이들과 물놀이

삼계리 계곡과 가슬갑사가 있는 문복산 자락에 있어 시원한 풍경을 자랑하고 흰색 목조로 된 펜션 건물은 이국적인 느낌을 준다. 마당의 야외 수영장에서는 아이들이 물놀이하기 좋고 어른들은 작은 족구장에서 공놀이를 해도 즐겁다. 인근 운문사나 운문산으로 여행을 떠나기도 편리하다.

🏠 청도군 운문면 신원리 205, 삼계리 부근 🚌 울산 언양 버스터미널에서 운문사행 버스 이용하여 삼계리 · 펜션 앞 하차, 도보 5분 🚗 청도 버스터미널에서 20번 국도 이용하여 운문면 방향, 운문면에서 운문사 방향 ₩ 비수기_주중 70,000~160,000원, 금요일 80,000~180,000원, 주말 90,000~220,000원 / 성수기 160,000~300,000원 / 바비큐 준비 10,000원 ☎ 010-9175-1400 ⓘ www.alpenheim.kr

오크랜드 & 오크스펠리스 펜션

비슬산 아래 맑고 시원한 공기

비슬산 자락에 위치해 공기가 맑고 오크랜드 펜션과 오크스펠리스 펜션이 펜션촌을 이루고 있다. 고려관, 신라관, 오크스펠리스 등 독립된 건물에 객실이 있다. 오크랜드 펜션의 부대시설로 야외수영장, 족구장, 노래방 등이 있어 이용에 불편함이 없고 인근 철가방 극장, 청도 읍성 등으로 나가기도 편리하다.

🏠 청도군 각북면 남산리 1321 🚌 청도 버스터미널에서 풍각면행 버스 이용하여 풍각면 도착, 풍각면에서 남산리행 청도 순환 버스 이용하여 남산3리 하차, 도보 20분 🚗 청도 버스터미널에서 20번 국도 이용하여 풍각면 방향,

풍각면에서 902번 지방도 이용하여 남산리 방향 ₩ 오크랜드 신라관 기준 비수기_주중 70,000~80,000원, 주말 100,000~120,000원, 성수기 130,000~150,000원 / 준성수기_주중 140,000~160,000원, 주말 160,000~180,000원 / 성수기_주중 160,000~180,000원, 주말 180,000~200,000원 ☎ 054-373-0929 ⓘ oaklandp.com

동해 바다 돌고래가 뛰노는

울산

바다와 산, 도시 풍경이 공존하는 곳

울산광역시는 삼한 시대에 진한의 굴아화촌이었다가 삼국 시대에 신라에 편입되었고, 고려 때 울주로 명명되었다가 조선 태종 13년 울산으로 바뀌었다. 울산은 울산항, 방어진항, 온산항 등이 있어 바다로 나가기 좋고 대규모 공업 단지가 있는 공업 도시이기도 하다. 문무대왕의 왕비가 잠들었다고 전해지는 대왕암 공원은 울산이 경주와 밀접한 관계를 맺고 있음을 잘 보여 주며, 장생포 고래 박물관, 태화강 대공원, 반구대 암각화와 자수정 동굴 나라 등이 있어 바다와 내륙, 산지의 다양한 볼거리를 제공하고 있다.

★Access★

- 경주 시외버스터미널에서 시외버스 이용, 06:30~23:20 수시 운행, 요금 4,900원
- 울산 시내_7번 국도 이용하여 울산 방향 / 울산 동해_4번 국도 이용하여 경주 전촌 방향, 전촌 삼거리에서 31번 국도 이용하여 울산 방향 / 울산 언양_경부 고속도로 또는 35 번 국도 이용하여 언양 방향

울산

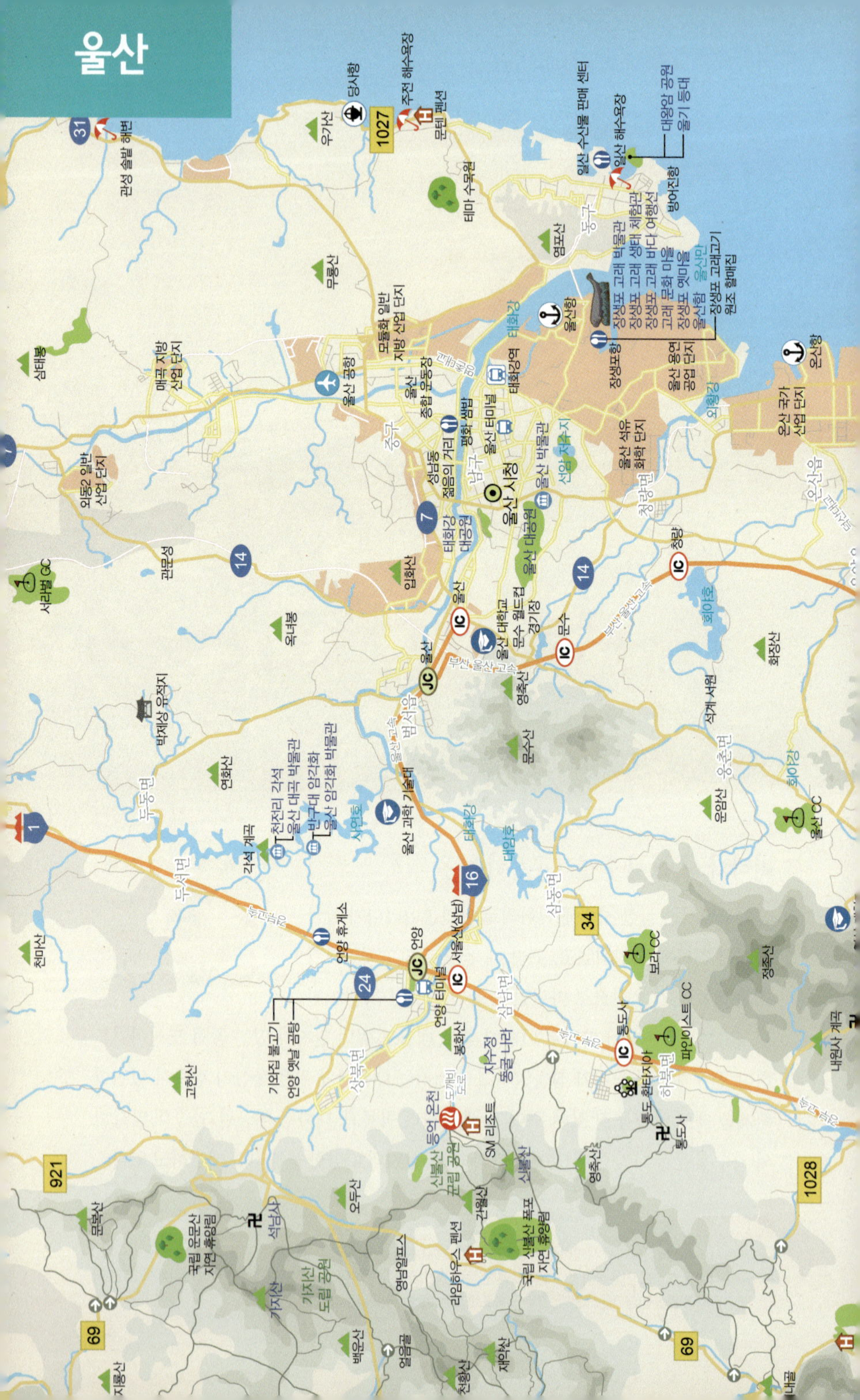

관성 솔밭 해변
우가산
당사항
주전 해수욕장
1027
일산 수산물 판매 센터
일산 해수욕장
대왕암 공원
울기 등대
방어진항
테마 수목원
염포산
동구
무룡산
모듈화 일반 지방 산업 단지
삼태봉
매곡 지방 산업 단지
울산 공항
울산항
장생포 고래 박물관
장생포 고래 생태 체험관
장생포 고래 바다 여행선
고래 문화 마을
장생포 옛마을
울산함
장생포 고래고기 원조 할매집
장생포항
울산 용연 공업 단지
태화강역
울산 종합 운동장
울산 석유 화학 단지
온산 국가 산업 단지
온산항
온산읍
외동2 일반 산업 단지
중구
남구
성남동 젊음의 거리
울산 터미널
울산 박물관
선암 저수지
울산 시청
태화강 대공원
울산 대공원
청량면
관문성
서라벌 GC
입화산
옥녀봉
울산 IC
울산 대학교
문수 월드컵 경기장
문수 IC
청량 IC
회야호
화장산
박제상 유적지
울산 JC
범서읍
영축산
문수산
석계 서원
웅촌면
회야강
운암산
울산 CC
연화산
두동면
천전리 각석
울산 대곡 박물관
반구대 암각화
울산 암각화 박물관
사연호
울산 과학 기술대
태화강
대암호
각석 계곡
두서면
천마산
언양 휴게소
언양 JC
서울산(삼남) IC
삼동면
보라 CC
정족산
언양 터미널
기와집 불고기
언양 옛날 곰탕
봉화산
삼남면
자수정 동굴 나라
상북면
고헌산
통도사 IC
파인이스트 CC
하북면
통도 환타지아
통도사
내원사 계곡
등억 온천
도깨비 도로
SM 리조트
신불산 군립 공원
신불산
간월산
국립 신불산 폭포 자연 휴양림
라임하우스 펜션
영남알프스
오두산
석남사
문복산
국립 운문산 자연 휴양림
가지산
가지산 도립 공원
백운산
얼음골
천황산
재약산
지룡산
31
7
14
1
16
24
34
921
69
1028

울산 하루 코스

자수정 동굴 나라 → 태화강 대공원 → 장생포 고래 박물관 → 장생포 고래 생태 체험관 → 대왕암 공원 → 울기 등대

울산은 산과 바다, 도시 등 다양한 풍경을 하루에 즐길 수 있는 곳이다. 울산 여행은 동쪽에서 시작해서 서쪽으로, 또는 서쪽에서 시작해서 동쪽으로 이동하는 식으로 코스를 짜는 것이 효율적이다. 예를 들어 서쪽의 자수정 동굴 나라부터 구경한 다음, 시내의 태화강 대공원, 장생포 고래 박물관, 동쪽의 대왕암 공원 순으로 이동하며 여행한다.

출발!

자수정 동굴 나라

자수정 동굴 속에서의 동굴 탐험과 보트 타기 (2시간)

버스 1시간

태화강 대공원

시원한 태화강변과 푸른 대나무 숲 산책 (1시간)

버스 30분

장생포 고래 박물관

고래의 생태, 옛 고래잡이 모습 등을 볼 수 있는 박물관 (30분)

도보 1분

장생포 고래 생태 체험관

돌고래가 뛰노는 대형 수족관과 귀여운 돌고래들의 묘기 (1시간)

버스 1시간

대왕암 공원

문무대왕의 왕비가 호국룡이 되어 나라를 지키는 곳 (1시간)

도보 5분

도착!

울기 등대

100여 년 전에 세워진 새하얀 등대 (10분)

대왕암 공원

죽어서도 나라를 지키는 문무대왕의 왕비

원래 명칭은 공원 내에 있는 울기 등대의 이름을 따 울기 공원이었으나 2004년부터 대왕암 공원으로 변경되었다. 이는 남편 문무대왕처럼 죽어서도 호국룡이 되어 나라를 지키겠다는 문무대왕 왕비의 전설에 따른 것이다. 울산 대왕암이 문무대왕 왕비의 수중릉인 셈이다. 대왕암은 육지와 철교로 연결되어 건너갈 수 있고 대왕암에서 동해의 풍경이 한눈에 들어온다. 공원 내에는 울기 등대, 대왕암, 용굴, 탕건암, 소나무 숲 등이 있어 산책하기 좋고 인근에 일산 해변, 방어진항에 들러도 즐겁다.

울산광역시 일산동 907, 울산 남동쪽 울산 시내에서 104번, 108번, 123번 버스 이용하여 대왕암 공원 입구 하차, 도보 20분 울산에서 방어진 방향, 방어진에서 대왕암 공원 방향

울기 등대

울산 바닷길을 안내해 주던 가이드

대왕암 공원 내에 위치한 등대로 등록문화재 제106호, 1905년 일제가 목재로 만들었다가 1906년 다시 콘크리트 건물로 만들어 1987년까지 사용하였다. 울기 등대는 원통형으로 구한말 건축 양식을 잘 알 수 있고 높이는 9.2m이다. 현재는 울기 등대 옆에 24m 높이의 새로운 등대를 지어 사용하고 있다.

울산광역시 일산동 905-5, 대왕암 공원 내 대왕암 공원에서 도보 3분 09:00~18:00 052-228-5610

장생포 고래 박물관

진귀한 고래의 생태 학습장

국내 유일한 고래 박물관으로 2005년 지상 4층 규모로 개관하였다. 울산 장생포는 옛 고래잡이 전진기지로, 1986년 우리나라에서 고래잡이를 금지한 이후 사라져 가는 고래잡이 유물과 기록을 수집, 전시하기 위해 박물관을 설립하였다. 주요 전시관으로는 1층 어린이 체험관, 2층 포경 역사관, 3층 귀신고래관, 고래 해체장 등이 있고 야외에 포경선이 세워져 있다. 박물관 앞 매점에서 파는 고래빵(5개 2,000원)도 인기가 높아 길게 줄을 선다.

울산광역시 남구 매암동 139-29, 울산 남동쪽 울산 시외버스터미널에서 246번, 256번 버스 이용하여 장생포 고래 박물관 하차 울산에서 장생포항 방향 ₩ 고래 박물관_성인 2,000원, 청소년 1,500원, 어린이 1,000원 / 4D 영상관 2,000원 / 울산함 1,000원 09:30~18:00(매표 17:00, 매주 월요일 휴관) ☎ 052-256-6301~2 www.whalemuseum.go.kr

장생포 고래 생태 체험관

돌고래의 재롱에 시간 가는 줄 몰라

고래 체험 생태관으로 2009년에 지상 3층 규모로 개관하였다. 고래 수족관에는 고아롱, 장꽃분, 고다롱 등으로 이름 붙여져 울산 남구에 전입 신고된 돌고래들이 뛰어놀고, 연안 바다 전시실에는 울산 연안에 서식하는 40여 종의 물고기와 수초 등이 살고 있다. 사육사가 돌고래와 함께하는 돌고래 생태 설명회에서는 돌고래의 생태에 대해 알 수 있고 돌고래의 재롱도 볼 수 있어 아이들에게 큰 인기를 끌고 있다. 미리 자리를 잡지 않으면 제대로 볼 수 없고 주말에 대혼잡을 이룬다.

울산광역시 남구 매암동 139-29, 고래박물관 옆 고래 박물관에서 도보 1분 ₩ 성인 5,000원, 청소년 4,000원, 어린이 3,000원 09:30~18:00(매표 17:00, 매주 월요일 휴관) / 돌고래 이야기_10:10, 14:10, 16:10 / 돌고래 생태 설명회_11:10, 13:10, 15:10, 17:10 ☎ 052-256-6301~2 www.whalemuseum.go.kr

장생포 고래 바다 여행선

돌고래를 만나러 바다로 출발

울산 장생포에서는 고래 바다 여행선을 타고 울산 앞바다에 나가 고래를 탐사하거나 울산 연안을 유람할 수도 있다. 고래 탐사는 4월~11월, 디너 크루즈는 5월~10월 실시되고 인터넷 홈페이지를 통해 예약해야 한다.

구분	운항 시기	요일 / 시간	운항 코스
고래 탐사	4~11월	화, 수, 목 14:00~17:00	울기 등대, 간절곶
		금 13:00~16:00	
		토, 일 10:00~13:00 14:00~17:00	
디너 크루즈	5~10월	금 19:00~21:00	울산미포 국가산단 야경

울산광역시 남구 매암동 139-29, 장생포항 울산 시외버스터미널에서 246번, 256번 버스 이용하여 장생포항 하차 울산에서 장생포항 방향 ₩고래 탐사_성인 20,000원, 소인 10,000원 / 디너크루즈_성인 55,000원, 소인 35,000원 052-226-5417 www.whalemuseum.go.kr

고래 문화 마을 · 장생포 옛마을 · 울산함

옛날 장생포를 재현한 장생포 옛마을

장생포 거리 뒤쪽 야산에 고래 조형물이 있는 고래 문화 마을, 옛날 장생포 풍경을 재현한 장생포 옛 거리, 5D 입체 상영관이 있어 울산 고래 문화를 이해하는 데 도움이 된다. 장생포 부두에는 퇴역한 대한민국 최초의 호위함이 정박되어 있어 내부를 살펴볼 수 있다.

울산광역시 남구 장생포고래로 244 고래 문화 마을 · 장생포 옛마을_고래 박물관에서 도보 6분, 울산함_고래 박물관에서 도보 1분 ₩장생포 옛마을 · 울산함 각 1,000원 09:00~17:30

태화강 대공원

와호장룡의 한 장면이 따로 없네

울산 태화강가에 위치한 공원으로 느티나무 광장, 야외 공연장, 생태 습지, 실개천, 나비 생태원, 십리대숲 등이 있다. 이 중에서 십리대숲은 태화강가에 수 미터 높이의 대나무들이 빼곡히 심어져 대나무 숲을 이루고 있는데, 바람에 따라 흔들이는 대나무 숲의 모습이 특별한 정취를 자아낸다.

울산광역시 중구 태화동 태화강 일대, 태화교 서쪽 울산에서 103번, 104번, 114번 버스 이용하여 동강 병원 하차, 도보 5분 울산에서 동강 병원 · 태화강 대공원 방향 09:00~18:00

울산 대공원

자전거를 타고 대공원을 누벼 보자!

울산 대공원은 울산시가 부지를 매입하고 (주)SK가 1,000억여 원을 투자하여 건설한 뒤 울산광역시에 무상 기부하였고 2005년 최종 개관하였다. 110만여 평의 광대한 부지에 워터파크인 아쿠아시스, 동물원, 나비 식물원, 곤충 생태관, 환경 에너지관, 파크 골프장 등을 갖추고 있어 울산 시민의 쾌적한 쉼터가 되고 있다. 울산 대공원은 공업탑 부근에 동문, 울주 군청 남쪽에 정문, 아쿠아시스 남쪽에 남문이 있는데 각 출입구 사이의 거리가 떨어져 있고 매우 넓으므로 공원을 오가는 트램카나 자전거를 대여해 돌아보는 것이 편리하다. 봄, 가을에는 공원으로 소풍 나온 유치원에서 중학생까지의 단체 입장객으로 소란스러울 수 있다.

구분		요금	비고
아쿠아시스		성인 10,000원, 어린이 7,000원	수영장, 파도풀, 슬라이드
동물원		- 성수기 - 성인 1,500원, 청소년 1,000원, 어린이 500원 - 비수기 - 성인 1,000원, 청소년 500원, 어린이 무료	성수기_4~6월, 9~10월 비수기_7~8월, 11~3월
나비식물원 · 곤충생태관		성인 2,000원, 청소년 1,500원, 어린이 500원	
동물원 + 나비식물원 · 곤충생태관		- 성수기 - 성인 2,750원, 청소년 1,500원, 어린이 750원 - 비수기 - 성인 2,500원, 청소년 1,250원, 어린이 500원	성수기_4~6월, 9~10월 비수기_7~8월, 11~3월
트램카		성인 600원, 청소년 500원, 어린이 300원	동문광장 파고라 앞 → 정문 풍요의 다리 → 남문 장미원 앞
자전거	1인용	1시간 3000원	10분 초과 시 500원
	2인용	1시간 6,000원	10분 초과 시 1,000원
	어린이용	1시간 3,000원	10분 초과 시 500원
유모차		2,000원	1일 1회

울산광역시 남구 옥동 146-1, 공업탑 부근 동문_울산에서 205번, 225번, 453번 버스 / 정문(울주 군청)_307번, 713번, 1127번 버스 / 남문_453번 버스 이용하여 대공원 하차 울산에서 공업탑 · 울산 대공원 방향 아쿠아시스_10:00~18:00 / 장미 계곡 · 동물원 · 나비 식물원 · 곤충 생태관_하절기 09:30~18:00, 동절기 09:30~17:00 / 트램카_10:00~17:30(30분 간격), 매주 월요일 휴무 ☎ 052-271-8818 www.ulsanpark.com

울산 박물관

최신식 박물관에서의 문화 탐구

울산 박물관은 도시 역사 박물관을 표방하고 2011년 개관하였다. 울산 박물관은 지하 1층, 지상 2층 규모이고 주요 전시관으로는 1층에 기획 전시실, 해울이관, 영상관 등이 있고, 2층에 역사관, 산업사관 등이 있다. 선사 시대부터 중세, 근대, 현대를 아우르는 울산의 역사와 산업 도시 울산의 면면을 볼 수 있는 곳이다.

울산광역시 남구 신정동 1060, 울산 대공원 동문 부근 울산에서 205번, 225번, 453번 버스 이용하여 대공원 동문 하차, 도보 5분 울산에서 공업탑 · 울산 박물관 방향 ₩ 무료 09:00~18:00(매주 월요일 휴관) ☎ 052-222-8501~3 museum.ulsan.go.kr

반구대 암각화

선사 시대 사람들의 그림 솜씨

울산 대곡천가의 선사 시대 암각화로 국보 제285호이다. 크기는 가로 약 8m, 세로 약 2m이나 물에 잠긴 부분까지 하면 세로 약 3.7m이다. 평평한 자연석에 고래, 개, 늑대, 멧돼지 등 다양한 동물과 사람, 고래 잡는 모습, 배와 어부 등을 그렸다. 대곡천 건너편 전망대에서 망원경을 통해 반구대 암각화를 바라볼 수 있으나 거리가 멀고 마모가 심해 잘 보이지 않는다. 반구대 암각화의 정확한 모습은 인근 암각화 박물관에서 확인할 수 있다.

울산광역시 울주군 언양읍 대곡리 산234-1, 울산 북서쪽 울산 언양에서 308번, 313번, 318-1번 버스 이용하여 반구대 입구 하차, 박물관 방향 도보 40분, 박물관에서 반구대 암각화 방향, 도보 10분 울산에서 언양 방향, 언양에서 암각화 박물관 방향 ☎ 052-229-6678

울산 암각화 박물관

반구대 암각화를 눈앞에서

반구대 암각화 입구에 위치한 박물관으로 울산 반구대 암각화와 천전리 각석의 실물 모형, 선사 시대 모습 등을 전시를 한다. 반구대 암각화를 실물과 같이 재현해, 현장에서 볼 수 없었던 고래, 개, 늑대, 호랑이 같은 동물, 고래잡이, 배와 어부, 사냥하는 모습 등을 볼 수 있어 좋다. 천전리 각석은 반구대 암각화 북쪽에 위치한 암각화로 선사 시대의 기하학적 무늬, 사냥하는 모습 등이 그려져 있는데, 이 역시 실물과 같이 재현되어 있어 섬세한 그림을 볼 수 있다.

울산광역시 울주군 두동면 천전리 333-1, 울산 북서쪽 울산 언양에서 308번, 313번, 318-1번 버스 이용하여 반구대 입구 하차, 도보 40분 울산에서 언양 방향, 언양에서 암각화 박물관 방향 ₩ 무료 09:00~18:00(매주 월요일 휴관) ☎ 052-229-6678 bangudae.ulsan.go.kr

천전리 각석

선사 시대 사람들이 그린 문양

반구대 암각화 북쪽의 대곡천가에 위치한 선사 시대 암각화로 보물 제147호로 제1암각화와 제2암각화로 나뉜다. 제1암각화는 가로 10m, 세로 3m이고 기하학적인 문양과 신라 때의 것으로 추측되는 명문이 있고, 제2암각화는 신석기에서 청동기 사이에 그려진 곰, 돼지, 호랑이 등을 사냥하는 그림이 그려져 있다. 천전리 각석은 바로 앞까지 가볼 수 있어 바위에 새겨진 기하학적 무늬와 사냥하는 모습 등을 눈으로 확인할 수 있다. 각석 건너편 대곡천가 암반에는 공룡 발자국 화석이 있어 함께 둘러보면 좋은데 지금으로부터 1억 년 전 전기 백악기에 살았던 중대형 공룡들의 흔적이 생생하다.

울산광역시 울주군 두동면 천전리 산210, 반구대 암각화 북쪽 울산에서 318-1번, 318-2번 버스, 언양에서 308번 버스 이용하여 구량천전 하차, 도보 40분 울산에서 언양 방향, 언양에서 천전리 각석 방향 09:00~18:00(매주 월요일 휴관) 052-229-7637

Travel Tips

천전리 각석-반구대 암각화 트레킹

천전리 각석과 반구대 암각화는 모두 대곡천가에 형성된 선사 유적으로 천전리 각석에서 대곡천을 따라 반구대 암각화까지 트레킹을 즐길 수 있다. 이곳 대곡천가는 울산에서도 한적한 곳이어서 잘 보전된 자연을 만끽할 수 있으나 혼자라면 다소 쓸쓸할 수 있으니 동행과 함께 걷는 게 좋다. 천전리 각석에서 반구대 암각화까지 트레킹을 하며 대곡천에 발을 담가도 좋고 천전리 공룡 발자국 유적, 울산 대곡 박물관과 울산 암각화 박물관을 둘러보아도 즐겁다.

코스 2.4km, 약 1시간 소요
천전리 각석-(대곡천가)-반구대 암각화

울산 대곡 박물관

대곡천 주변에서 발견된 유물 감상

대곡천 상류에 대곡 댐을 만들면서 발굴된 각종 토기류, 철기류, 도자류, 기와류 등의 유물을 전시하는 박물관이다. 제1전시실은 조선 시대 대곡의 생활과 문화, 제2전시실은 인근 하삼정 고분군에서 출토된 유물, 로비 전시실은 대곡의 불교 유적과 천전리 각석 재현품을 전시하고 있다. 천전리 각석을 둘러볼 때 들르면 좋은 곳이다.

울산광역시 울주군 두동면 천전리 280-3, 천전리 각석 부근 울산에서 318-1번, 318-2번 버스, 언양에서 308번 버스 이용하여 구량천전 하차, 천전리 각석 방향 도보 30분 울산에서 언양 방향, 언양에서 천전리 각석 방향 09:00~18:00(매주 월요일 휴관) ☎ 052-229-7637 dgmuseum.ulsan.go.kr

자수정 동굴 나라

자수정 캐던 동굴이 동굴 테마파크로

울주군 일대는 세계적인 자수정 산지로, 자수정 동굴 나라는 100여 개의 자수정 광산 중 한 폐광을 테마파크로 개발한 곳이다. 동굴의 길이는 총 2.5km에 이르며 내부에는 자수정 원석을 볼 수 있는 동굴 탐험, 보트를 타고 돌아보는 동굴 수로 탐험, 동굴 속 공연장에서 펼쳐지는 각설이와 필리핀 기예단의 공연 등 다양한 볼거리와 즐길 거리가 있다. 이곳에서는 실제 채굴된 자수정을 전시하며 목걸이, 반지 같은 상품으로 가공하여 판매도 한다. 또한 놀이 시설로 수영장, 눈썰매장, 놀이 기구, 식물원 등도 운영하여 다양하게 즐길 수 있다.

구분	요금
동굴 탐험	대인 7,000원, 소인 6,000원
동굴 수로 탐험	대인 6,000원, 소인 5,000원
물놀이 수영장 (여름)	대인 13,000원
눈썰매(겨울)	대인 13,000원, 소인 10,000원
바이킹 등 놀이 시설	대인 4,000원, 소인 3,000원
BIG2 (동굴+보트)	대인 12,000원, 소인 10,000원

울산광역시 울주군 삼남면 가천리 산4, 울산 서쪽 울산 언양에서 323번, 323-1번 버스 이용하여 자수정 입구 하차, 도보 15분 울산에서 언양 방향, 언양에서 등억 온천·자수정 동굴 나라 방향 ☎ 052-254-1515 www.jsjland.co.kr

신불산

산 위에 오르면 억새 평원이 반겨 줘

울산 울주군 상북면 삼남리에서 양산시 하북면에 걸친 산으로 높이는 1,209m이고 대개 등억 온천 지구에서 홍류 폭포를 경유해 정상으로 오른다. 신불산은 북쪽으로 간월산, 남쪽으로 영축산과 이어지고 서쪽으로 천황산과 재약산, 북서쪽으로 가지산과 운문산이 보인다. 특히 신불산에서 영축산으로 이어지는 능선에는 억새가 만발한 평원이 펼쳐져 장관을 이룬다. 이곳 신불산을 포함해 울산, 청도, 밀양 등에 걸친 가지산(1,241m), 운문산(1,188m), 천황산(재약산, 1,189m), 영축산(취서산, 1,081m), 고헌산(1,034m), 간월산(1,069m) 등 7개의 1,000m급 산들이 알프스 못지않은 아름다움을 자랑한다고 해서 영남 알프스라고 부른다. 이 중에서 가지산, 간월산, 신불산, 영축산, 고헌산은 울산에서, 가지산, 운문산은 청도에서, 천황산, 운문산은 밀양에서 접근하기 좋다.

울산광역시 울주군 상북면 삼남리, 양산시 하북면 울산 언양에서 323번, 323-1번 버스 이용하여 등억 온천 간월교 하차 울산에서 언양 방향, 언양에서 등억 온천 · 신불산 방향 ☎052-229-7882

코스

1) 신불산 코스 : 약 2시간 소요

1코스 : 간월 산장→정씨 산소→간월재→신불산 정상
2코스 : 건민 목장(가천리) → 신불재 대피소 → 신불산 정상

2) 영축산 코스 : 약 3시간 소요

1코스 : 배내 고개 → 배내봉 → 간월산 → 간월재 → 신불산 → (억새 평원) → 영축산
2코스 : 방기리 밤나무 과수원 → 삼거리(취서 산장 위쪽) → 영축산

등억 온천

산행 후의 온천욕은 더욱 좋아

신불산 자락에 위치한 온천 지구로 지하 600m에서 분출되는 중탄산 알카리 온천수를 이용한다. 중탄산 알카리 온천수는 혈액 순환, 피부 노화 방지, 신경통과 위장병 등에 좋은 것으로 알려져 있다. 신불산 등산을 하고 난 뒤, 들르면 좋다.

울산광역시 울주군 상북면 등억리 531-1, 등억 온천 지구 울산 언양에서 323번, 323-1번 버스 이용하여 등억 온천 하차 울산에서 언양 방향, 언양에서 등억 온천 · 신불산 방향 ₩신불산 온천 6,000원 ☎신불산 온천 052-254-8811

가지산

정상 대피소에서 라면 한 그릇

청도군 운문면, 밀양 산내면, 울산 상북면에 걸친 산으로 높이는 1,241m이고 대개 석남사 부근에서 귀바위, 상운산, 쌀바위를 거쳐 정상에 오르거나 석남 고개를 거쳐 정상에 오른다. 쌀바위 부근과 가지산 정상, 석남 고개 위쪽 등 세 곳에 간이 매점 겸 대피소가 있어 잠시 쉬어 가기 좋다. 가지산 서쪽은 운문산과 연결되고 남서쪽의 천황산과 재약산, 남동쪽의 신불산과 영축산이 보여 아름다운 풍경을 자랑한다. 가지산 산행 시 운문산과 연결해 산행하면 1,000m급 연봉이 이어진 영남 알프스의 진면목을 맛볼 수 있으나 아침 일찍 출발해야 한다.

청도군 운문면 · 밀양 산내면 · 울산 상북면, 청도 동쪽 울산 시외버스터미널에서 807번 버스 이용하여 석남사 하차 울산에서 언양 방향, 언양 지나 24번 국도 이용하여 상북면 · 가지산 · 석남사 방향

코스

1) 귀바위 · 쌀바위 코스 : 약 3시간 소요

석남사 → 귀바위 → 상운산 → 쌀바위(대피소) → 가지산(대피소)

2) 석남 고개 코스 : 약 3시간 소요

석남사 주차장(공비토벌기념비) → 석남 고개 → 대피소 → 가지산(대피소)

석남사

아기자기하게 꾸며 놓은 비구니 사찰

신라 고찰로 824년 신라 헌덕왕 16년 도의국사가 창건했고 6 · 25 전쟁으로 폐허가 되었다가 1959년 복원되었는데 이때부터 비구니 사찰이 되었다. 비구니 사찰이어선지 경내가 깨끗하고 깔끔하게 정리가 되어 보인다. 사찰 내에 도의국사가 세운 석남사 삼층석탑, 도의국사의 사리탑인 석남사 부도 등의 문화재가 있다. 가지산을 오르기 전 들르기 좋다.

울산광역시 울주군 상북면 덕현리 1064, 가지산 동쪽 자락 울산에서 807번 버스(언양에서는 터미널 후문 밖 버스정류장에서 승차) 이용하여 석남사 하차 / 언양 버스터미널 안에서 1713번 버스 이용하여 석남사 하차 울산에서 언양 방향, 언양 지나 24번 국도 이용하여 상북면 · 가지산 · 석남사 방향 ₩ 1,700원 ☎ 052-264-8900 www.seoknamsa.or.kr

석남사 부도

석탑인가 부도인가

석남사 내에 있는 도의국사의 부도로 보물 제369호이고 통일 신라 때의 것이다. 부도는 다른 말로 사리탑이고 하며, 승려가 입적 후 남긴 사리를 보관하는 탑을 말한다. 석남사 부도는 팔각원당형으로 팔각 지대석 위에 사자가 양각된 팔각의 하대석이 있고 그 위에 중대석, 연꽃 모양의 상대석을 올리고 다시 신장상과 자물통이 양각되어 있는 팔각기둥 모양의 탑신을 올렸다. 탑신 위에는 머릿돌인 옥개석과 상륜부가 올라가 있다. 전체적으로는 석등과 비슷해 보인다.

꼭 가봐야 할

맛집

일산 수산물 판매 센터

활어는 1층에서, 회는 2층에서

대왕암에서 멀지 않은 곳에 일산 해변이 있고 그곳에 신선한 해산물을 값싸게 맛볼 수 있는 일산 수산물 판매 센터가 보인다. 광어, 우럭 등 활어의 공식 시세표를 붙여놓아 바가지 쓸 우려가 없고 활어를 구입한 뒤에는 2층 초장 식당에서 세팅비를 내고 맛볼 수 있어 좋다.

울산광역시 동구 일산도 287, 일산 해변 북쪽 울산에서 127번, 106번, 108번 버스 이용하여 일산 해변 하차, 도보 5분 울산에서 방어진 방향, 방어진에서 일산 해변 방향 광어 · 우럭 · 참돔 시가, 세팅비 1인 4,000원

장생포 고래고기 원조 할매집

생소한 고래고기를 맛볼 수 있는 곳

1951년 창업한 이래, 3대째 가업으로 고래고기 요리를 전수해 오고 있는데 밍크고래만 전문적으로 취급하여 각 부위별로 보다 뛰어난 맛을 즐길 수 있다. 고래고기를 이용한 갈비매운탕은 소고기탕 비슷한 맛을 내고 매콤한 것이 해장으로도 일품이다. 모듬은 고래 껍질, 갈비살, 내장을 삶은 수육, 육회, 생고기, 가슴살과 배폭살인 우네, 꼬리와 지느러미를 소금에 절인 오베기 등이 나온다. 장생포 고래 박물관 서쪽으로 조금 올라간 곳에 있고 삼산동에 분점(052-271-7313)이 있다.

울산광역시 남구 장생포동 335-2, 장생포항 울산 시외버스터미널에서 246번, 256번 버스 이용하여 장생포 해군 부대 앞 하차, 도보 3분 울산에서 장생포항 방향 갈비매운탕(소) 15,000원, 두루치기 10,000원, 수육(소) 40,000원, 모듬(소) 70,000원 ☎ 052-261-7313

평화 쌈밥

추억이 어린 전통의 쌈밥집

울산 옥교동 젊음의 거리에 있는 쌈밥집으로 상추, 브로콜리, 다시마 등 푸짐한 쌈에 콩나물, 톳무침, 멸치조림 등도 맛이 있다. 여기에 삼겹살을 시켜 지글지글 구운 삼겹살을 얹고 여러 채소로 쌈을 싸먹으면 이보다 좋을 순 없다.

🏠울산광역시 중구 옥교동 231-2 🚌울산 고속터미널에서 724번, 722번, 732번 버스 이용하여 성남동 하차, 옥교동 젊음의 거리 방향, 도보 5분 🚗울산에서 옥교동 젊음의 거리 방향 🍲쌈밥 8,000원, 삼겹살 5,000원, 불고기 9,000원 ☎052-244-8104

기와집 불고기

20년 전통의 한우 불고기 전문점

언양 시장 위쪽에 있는 20년 전통의 한우 불고기 전문점으로 신선한 한우를 이용해, 맛이 쫄깃하고 고소하다. 간단히 먹으려면 기와집불고기를 주문하고 제대로 한우를 맛보려면 한우등심이나 한우모듬을 시킨다. 고기를 먹은 뒤에 마무리로 시원한 냉면이 빠지면 허전하다!

🏠울산광역시 울주군 언양읍 서부리 11-1 🚌울산에서 807번 버스 이용하여 언양 하차, 언양 시장에서 위쪽으로 도보 5분 🚗울산에서 언양 방향, 언양에서 언양 시장 방향 🍲기와집불고기 19,000원, 한우등심 24,000원, 모듬 24,000원 ☎052-262-4884

언양옛날곰탕

장날이면 줄서서 먹는 곰탕집

언양 시장 뒤쪽에 위치한 식당으로 50년 전통을 자랑한다. 푹 곤 사골 육수에 잘 삶은 수육이 있는 곰탕은 뜨거운 밥을 말아 땀을 흘리며 먹어야 제맛이다. 곰탕에 빠질 수 없는 부추무침이나 깍두기를 곁들여 먹어도 맛있다. 장날(2, 7로 끝나는 날)이나 주말에는 식당에 앉을 자리가 없다.

🏠울산광역시 울주군 언양읍 남부리 123-6, 언양 시장 내 🚌울산에서 807번 버스 이용하여 언양 하차, 언양 시장 방향 도보 5분 🚗울산에서 언양 방향, 언양에서 언양 시장 방향 🍲곰탕 8,000원, 수육백반 14,000원, 수육(중) 30,000원 ☎052-262-5752

울산의 특별한
숙소

문텐 펜션

월풀 욕조에서 로맨틱한 시간을

울산 주전 해변 부근에 위치한 펜션으로 흰색 건물로 되어 있다. 실내는 섹시 지브라, 프로포즈 등의 테마로 꾸며진 인테리어가 인상적이며 객실 내에 월풀 욕조가 마련되어 있다. 주전 해변과 가까워 한여름 물놀이하기 좋고 인근 대왕암 공원으로 나가기도 편리하다.

울산광역시 동구 주전동 84-3, 주전항 부근 울산 성남동에서 411번, 방어동에서 121번 버스 이용하여 주전 새마을 하차, 도보 5분 울산에서 방어동 방향, 방어동에서 주전항 방향 ₩ 비수기_주중 100,000~150,000원, 주말 140,000~190,000원 / 바비큐 준비 10,000원 ☎ 010-7566-6411 www.moontanps.com

SM 리조트

야외 수영장에서 아이들과 물놀이

신불산 등억 온천 지구 내에 위치한 리조트로 다양한 크기의 객실이 있고 일부 객실에는 스파가 설치되어 있다. 부대시설로 야외 수영장, 당구장, 노래방 등이 있어 이용에 불편함이 없다. 인근 자수정 동굴나라로 가기 쉽고 등억 온천에서 여행의 피로를 풀 수도 있다.

울산광역시 울주군 상북면 등억리 541-1, 등억 온천 지구 내 울산 언양에서 323번, 323-1번 버스 이용하여 등억 온천 하차 울산에서 언양 방향, 언양에서 등억 온천·신불산 방향 ₩ 주중 120,000~180,000원, 금요일 140,000~200,000원, 주말·준성수기 180,000~250,000원, 성수기 250,000~350,000원 ☎ 052-254-0800 www.smresort.co.kr

라임하우스 펜션

산 좋고 물 좋고 여기가 천국

신불산 서쪽 계곡에 위치한 펜션으로 산속에 있어 조용하고 공기가 맑다. 일부 객실에 스파가 있어 색다른 경험을 할 수 있고 야외 수영장에서는 아이들이 놀기 좋다. 인근 신불산, 자수정 동굴 나라 등으로 나가기도 편리하다.

울산광역시 울주군 상북면 이천리 292-4 울산에서 807번 버스 이용하여 석남사 하차, 석남사에서 328번 버스 이용 이천 분교 하차, 도보 15분 ₩ 비수기_주중 80,000~150,000원, 주말 120,000~200,000원 / 성수기_주중140,000~250,000원, 주말 220,000~330,000원 / 바비큐 준비_15,000원 ☎ 010-8677-1822 bkhouse.or.kr

호미곶 일출이 아름다운

포항

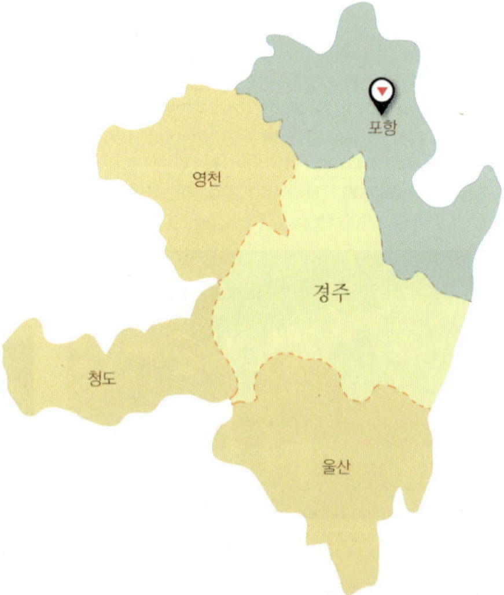

현대적인 공업 도시 곳곳에 숨은 볼거리들

포항시는 신라 초기 때는 근오지현, 고려시대 때는 영일현이라 불렸고 1949년 포항읍에서 포항시로 승격되었다. 지리상으로는 동쪽으로 동해 바다, 중앙에 내륙 평지, 서쪽과 북쪽에 산지로 이루어져 있다. 포스코를 비롯한 대규모 공업 단지가 형성되어 있는 공업 도시인 동시에, 포항 공대, 한동대, 기업 연구소 등이 있는 과학 도시로서도 이름을 얻고 있다. 주요 볼거리로는 우리 국토의 호랑이 꼬리에 해당하는 호미곶, 죽도시장, 보현산, 보경사 등이 있으며, 북서쪽에서 경주로 드나들 때 들르기 좋다.

★Access★

- 경주 시외버스터미널에서 시외버스 이용, 05:20~22:50(심야 23:30~24:10) 수시 운행, 요금 3,400원
- 포항 시내_7번 국도 이용하여 포항 방향 / 포항 호미곶_4번 국도 이용하여 전촌 방향, 전촌 삼거리에서 31번 국도 이용하여 구룡포 · 호미곶 방향

포항

강구항
삼사 해상 공원
오션뷰 CC
청송 얼음골
하옥 계곡
삼지봉
문수산
내연산 (향로봉)
은 폭포
보경사
보경사 군립 공원
동백 식당
천령산
매봉
삿갓봉
경상북도 수목원
장사 해수욕장
부경 온천
오션힐스 포항 CC
화진 해수욕장
아라하우스 펜션
송라면
조사리 간이 해변
송라 제니스 CC
청하면
월포 해변
이가리 간이 해변
마북 저수지
비학산
용연 저수지
칠포 해변
신광면
영일 민속 박물관
영일만4 일반 산업 단지
포항 영일 신항만
흥해읍
한동 대학교
포항 온천
기계면
서포항
익산포항고속
물곰 식당
동대구 횟집
환호 공원
포항 시립 미술관
영일만
포항구항
죽도 시장
포항
북구
포항 시청
포항 고속터미널
포항신항
흥덕왕릉
안계 저수지
포항 공과 대학교
포항 시외버스터미널
양동 마을
안강읍
제2강동대교
강동면
강동대교
연일읍
포스코 역사관
포항 공항
포항 철강 산업 단지
대송면
오천읍
포항 철강 산업 제3단지
새천년 기념
국립 등대 박
호미곶
호미곶면
라메르 펜
흥환 간이 해변
삼정 해
구룡포 근대 문화 역사 거리
구룡포 해
구룡포항
할매 식당
도암사
왕신 저수지
경주 천북 일반 산업 단지
운제산
오어지
오어사
천북면
장기면
양포항
아일랜드 펜션
용강 산업 단지
현곡면
경주 CC
대 경주 캠퍼스
경주 시청
보문 단지
경주 국립 공원 토함산 지구
덕동호
기림사

포항 하루 코스

내연산 → 보경사 → 죽도 시장 → 호미곶

크게 내연산과 죽도 시장과 동해 바다를 둘러보는 여행으로, 내연산에서 12폭의 아름다움에 취해 보고 죽도 시장에서의 떠들썩함에 빠진 뒤, 호미곶에서 동해를 조망한다. 이미 내연산과 보경사를 가 본 사람은 죽도 시장 → 호미곶 → 구룡포 등으로 코스를 짜는 것도 좋다.

출발!

내연산

기암괴석과 어우러진 열두 폭포의 비경을 만나는 계곡길 (1시간)

도보 1시간

보경사

원진국사비와 원진국사 부도 등의 문화재가 있는 신라 고찰 (30분)

버스 1시간

죽도 시장

동해안 최대의 어시장에서 포항 명물 물회나 과메기 맛보기 (1시간)

버스 1시간

도착!

호미곶

바다 풍경이 멋진 일출 명소에서 손 조각을 배경으로 기념 촬영 (1시간)

구룡포 근대 문화 역사 거리

일본식 가옥이 즐비한 골목길

근대 문화 역사 거리에는 100여 년 전 일제강점기에 일본 사람들이 이주해 와서 살았던 일본식 가옥이 많이 남아 있다. 좁은 골목과 목조 가옥, 나무전봇대 등은 색다른 느낌을 자아내고 마을 뒷산에는 일본 사람들이 만든 공원, 뱃사람들의 안전을 빌던 용왕당이 있다. 이 거리에 위치한 근대 역사관은 1920년대에 지어진 일본식 2층 건물로 일본식 건축의 특징을 잘 나타낸다. 역사관 1층에는 당시 이곳에 살았던 일본인의 생활상을 재현해 놓았고, 2층에는 패전 후 귀향한 일본인의 모습과 구룡포의 과거와 현재가 소개되어 있다. 이 거리와 함께 신선한 활어를 볼 수 있는 구룡포항을 둘러보아도 좋다.

포항시 남구 구룡포리 249-4, 포항 동쪽 포항에서 200번 버스 이용하여 구룡포6리 하차 포항에서 포스코 지나 31번 국도 이용하여 구룡포 방향 ☎054-276-9605

구룡포 해변

한적한 해변을 걷거나 물놀이하기 좋아

구룡포 해변은 타원형이고 길이는 400m, 폭은 50m이다. 수심이 낮고 물이 맑아 물놀이하기 좋고 해변 뒤쪽 소나무 숲에서 야영을 해도 좋다. 인근에 구룡포항과 구룡포 근대 문화 역사 거리, 호미곶 등의 명소가 있어 함께 둘러보면 더욱 즐겁다.

포항시 남구 구룡포읍 구룡포리 9-16, 구룡포항 북쪽 포항에서 200번 버스 이용하여 구룡포 해변 하차 / 구룡포항이나 호미곶에서 구룡포 해변행 지선버스 이용 포항에서 포스코 지나 31번 국도 이용하여 구룡포 방향, 구룡포항에서 구룡포 해변 방향 ☎054-276-2504

호미곶

손 모양 조각을 배경으로 기념 촬영

호미곶은 포항 동쪽의 바다 쪽으로 돌출된 끝에 위치한 해변을 말하는데, '호미(虎尾)'란 호랑이 꼬리, '곶'은 바다로 돌출된 육지의 끝이란 뜻이다. 원래는 동외곶이라고도 하고, 땅 모양이 말갈기를 닮았다 하여 장기곶이라 하였으나, 조선 명종 때 풍수지리학자 남사고가 〈동해산수비록〉에서 한반도가 호랑이 형상이라고 주장했던 것에 착안해 2001년 지금의 이름으로 변경되었다. 호미곶에는 우리나라에서 가장 먼저 해가 뜬다는 해맞이 공원이 있으며, 새천년 기념관, 연오랑세오녀상, 상생의 손, 국립 등대 박물관, 호미곶 등대 등 볼거리가 다양하다.

포항시 남구 호미곶면 대보리 228, 포항 동쪽 포항에서 대보-오거리행 지선버스 이용 / 포항 동해면 · 구룡포항에서 호미곶행 지선 버스 이용하여 호미곶 하차 포항에서 포스코 지나 해안 도로 이용하여 호미곶 방향 ☎054-270-5855

새천년 기념관

전망대에서 호미곶 전경 감상

새로운 밀레니엄을 기념해 새워진 건물로, 거대한 원형 띠 속에 빌딩이 서 있는 형상이다. 새천년 기념관 앞에는 바닷가 손 조각, 연오랑세오녀상, 국립 등대 박물관 등이 들어서 있다. 기념관 1층에는 포항의 역사와 문화를 소개하는 전시관, 2층에는 화석 박물관이 자리하고 있고 전망대에서는 호미곶 일대를 조망하기 좋다.

포항시 남구 호미곶면 대보리 293-1 호미곶에서 도보 1분

국립 등대 박물관

등대 모형, 사이렌 등 국내 최고의 등대 박물관

국립 등대 박물관은 제1전시관, 제2전시관, 수상 전시관, 야외 전시장을 갖추고 1985년 개관하였다. 제1전시관은 해양 수산 홍보관, 제2전시관은 등대관과 등대 유물관이다. 수상 전시관은 영일만 · 울릉도 · 독도의 지형 및 항로 표지, 선박 모형 등이 전시되어 있으며, 야외 전시장은 발동 발전기, 공기 사이렌, 무인 등대, 부표, 송신 장비 등을 전시하고 있다. 소장품은 항로 표지 용품 및 해양 관련 자료 320종, 3,000여 점에 달한다. 바닷길을 안전하게 다닐 수 있게 도와주는 등대에 대해 알 수 있어 유익한 곳.

포항시 남구 호미곶면 대보리 228 호미곶에서 도보 5분 10:00~17:00(동절기 16:00) ☎054-284-4857

오어사

오어지와 어우러진 오어사 풍경이 일품

포항 운제산(477m) 기슭에 위치한 신라 고찰로 신라 26대 진평왕 때 항사사란 이름으로 창건하였다. 오어사라는 이름은, 신라 원효 대사와 혜공 선사가 서로의 법력을 시험하고자 개천의 물고기를 살리기로 했는데 한 물고기는 죽고 다른 한 물고기는 살아 움직이므로 서로 자기(吾, 나 오)의 물고기(魚, 물고기 어)라 했다는 일화에서 유래된 것이다. 오어사 뒷산인 운제산은 원효 대사가 이곳에서 수도할 때 계곡을 사이에 둔 원효암과 지장암을 오가기 어려워 운제(雲梯), 즉 구름다리를 놓았다고 해서 붙여진 이름이라는 설과, 이곳에 신라 제2대 남해왕비 운제 부인의 성모단이 있어 붙여진 것이라는 설이 있다. 오어사는 인근에 오어지가 있어 풍경이 아름답고 오어사 뒷산 운제산에 오르면 포항 산업 단지와 포항 시내가 한눈에 들어온다. 가볍게 지장암이나 원효암까지 다녀와도 좋다.

포항시 남구 오천읍 항사리 34, 포항 산업 단지 남쪽 포항에서 102번, 300번 버스 이용하여 오천읍 구종점 하차, 오천읍 구종점에서 오어사행 버스 이용하여 종점 하차, 도보 20분 포항에서 포스코 지나 청림 삼거리에서 오어사 방향 ☎054-292-2083

포스코 역사관

세계적인 철강 기업 포스코의 역사 탐방

1968년 창업한 세계적인 철강 기업 포스코의 역사와 철강 산업에 대해 알 수 있는 곳이다. 주요 전시 내용은 포스코 창업 전사, 창업기, 포항 건설기, 광양 건설기, 도약기 등이고 그 밖에 창의관, 창암관, 기술관도 둘러볼 수 있다. 인근에 포스코에서 운영하는 프로 축구팀 포항 스틸러스의 홈구장인 포항 스틸야드가 있어 함께 둘러보면 좋다.

포항시 남구 괴동동 1, 포스코 본사 옆 포항에서 101번, 102번, 200번, 200-1번, 300번 버스 이용하여 포스코 동촌생활관 하차 포항에서 포스코 본사 방향 ₩ 무료(2일 전 예약) 09:00~18:00(토요일 10:00~17:00, 매주 일요일 휴관) ☎ 054-220-7720, 7721 museum.posco.co.kr

죽도 시장

왁자지껄 분주한 수산 시장 풍경

죽도 시장은 1950년대에 노점상들이 모여들면서 자연적으로 형성되었으며, 현재 1,200여 점포가 있는 동해안 최대의 재래시장이다. 죽도 시장에는 농산물 거리, 수산물 거리, 건어물 거리, 먹자골목, 떡집 골목, 이불 거리, 한복 거리 등 특색 있는 거리가 형성되어 있고 이들 거리에서 수산물, 건어물, 활어회, 의류, 가구, 채소, 과일, 일용 잡화 등을 취급한다. 죽도 시장 동쪽에 위치한 죽도 어시장에는 회 센터의 횟집 수가 200여 곳에 달해 싱싱한 회와 포항 명물 과메기를 맛볼 수 있다. 회를 저렴하게 맛보려면 어시장에서 싱싱한 생선회를 구입한 뒤, 회초장 골목에 가져가서 세팅비만 내고 회를 먹으면 된다.

포항시 북구 죽도동 2-4, 포항 고속버스터미널 북쪽 포항에서 101번, 102번, 105번 등 버스 이용하여 죽도 시장 하차 포항에서 죽도 시장 방향 08:00~22:00 054-247-3776

환호 공원

전망대에서 보이는 포항 공업 단지의 위용

포항 북서쪽 환호동 바닷가에 위치한 공원으로 51만 6779m^2의 넓은 땅에 대폭포, 분수대, 야외 공연장, 물레방아, 전망대 등을 갖추고 있다. 전망대에서 동해를 조망하기 좋고 남쪽으로 포항 신항, 포스코, 포항 산업 단지 등의 풍경도 보인다. 미술 감상을 좋아하는 사람이라면 공원 내에 있는 포항 시립 미술관에 들러 전시회를 감상하여도 좋다.

포항시 북구 환호동 56, 포항 북서쪽 포항에서 101, 102, 105번 등 버스 이용하여 환호 공원 앞 하차 포항에서 환호 공원 방향 054-270-5561

포항 시립 미술관

최신 시설의 미술관에서 감상하는 명작들

2009년 '시민이 감동하는, 작지만 차별화된 세계적인 미술관'을 모토로 개관하였다. 1층에 제1·3·4 전시실과 카페테리아가 있고, 2층에 제2전시실과 특별 전시실인 초헌 장두건관 등이 있어 다양한 전시를 진행하고 있다. 미술 교육 프로그램으로는 토요 키즈 프로그램인 '미술관에서 놀토'와 다빈치 키즈 같은 프로그램이 있다. 전시를 관람한 뒤, 미술관 내 카페테리아에서 차 한잔을 마셔도 좋고 미술관 라이브러리에서 미술 관련 책자를 보아도 즐겁다.

포항시 북구 환호동 351, 환호 공원 내 / 포항에서 101번, 102, 105번 등 버스 이용하여 환호 공원 앞 하차 / 포항에서 환호 공원 방향 / ₩ 무료 / 10:00~19:00 (동절기 18:00, 매주 월요일 휴관) / 도슨트 설명_평일 11:00, 15:00, 주말 11:00, 14:00, 16:00 / 054-250-6000 / www.poma.kr

영일 민속 박물관

포항 사람들의 전통 생활상을 볼 수 있는 곳

1983년 개관한 민속 박물관으로 토기, 생활 용구류, 농어기구류, 관혼상례 용구, 고서적류, 의복류 등 4,600여 점을 전시, 보관하고 있다. 현대화 속에 점점 사라져 가는 민속 자료의 현실을 안타까워한 포항시와 포항 문화원의 주도로 수집, 전시하게 되었다. 전시관 한쪽에는 흥선대원군이 세웠던 척화비가 남아 있어 눈길을 끈다.

포항시 북구 흥해읍 성내리 39-8 / 포항 시외버스터미널에서 107번 간선버스 이용하여 흥해 환승 센터 하차 / 포항에서 7번 국도 이용하여 흥해읍 방향 / ₩ 무료 / 09:00~18:00(매주 월요일 휴관) / 054-261-2798

경상북도 수목원

국내에서 유일한 고산 수목원

해발 550~780m에 있는 국내 유일의 고산 수목원이다. 2001년 내연산 수목원으로 개원했다가 2005년 경상북도 수목원으로 이름이 변경되었다. 수목원에는 고산식물원, 관목원, 암석원 등 수목원과 전시 온실, 전망대, 숲 문화 공간 등을 갖추고 있고 보유 식물은 목본 약 700여 종, 8만 7천 본, 초본 약 800여 종, 9만 3천 본 등으로 총 1,500여 종, 18만 본에 이른다. 매일 두 번 있는 숲 해설 시간에 맞춰 방문하면 숲 해설을 들으며 수목원을 둘러볼 수 있다.

포항시 북구 죽장면 상옥리 1-1, 포항 북서쪽 / 포항역 앞 농협 포항시 지부에서 죽도 성당-하옥 버스 이용하여 수목원 하차 / 포항 시외버스터미널 앞에서 500번 버스 이용, 청하 환승 센터에서 경상북도 수목원행 버스로 환승하여 수목원 하차 / 포항에서 7번 국도 이용하여 청하면 방향, 청하면에서 수목원 방향 / ₩ 무료 / 10:00~18:00(동절기 17:00) / 숲 해설 11:00, 15:00 / 054-262-6100, 단체 예약 054-260-6130 / www.gbarboretum.org

보경사

보물이 묻힌 명당에 세워진 절

신라 고찰로 602년 신라 진평왕 때 지명 법사에 의해 창건되었다. 전설에 따르면 진나라에 유학을 다녀온 지명 법사가 진평왕에게 고하기를, 진나라 도인에게 받은 팔면보경을 명산의 명당에 묻고 불당을 세우면 왜구와 이웃 나라의 침입을 막고 삼국 통일을 할 것이라고 하였다. 이에 왕이 기뻐하며 명당을 찾아다니다가 내연산 아래의 연못이 명당임을 알고, 연못을 메운 뒤 팔면보경을 묻고 보경사를 세웠다고 한다. 보경사의 주요 문화재로는 보물 제252호 원진국사비, 보물 제430호 원진국사부도, 적광전, 오층석탑 등이 있다. 보경사 위쪽 내연산에는 아름답기로 이름난 십이폭포가 있어 함께 둘러보면 좋다.

포항시 북구 송라면 중산리 622, 포항 북서쪽 포항 시외버스터미널에서 510번(보경사행) 버스 이용하여 보경사 하차 포항에서 7번 국도 이용하여 청하면·송라면 방향, 송라면에서 보경사 방향 ₩ 성인 3,500원, 청소년 2,500원, 어린이 무료 ☎ 054-262-1117 www.bogyeongsa.kr

원진국사비

섬세하게 조각된 귀부가 인상적

1224년 고려 고종 11년에 세워졌고 보물 제252호이다. 섬세하게 조각된 귀부는 화강암이고, 비신은 검은색 사암이다. 귀부의 머리는 거북 머리가 아닌 용머리이고 귀부의 등에는 거북의 육각 무늬를 조각했다. 비석 머리인 이수가 없는 형태이고 비신의 글씨는 김효인이 썼다. 원진 국사는 고려 시대의 승려로 능엄경을 공부했고 훗날 선풍을 확립하며 대선사에 올랐다.

원진국사부도

산속에 있는 석등 모양의 부도

1224년 고려 고종 11년 세워졌고 보물 제430호이다. 높이는 4.5m이고 팔각형 모양이어서 팔각원당형 부도라고 한다. 3단의 하대석과 팔각의 상대석 위에 돌기둥처럼 보이는 팔각의 탑신을 올렸는데 탑신 중간에 자물통 모양이 양각되어 있다. 탑신 위에 팔각 꽃잎 모양의 옥개석이 있고 그 위에 상륜부가 올려져 있다. 전체적으로는 부도라기보다 석등 모양에 가깝다.

내연산

계곡을 따라가는 폭포 여행

포항 북서쪽 포항시 송라면과 죽장면, 영덕군 남정면에 걸쳐 있는 산으로, 가장 높은 향로봉의 높이는 930m이고 향로봉 동쪽으로 삼지봉(710m), 문수봉(622m), 천령산(775m) 등이 이어진다. 내연산의 원래 이름은 종남산이었으나 신라 진성여왕이 이곳에서 후백제의 견훤을 피한 뒤 내연산으로 개칭하였다. 내연산에는 보경사와 청하골 십이폭포 등 볼거리가 많아 사람들이 많이 찾는다. 십이폭포는 제1폭 쌍생 폭포, 제2폭 보현 폭포, 제3폭 삼보 폭포, 제4폭 잠룡 폭포, 제5폭 무봉 폭포(영화 〈남부군〉 촬영지), 제6폭 관음 폭포(선일대·신선대·관음대·월영대·적교), 제7폭 연산 폭포(높이 30m, 길이 40m, 학소대), 제8폭 은폭포, 제9폭 시명 폭포, 제10폭 제1복호 폭포, 제11폭 제2복호 폭포, 제12폭 제3복호 폭포를 가리킨다. 내연산 향로봉까지 종주할 것이 아니라면, 보경사 주차장에서 연산 폭포까지 갔다 오는 코스가 가장 무난하다. 내연산 일대는 포항에서 오지에 속하므로 등산 시 체력에 맞게 코스를 정하고 등산로를 벗어나지 않게 주의한다.

포항시 송라면과 죽장면, 영덕군 남정면, 포항 북서쪽 보경사_포항 시외버스터미널에서 510번(보경사행) 버스 이용하여 보경사 하차, 보경사 방향 도보 10분 / 하옥리 향로교_포항역 앞 농협 포항시 지부에서 죽도 성당-하옥행, 청하-죽도 성당행 시내버스 이용하여 하옥리 향로교 하차 보경사_포항에서 7번 국도 이용하여 청하면·송라면 방향, 송라면에서 보경사 방향 / 하옥리 향로교_포항에서 7번 국도 이용하여 청하면 방향, 청하면에서 경상북도 수목원·하옥리 방향 ₩ 보경사 입장료 성인 2,500원, 청소년 1,700원, 어린이 무료

코스

1) 폭포 코스 : 왕복 1시간 소요

보경사 → 제1폭 쌍생 폭포 → 제2폭 보현 폭포 → 제3폭 삼보 폭포 → 제4폭 잠룡 폭포 → 제5폭 무봉 폭포 → 제6폭 관음 폭포 → 제7폭 연산 폭포

2) 산행 코스 : 약 3시간 30분 소요(보경사 주차장에서 향로봉까지)

1코스 : 보경사 주차장 → 보경사 사령 고개 → 문수봉 → 삼지봉 → 마당미기 → 향로교 갈림길 → 향로봉
2코스 : 보경사 주차장 → 보경사 → 문수암 갈림길 → 쌍생 폭포 → 보현암 → 관음 폭포 → 은폭포 → 잘피 입구 → 시명리 → 향로봉
3코스 : 하옥 향로교 → 주능선 갈림길 → 향로봉
4코스 : 샘재 → 매봉 → 꽃밭등 갈림길 → 향로봉
5코스 : 샘재 → 삼거리 → 선바위 → 시명리 → 향로봉

※ 내연산 종주를 한다면 3코스 하옥 향로교에서 향로봉을 거쳐 폭포를 구경하며 보경사로 하산하는 것도 좋다. 반대로 진행하면 오르막이라 힘이 더 든다.

꼭 가봐야 할 맛집

동백 식당

입맛 없을 땐 산채에 고추장 넣고 쓱싹쓱싹!

보경사 앞 식당가에 있는 식당으로 산채비빔밥을 주문하니 취나물, 고사리, 콩나물이 담긴 대접과 밥, 된장국 등을 내놓는다. 대접에 밥을 넣고 왼쪽, 오른쪽으로 비비니 맛있는 산채비빔밥 완성이다. 이른 시간에 도착했다면 보경사와 폭포를 구경한 후 들르고, 점심 전후 시간이라면 식사를 하고 구경 가는 게 좋다. 토속주에 관심 있는 사람이라면 식당마다 팔고 있는 벌떡주를 맛보아도 좋다.

포항시 북구 송라면 중산리 539-37, 보경사 앞 포항 시외버스터미널에서 510번(보경사행) 버스 이용하여 보경사 하차 포항에서 7번 국도 이용하여 청하면·송라면 방향, 송라면에서 보경사 방향 산채비빔밥 8,000원, 더덕산채정식 15,000원, 한방토종닭백숙 45,000원 ☎054-262-2921

물곰 식당

뜨거우면서 시원한 국물이 해장에 최고

물곰탕으로 유명한 식당인데, 물곰은 이 지역에서 곰치를 부르는 말이다. 곰치는 뱀장어과 몸치목 물고기로 몸길이는 약 60cm이고 잔가시가 많고 모양이 못생겨, 예전에는 잘 먹지 않던 물고기다. 아귀와 비슷하게 콜라겐 성분이 많고 시원한 국물이 일품이어서 동해 명물 음식으로 자리 잡았다. 식당에 따라서 김치를 넣고 김치국처럼 끓이는 곳이 있는가 하면 이곳처럼 매운탕으로 만드는 곳도 있다. 어느 것이나 국물이 담백하고 시원한 것은 마찬가지다.

포항시 북구 덕산동 111-3, 포항 중앙 초교 남쪽 포항 시외버스터미널에서 105번, 200번, 700번 버스 이용하여 포은도서관 하차, 도보 5분 포항에서 북부 시장·포항 중앙 초교 방향 물곰탕 14,000원, 아귀탕 12,000원, 아귀찜(소) 25,000원, 아귀수육(소) 40,000원 ☎054-242-6111

동대구 횟집

포항의 명물 물회 맛보기

죽도 시장 횟집 거리에 있는 식당으로 길가에 있어 찾기 쉽다. 포항에 유명한 물회를 시키니 회와 채소를 썰어 넣은 대접에 빙수 모양의 양념이 올라가 있다. 회와 양념을 잘 비벼 입안에 넣으니 시원한 기운이 퍼지며 쫄깃한 회의 맛이 느껴진다. 반찬으로 꽁치, 매운탕이 나와 공기밥 추가는 필수! 과메기 철에는 과메기를 맛보면 좋고 여럿이라면 대게나 모듬회도 괜찮다.

포항시 북구 죽도동 571-15, 죽도 시장 내 포항 시외버스터미널에서 105번, 107번, 109번 버스 이용하여 죽도 시장 하차 포항에서 죽도 시장 방향 물회(일반) 12,000원, 물회(자연산) 15,000원, 횟밥(일반) 12,000원, 과메기(소) 30,000원, 모듬회(소) 40,000원 ☎054-251-3567

할매 식당

구룡포 보통 사람들이 즐겨 찾는 식당

구룡포항 내에 있는 식당으로 주로 항구 내 어부나 노무자들이 이용하는 곳이다. 정식을 시키니 고등어구이와 조림, 된장국 등이 나와 한 끼 식사로 맛있게 먹을 수 있다. 여럿이라면 도루묵찌개나 갈치찌개를 주문해도 좋다. 다른 관광지 식당에 비해 가격이 저렴한 편이다.

포항시 남구 구룡포읍 구룡포리 955-6, 구룡포항 내 포항 시외버스터미널에서 200번 버스 이용하여 구룡포 수협 하차, 도보 3분 포항에서 31번 국도 이용하여 구룡포 방향 정식 7,000원, 도루묵찌개 10,000원, 고등어찌개 10,000원, 갈치찌개 12,000원 ☎054-276-9960

포항의 특별한 숙소

아라하우스 펜션

객실에서 동해 바다 일출을 볼 수 있어

바닷가에 세워진 목조 건물이 이국적인 풍경을 자아내고 실내는 럭셔리하게 꾸며져 있다. 전 객실에서 바다를 조망할 수 있어 이른 아침 동해의 일출 감상이 가능하다. 인근 보경사, 내연산으로 가기도 편리하다.

🏠 포항시 북구 송라면 방석리 9 🚌 포항 시외버스터미널에서 510번 버스 이용하여 청하 환승 센터 하차, 청하에서 지경리 또는 대경리행 버스 이용하여 화진1리 하차, 도보 3분 🚗 포항에서 7번 국도 이용하여 청하 방향, 송라면에서 방석리 · 펜션 방향 ₩ 비수기_주중 80,000~280,000원, 주말 130,000~350,000원 / 성수기_180,000~500,000원 ☎ 010-8557-3420 ℹ www.arahouse.co.kr

라메르 펜션

스파에서 로맨틱한 밤을 보낼까

흰색 벽에 오렌지색 지붕의 펜션이 바닷가에 서 있는 모습이 이국적인 풍경으로 다가오고 객실 창문을 열면 동해 바다가 방으로 들어온다. 일부 객실에는 스파가 있어 여행의 피로를 풀어 주고 밤에는 하늘에서 쏟아지는 별들을 관찰할 수 있다.

🏠 포항시 남구 호미곶면 강사리 194 🚌 포항 시외버스터미널에서 200번 버스 이용하여 구룡포 하차, 구룡포에서 호미곶행 지선버스 이용하여 강사1리 하차, 도보 5분 🚗 포항에서 31번 국도 이용하여 구룡포 방향 ₩ 비수기_주중 90,000~220,000원, 금요일 100,000~250,000원, 토 · 공휴일 전날 130,000~320,000원 / 준성수기_160,000~350,000원 / 성수기_180,000~450,000원 ☎ 054-284-5009, 010-7584-5009 ℹ pohanglamer.co.kr

아일랜드 펜션

가까운 해변에서 물놀이나 바다낚시를 해도 좋아

바닷가에 여러 동으로 나누어 지은 펜션은 동화 속 마을을 연상케 하고 마당의 미니 수영장에서는 아이들이 물놀이하기 좋다. 바다가 가까워 여름철 물놀이를 하거나 바다낚시를 해도 좋다. 인근 구룡포나 호미곶, 경주로 나가기도 편리하다.

🏠 포항시 남구 장기면 계원리 24-10, 양포항 부근 🚌 포항 요천읍에서 800번 버스 이용하여 손재림 박물관 하차, 도보 5분 🚗 포항에서 929번 지방도 이용하여 양포항 방향 ₩ 비수기_주중 90,000~200,000원, 주말 110,000~250,000원 / 성수기_주중150,000~300,000원, 주말 170,000~330,000원 ☎ 054-254-1800, 011-826-8222 ℹ www.islandpension.kr

관광지를 돌아다니는 평범한 여행이 싫증난다면
내가 좋아하는 테마를 정해 두고 여행하면 어떨까?
심신을 힐링하는 걷기나 트레킹 여행부터 역동적인 자전거 · 스쿠터 여행,
직접 만들고 경험해 보는 체험 여행, 고택이나 사찰, 향교에서 숙박하기,
이색 테마 투어에 참여하거나 축제와 공연 즐기기까지
취향에 따라 다양한 테마로 경주를 특별하게 즐겨 보자!

테마 여행

건기 여행

자전거·스쿠터 여행

트레킹 여행

체험 프로그램

체험 숙박

이색 테마 투어

축제와 공연

느린 걸음으로 경주 느끼기

걷기 여행

한때는 관광버스나 승용차를 타고 짧은 시간에 많은 관광지를 도는 것이 여행의 목적이었다. 하지만 요즘은 천천히 걸으며 온몸으로 체감하는 걷기 여행이 대세다. 걷기 여행을 할 때는 자칫 걷는 것에만 몰두하기 쉬운데, 주위의 경치를 충분히 감상하며 즐기는 것이 중요하다. 자신의 취향와 체력 등을 고려한 코스를 골라 걸으면서 경주의 명소도 빼놓지 않고 둘러보자.

경주 시내와 외곽 코스

경주의 진면목을 볼 수 있다

경주의 걷기 코스는 경주 시내와 경주 외곽 코스로 나눌 수 있다. 1코스, 2-1코스, 2-2코스는 황성 공원 시민 운동장을 출발해 보문 단지 The-K 경주 호텔, 분황사, 동궁과 월지, 오릉 등을 들르는 코스이고, 2코스~8코스는 물레방아 광장을 출발해 보문 단지, 덕동호, 토함산 자연 휴양림, 석굴암, 불국사, 통일전, 국립 경주 박물관 등을 들르는 코스이다. 이들 걷기 코스는 경주의 유적과 보문호, 덕동호, 토함산, 남산을 거쳐서 가므로 경주의 진면목을 볼 수 있어 좋다.

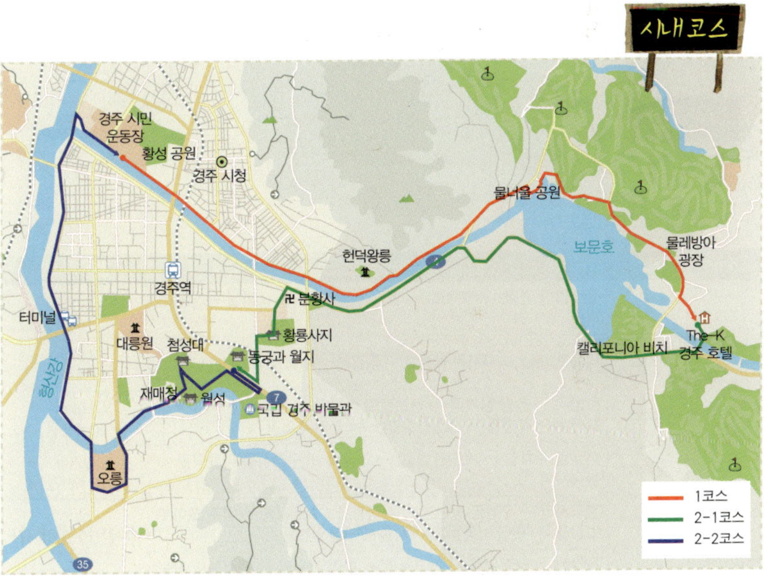

구분	코스	코스 내용	길이 / 시간
경주 시내	1코스	경주 시민 운동장 → (강변길) → 수북 잠수교 → 헌덕왕릉 → 물너울 공원 → 보문호 → 물레방아 광장 → 보문 단지 → The-K 경주 호텔	10km 3~4시간
	2-1코스	The-K 경주 호텔 → 엑스포 광장 → 캘리포니아 비치 → 보문호 → 보문호 낚시터 → (마을길) → 신라 왕경 숲 → 분황사 → 황룡사지 → 동궁과 월지	10km 3~4시간
	2-2코스	동궁과 월지 → 국립 경주 박물관 → 월성 → 첨성대 → 재매정 → 오릉 → 오릉교 → (강변길) → 남천 → 서천(형산강) → 경주 시민 운동장	10km 3~4시간

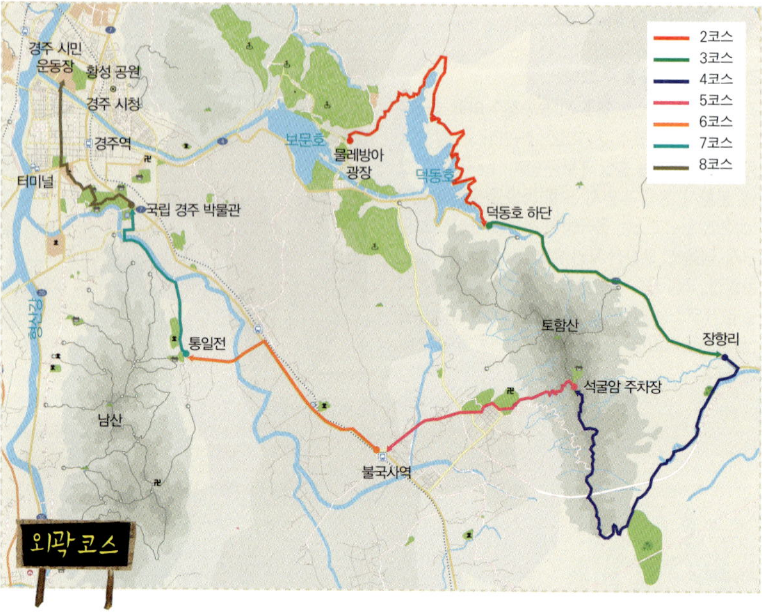

구분	코스	코스 내용	길이 / 시간
경주 외곽	2코스	물레방아 광장 → (보덕로) → 암곡 → 외동 쉼터 → 명실 → 덕동호 하단	10km 3~4시간
	3코스	덕동호 하단 → 사시목 황룡교 → 추령재 → 추령 터널 → 장항리	10km 3~4시간
	4코스	장항리 → 장항 삼거리 → 허브랜드 식물원 → 장항사지 석탑 → 토함산 자연 휴양림 → (토함산 산길) → 석굴암 주차장	10km 3~4시간
	5코스	석굴암 주차장 → (토함산 산길) → 불국사 → 구정상동 마을회관 → 불국사역	10km 3~4시간
	6코스	불국사역 → 구정동 방형분 → 성덕왕릉 / 효소왕릉 → 경주 코아루 그랑블 아파트 → (통일로) → 서출지 → 통일전	5km 1시간 30분~2시간
	7코스	통일전 → 정강왕릉 → 헌강왕릉 → 화랑 교육원 → 경상북도 산림 환경 연구원 → (강변길) → 탑골 → 국립 경주 박물관	5km 1시간 30분~2시간
경주 시내	8코스	국립 경주 박물관 → 동궁과 월지 → 월성 → 석빙고 → 계림 → 첨성대 → 대릉원 → 예술의 거리(봉황로) → 경주 시민 운동장	6km 1시간 30분~2시간

※ 간혹 표지판이 없는 경우가 있으니 각 코스의 랜드마크를 잘 살펴 걷자. 또한 2~4코스는 지나는 사람이 적어 한적하므로 2인 이상 동행하는 것이 좋으며, 외곽으로 갈수록 교통편이 불편한 곳이 많으므로 만일의 경우 이용할 수 있는 콜택시 번호를 알아 두는 것이 좋다.

테마별 코스

즐겁게 걸으며 여행지도 둘러보며

테마별 코스에는 경주 남산 서쪽의 삼릉 일대를 걷는 삼릉 가는 길과 동남산 가는 길, 감포 일대의 바닷가를 걷는 감포 깍지길, 양남 주상절리 해안을 걷는 주상절리 파도소리길, 부산·울산에서 이어지는 해파랑길 등이 있다. 동해 바다의 아름다움과 바닷가 마을의 소박함을 느껴보고 싶다면 감포 깍지길과 주상절리 파도소리길을 선택하고, 경주 남산의 역사 유적을 탐방하고 싶다면 삼릉 가는 길을 걸어 보자.

감포항 경주 고속터미널에서 100번, 130번, 800번 버스 이용하여 감포항 하차 / **하서항·읍천항** 경주 고속터미널에서 150번, 154번 버스 이용하여 하서항 또는 읍천항 하차 / **월정교** 경주 고속터미널에서 60번, 61번, 70번 버스 이용하여 황남 초교 하차, 교촌 마을·월정교 방향, 도보 10분 ☎ 경주 남산 연구소 054-776-7142, 감포 깍지길 054-779-8003, 화랑 문화 진흥회(해파랑길) 054-775-5322, 한국의 길과 문학(해파랑길) 02-6013-6610~3 ⓘ 경주 남산 연구소 www.kjnamsan.org, 감포 깍지길 www.kkakjigil.or.kr, 해파랑길 www.haeparanggil.org

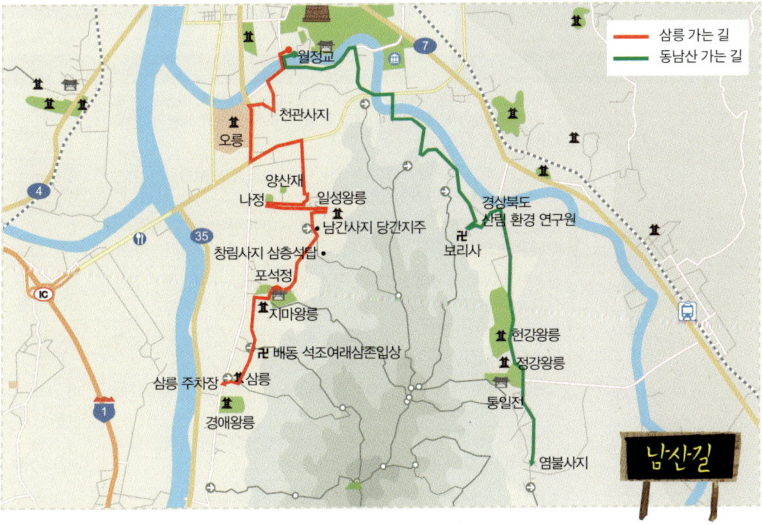

구분	코스	코스 내용	길이 / 시간
경주 남산길	삼릉 가는 길	월정교 → 천관사지 → 오릉 → 김호 장군 고택 → 양산재 & 나정 → 일성왕릉 → 남간사지 당간지주 → 창림사지 삼층석탑 → 포석정 → 지마왕릉 → 배동 삼존입상 → 삼릉 → 삼릉 주차장	8km 4시간
	동남산 가는 길 (2014년 개장 예정)	월정교 → 불곡 마애여래좌상 → 보리사 → 산림 환경 연구원 → 통일전 → 염불사지	8.5km 4시간

구분	코스	코스 내용	길이 / 시간
감포 깍지길	1구간	문무대왕릉 → 감은사지 → 이견대 → 촛대바위 → 나정 고운모래 해변 → 전촌항 → 감포항 → 송대말 등대 → 오류 고아라 해변 → 연동 체험 마을	18.8km 6시간 30분
	2구간	연화정 → 해안 산책로 → 적바우 전망대 → 감포정 → 수변길 → 능선길 → 감포정 → 어촌 체험장 → 연화정	6.3km 2시간 30분
	3구간	오류 고아라 해변 → 등산로 → 태수바위 → 감포 댐 상류 → 사과단감 이팝길 → 오류 윗마을 → 목공예촌 → 감나무길 → 오류 고아라 해변	9.9km 4시간 30분
	4구간	감포항 활어 유통 센터 → 고대안 등산로 → 솟대길 → 경관길 → 감포 시장 → 해국길 → 수산물 경매장 → 감포항 활어 유통 센터	6.2km 2시간 30분
	5구간 (드라이브 코스)	전촌항 → 구름 마을 → 전동 마을 → 호동 마을 → 금간 우물 → 노동 마을 → 꿀곶감 → 팔조 마을 → 전촌항	13.4km 30분
	6구간	대본2리 해변 → 관음사 → 회곡지 연못 → 연대 무일봉 → 삼각지 돌탑 → 관음사 → 대본2리 해변	8.7km 3시간 10분
	7구간	이견대 → 댕바우 전망대 → 동해의 비석 → 등산로 → 만파대 → 듬북재 → 대나무길 → 동해안탐방로 → 이견대	4.4km 1시간 30분
	8구간 (바닷길)	전촌항 → 고라섬 → 문무대왕릉 → 사룡굴 → 단용굴 → 갑방돌 → 전촌항	13km 2시간

구분	코스 내용	길이 / 시간
주상절리 파도소리길	하서항 → 포토존(누워 있는 주상절리) → 정자(위로 솟은 주상절리) → 대나무 숲 → 야생화 단지 → 주상절리 조망 공원 → 포토존(부채꼴 주상절리) → 출렁다리 → 읍천항 공원 → 읍천항 벽화 마을	1.7km 40분

구분	코스	코스 내용	길이 / 시간
해파랑길	10코스 정자-나아	정자항 → 강동 화암 주상절리 → 신명 해변(이상, 울산) → 관성 해변 → 수렴리 해변 → 읍천항 → 나아 해변	14.5km 4시간 40분
	11코스 나아-감포	나아 해변 → 봉길 해변 → 감은사지 → 이견대 → 나정 해변 → 전촌항 → 감포항	19.9km 6시간 50분
	12코스 감포-양포	감포항 → 송대말 등대 → 오류 해변 → 연동 마을 → 소봉대(이후, 포항) → 손재림 문화유산 전시관 → 양포항	13km 4시간 20분

바람을 가르는 라이딩의 재미

자전거·스쿠터 여행

자전거나 스쿠터를 타고 시원한 바람을 가르며 여행하는 것은 색다른 재미가 있다. 하지만 평소 자전거나 스쿠터에 익숙하지 않은 사람이나 체력이 부족한 사람은 생각보다 힘들 수 있으니, 무리해서 여러 곳을 돌아볼 욕심보다는 천천히 경주의 자연을 즐기며 여행지를 돌아보는 데 초점을 맞추는 것이 좋다. 또한 스쿠터 여행의 경우에는 반드시 운전 요령을 숙지하고 과속하지 않으며 교통 법규를 지켜야 한다는 점을 명심하자.

자전거 여행

욕심 내지 않고 일정 지역만 돌아보면 좋아

역사의 고장 경주를 자전거 타고 돌아보는 것은 즐거운 일이 될 것이다. 경주의 자전거 도로는 경주 시내-대릉원-동궁과 월지, 경주 시내-남산 서쪽, 경주 시내-보문호-불국사 등으로 연결되어 있다. 하지만 자전거 도로 중간중간 끊어진 곳도 있으니 사고에 주의하며 안전 운행한다.

코스	코스 내용	길이 / 시간
1코스 대릉원	흥륜사 → 재매정 → 최씨 고택 → 계림 → 대릉원 → 첨성대 → 동궁과 월지 → 분황사 → 황룡사지	15km 2~3시간
2코스 소금강산	삼랑사지 당간지주 → 애기청소 → 최시형 동상 → 간묘 → 김유신 장군 동상 → 용강동 고분 → 사방불 탑신석 → 백률사 → 표암 → 탈해왕릉 → 헌덕왕릉	17km 2~3시간
3코스 낭산	첨성대 → 월성 → 능지탑지 → 황복사지 삼층석탑 → 진평왕릉 → 설총 묘 → 보문사지 당간지주 → 신문왕릉 → 사천왕사지 → 선덕여왕릉	20km 3~4시간
4코스 서악	김유신 묘 → 숭무전 → 서악 서원 → 서악동 삼층석탑 → 서악동 고분군 → 무열왕릉 → 김인문 묘 → 장산 토우총	20km 3~4시간
5코스 서남산	오릉 → 나정 → 양산재 → 남간사터 → 창림사 삼층석탑 → 포석정지 → 지마왕릉 → 삼불사 → 삼체석불 → 삼릉	25km 3~4시간
6코스 동남산	첨성대 → 경상북도 산림 환경 연구원 → 헌강왕릉 → 통일전 → 서출지 → 옥룡암 → 월정교 → 천관사지	40km 4~5시간
7코스 대릉원-보문	대릉원 → 첨성대 → 동궁과 월지 → 분황사 & 황룡사지 → 물너울 공원 → 경주 세계 문화 엑스포 공원 → (귀환) → 대릉원	22km 3~4시간

※ 자전거 대여점 정보는 '여행 정보' 편에 있음.

자전거코스

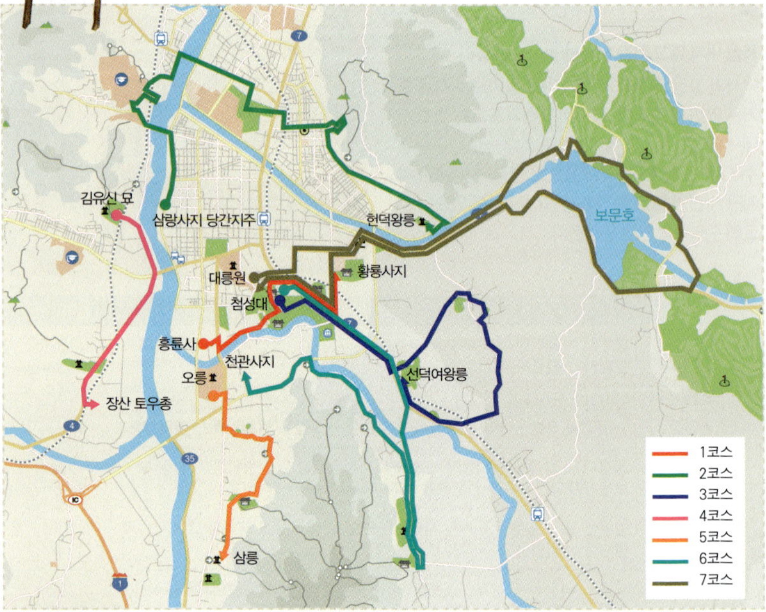
김유신 묘
심랑사지 당간지주
헌덕왕릉
보문호
대릉원
황룡사지
첨성대
흥륜사
천관사지
선덕여왕릉
오릉
장산 토우총
삼릉
1코스
2코스
3코스
4코스
5코스
6코스
7코스

스쿠터코스

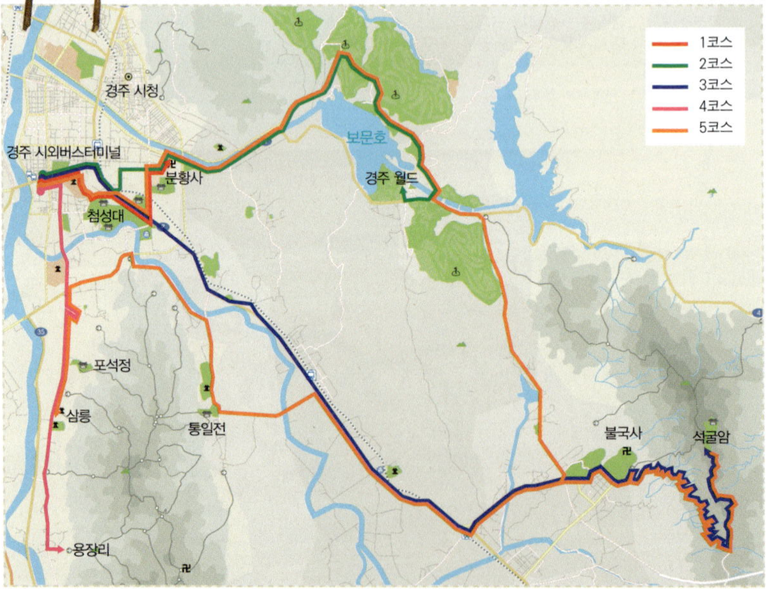
1코스
2코스
3코스
4코스
5코스
경주 시청
보문호
경주 시외버스터미널
분황사
경주 월드
첨성대
포석정
삼릉
통일전
불국사
석굴암
용장리

스쿠터 여행

신나게 달리는 것도 좋지만 안전이 제일

경주 스쿠터 여행 코스는 경주 시외버스터미널 또는 경주역을 출발해 경주 시내를 도는 코스와 보문호, 불국사, 남산 등지로 가는 코스가 있다. 스쿠터를 운행하며 중간에 유적지를 구경하면 시간이 많이 소요되므로 과속으로 달리지 않도록 한다. 스쿠터는 자전거보다 빠른 속도로 힘들이지 않고 여행할 수 있다는 장점이 있으나, 자동차 도로를 이용해야 하므로 자전거보다 더 많은 주의가 필요하다. 스쿠터 운행 시 헬멧을 반드시 착용하고 교통 법규를 지키며 안전 운행한다.

코스	코스 내용	길이
1코스 경주 시내	경주 시외버스터미널 → 노서동 & 노동동 고분군 → 대릉원 → 천마총 → 첨성대 → 석빙고 → 계림 → 월성 → 국립 경주 박물관 → 동궁과 월지 → 황룡사지 → 분황사	5km
2코스 보문호	경주 시외버스터미널 → 물너울 공원 → 보문호 → 경주 테디베어 박물관 → 테지움 경주 오리엔탈 → 물레방아 광장 → 보문 단지 → 우양 미술관 → 신라 밀레니엄 파크 → 경주 세계 문화 엑스포 공원 → 경주 월드	15km
3코스 불국사 & 석굴암	경주 시외버스터미널 → 불국사역 → 불국사 → 석굴암	15km
4코스 남산(서쪽)	경주 시외버스터미널 → 양산재 → 포석정 → 배동 삼릉 → 경애왕릉 → 용장리	8km
5코스 경주 일주	경주 시외버스터미널 → 대릉원 → 동궁과 월지 → 황룡사지 → 분황사 → 보문호 → 불국사 & 석굴암 → 통일전 → 서출지 → 경상북도 산림 환경 연구원 → 탑골 → 양산재 → 포석정 → 삼릉	45km

※ 스쿠터 대여점 정보는 '여행 정보' 편에 있음.

자연도 느끼고 숨은 유적도 찾아보는

트레킹 여행

산을 좋아하는 사람에게도 경주는 좋은 여행지이다. 경주 트레킹 코스는 백률사가 있는 북쪽의 소금강산, 불교 유적이 많은 남쪽의 남산, 불국사와 석굴암이 있는 동쪽의 토함산, 신선사 마애불상군이 있는 서쪽의 단석산 등을 들 수 있다. 이들 산의 높이는 177m~829m에 불과해 가볍게 오를 수 있고 산 정상에서 경주 일대를 한눈에 조망할 수 있다.

소금강산

정상의 체육 시설에서 주민들과 반갑게 인사

경주 북쪽 동천동에 위치한 산으로 높이는 177m이고 소금강산과 동쪽으로 연결된 금학산의 높이는 296m이다. 경주 북쪽에 위치해 북악이라고도 하며, 동악 토함산, 서악 선도산, 남악 남산, 중악 낭산과 더불어 신라 오악으로 불린다. 신라 초기 사로국의 6촌 중에서 양산촌의 알평공, 고야촌의 호진공의 근거지였고 527년 법흥왕 14년에는 불교 포교를 위해 소금강산 백률사에서 이차돈이 순교하며 불교의 성지로 알려졌다. 소금강산 정상에서 경주 시내가 한눈에 보이고 소금강산 주위로 굴불사지 석조사면불상, 백률사, 탈해왕릉, 헌덕왕릉 등 유적지가 산재해 있다.

경주시 동천동 산4, 경주 시내 북쪽 / 경주 고속터미널, 경주역(경주 우체국)에서 70번 시내버스 이용하여 우방 아파트 하차, 도보 5분 / 경주 고속터미널 또는 경주역에서 7번 국도 이용하여 경주 시청 방향, 경주 시청에서 소금강산 방향 / 경주 국립 공원 054-741-7612

코스

1) 소금강산 코스 : 약 0.7km, 20분 소요

소금강산 입구 → 굴불사지 석조사면불상 → 백률사 →소금강산

2) 소금강산-금학산 코스 : 약 7km, 3시간 소요

용강 초등학교 → 고물상(컨테이너 옆) → 169봉 → 소금강산 → 백률사 → 예비군 교장 → 금학산 → 철탑 → 궁상각치우 → 고물상

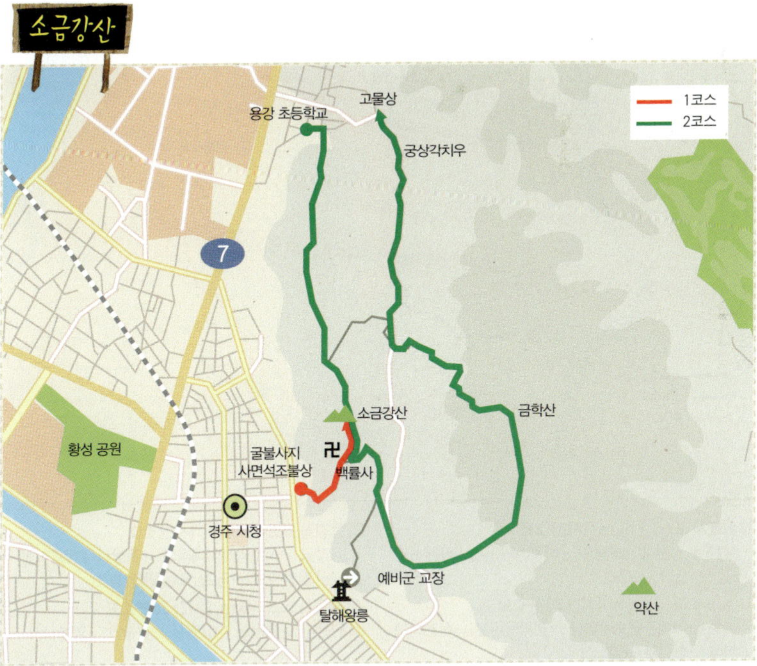

남산

살아 있는 불교 박물관

경주 남쪽에 위치한 산으로 북쪽의 금오산(468m)과 남쪽의 고위산(494m)을 합쳐서 남산이라고 한다. 미륵골, 서출지, 염불사지가 있는 남산 동남쪽을 동남산이라 하고, 삼릉골, 용장골이 있는 남산 서남쪽을 서남산이라 하고, 열암골, 칠불암, 심수골이 있는 남산 남쪽을 남남산이라 하여 구분하기도 한다. 남산에는 산성지 4개소, 암자 터를 포함한 절터 147곳, 불상 118개, 석탑 96개, 석등 22개가 발견되었고 40여 개의 골짜기마다 절터와 석불, 석탑이 있어 산 전체가 불교 박물관이라 할 수 있다. 남산 주위에 있는 양산촌은 신라 초기 6촌의 위패를 모시던 곳이고 나정은 신라 시조 박혁거세가 탄생한 곳이며 포석정은 신라 왕들의 연회 장소여서 신라의 역사와 밀접한 관계를 가지고 있기도 하다. 사람들이 많이 찾는 남산의 금오산에 오르면 남산의 전경이 한눈에 들어온다.

경주시 인왕동·배동·남산동, 내남면 용장리·노곡리 **남산 서쪽**_경주 고속터미널, 경주역(경주 우체국)에서 500번, 506번, 507번 버스 이용하여 포석정, 삼릉계곡, 용장사지 하차 / **남산 동쪽**_경주 고속터미널, 경주역(경주 우체국)에서 10번, 11번 버스 이용하여 통일전 하차 / **남산 남쪽**_경주 고속터미널, 경주역(경주 우체국)에서 506번 버스 이용하여 노곡2리 경로당 하차 경주 고속터미널 또는 경주역에서 경주 남산 방향 경주 국립 공원 054-741-7612, 경주 남산 연구소 054-777-7142 경주 국립 공원 gyeongju.knps.or.kr, 경주 남산 연구소 www.kjnamsan.org

코스

1) 삼불사 코스 : 1.4km, 1시간 소요

삼불사 → 선각여래입상 → 바둑바위(→상사바위 → 금오산)

2) 삼릉 코스 : 2.1km, 1시간 30분 소요

삼릉 → 마애관음보살입상 → 선각육존불 → 석조여래좌상 → 상선암 → 금오산

3) 용장골 코스 : 1.9km, 1시간 소요

용장골 → 석조약사여래좌상 → 용장사곡 삼층석탑 → 남산 진입 도로(→금오산 또는 칠불암 방향)

4) 관음사 코스 : 4km, 2시간 30분 소요

관음사 → 열반재 → 고위산 → 칠불암 → 염불사지

단석산

경주에서 제일 높은 산

경주시 건천읍 방내리에서 내남면 비지리에 걸쳐 위치한 산으로 높이는 829m이고 신라 시대 화랑들의 수련장이었다. 전설에 따르면, 김유신이 17세 때 삼국 통일의 위업을 이룰 비법을 찾고자 단석산에 들어가 기도하던 중 도승 난승을 만나 보검을 얻고 검으로 바위를 갈랐으며, 그로 인해 단석산이란 이름이 생겼다고 한다. 단석산은 경주의 지붕이라고 할 만큼 경주 일대에서 가장 높은 산으로, 산세가 웅장하고 봄이면 진달래꽃이 만발해 등산객이 즐겨 찾는다. 단석산 내의 신선사, 신선사 마애불상군, 인근의 금척리 고분군, 율동 마애여래삼존불상 등을 둘러보아도 좋다.

경주시 건천읍 방내리~내남면 비지리 경주 고속터미널, 경주역(경주 우체국)에서 350번 버스 이용하여 우중골(단석산 입구) 하차 경주 고속터미널 또는 경주역에서 서천교 건너 무열왕릉 방향, 무열왕릉 지나 건천리 방향, 건천리에서 단석산 방향 경주 국립 공원 054-741-7612

코스 :

1) 신선사 코스 : 약 3.7km, 약 2시간 소요

단석산 우중골 → 오덕선원 → 공원지킴터 → 신선사 마애불상군 → 단석산

2) 신선사-방내리 마애여래좌상 코스 : 약 6.7km, 약 4시간 소요

단석산 우중골 → 오덕선원 → 공원지킴터 → 신선사 마애불상군 → 단석산(3.7km) → 천탑암 → 마애여래좌상(대불) → 천수암 → 방내리(3km)

3) 당고개-건천 IC 코스 : 약 9.2km, 약 6시간 소요

당고개 휴게소 → 689봉 → 단석산(2.9km) → 진달래 능선 → 624봉 → 전망바위 → 474봉 → 장군봉 → 373봉 → 건천 IC(6.3km)

4) 절골 코스 : 약 4.2km, 약 3시간 소요

절골 버스정류장 → 505봉 → 전망바위 → 625봉 → 신선사 → 단석산

5) 방내리-비지 고개 코스 : 약 9.4km, 약 6시간 소요

방내리 버스 종점 → 642봉 → 진달래 능선 → 단석산(3km) → 비지 고개 → 큰골 → 방내지 → 방내리 버스 종점(6.4km)

토함산

석굴암과 불국사가 있는 산

경주 남동쪽에 위치한 산으로 높이는 745m로 경주 일대에서는 높은 산에 속하고, 신라 시대에는 동악이라고 불렸다. 토함산은 예로부터 동해로부터 침입하는 왜적을 막는 방어벽 역할을 했고 석굴암과 불국사 등 불교 유적도 산재해 있다. 불국사 주차장에서 석굴암 주차장까지는 약 8.2km의 구불구불한 자동차길이 나 있지만, 트레킹을 하려면 불국사 주차장에서 등산로를 따라 석굴암 약수터를 거쳐 토함산에 오르면 된다. 만일 조금 더 가벼운 트레킹을 하고 싶다면 석굴암 주차장까지 차를 타고 올라가서 석굴암부터 정상까지만 걸어서 오르는 것도 한 방법이다.

경주시 보덕동·불국동·양북면, 경주시내 남동쪽 경주 고속터미널, 경주역(경주 우체국)에서 10번, 11번, 700번 버스 이용하여 불국사 하차, 불국사에서 토함산 방향 도보 / 불국사에서 12번 버스 이용하여 석굴암 주차장 하차, 토함산 방향 도보 경주 고속터미널 또는 경주역에서 7번 국도 이용하여 불국사역 방향, 불국사역에서 불국사 방향 054-741-7612

코스

1) 일반 코스 : 4.9km, 약 2시간 소요
불국사 주차장 → 약수터 → 석굴암 주차장(3.2km) → 산불 감시 초소 → 성화 채화지 → 토함산(1.7km)

2) 약식 코스 : 1.7km, 약 1시간 소요
석굴암 주차장 → 산불 감시 초소 → 성화 채화지 → 토함산

3) 황룡 코스 : 약 4km, 약 2시간 소요
황룡 버스정류장 → 잣나무 조림지 → 토함산

4) 추령재 코스 : 약 2.7km, 약 2시간 소요
추령재 → 백년찻집 → 438봉 → 추령재 이정표 → 토함산

5) 장항리 코스 : 약 3km, 약 1시간 소요
장항리 버스정류장 → 추령재 이정표 → 토함산

6) 불국사-보불로 코스 : 11.8km, 약 4~5시간 소요
불국사 주차장 → 약수터 → 석굴암 주차장(3.2km) → 산불 감시 초소 → 성화 채화지 → 토함산(1.7km) → 시부 거리 갈림길(2.4km) → 보불로(4.5km)

내 손으로 만들고 경험해 보는

체험 프로그램

경주에는 전통 체험장이 여러 곳 있어 누구나 이용할 수 있다. 전통 체험의 종류는 금관 만들기, 금도끼 칠하기, 백등 만들기, 천연 염색, 다도 체험, 도자기 빚기 등으로 매우 다양하다. 어린아이들은 비교적 단순하고 아기자기한 금관 만들기, 금도끼 칠하기 등을 좋아하고, 어른이라면 천연 염색이나 토기 체험을 추천한다. 예쁘게 천연 염색을 하거나 토기를 만들어 지인에게 선물로 주면 기쁨이 두 배가 된다.

신라 문화 체험장

금관 만들기가 인기

전통 문화 체험장으로, 문화재 모양 만들기에는 금관, 탈, 와당 등이 있고 전통 체험에는 한지(백등, 연필꽂이), 연, 목공예(핸드폰 고리, 목걸이) 등이 있다. 가장 인기 있는 체험은 금관이나 백등 만들기로 스스로 만든 금관을 쓰고 다니는 아이들이 귀엽다. 주말에는 전화로 예약하는 것이 좋고 단체인 경우 야간 체험, 출장 체험도 가능하다.

경주시 황남동 99, 대릉원 주차장 옆 경주 고속터미널, 경주역에서 60번, 61번, 70번 버스 이용하여 신라회관(대릉원 정문) 하차, 도보 5분 경주 고속터미널 또는 경주역에서 대릉원 정문 방향 ₩ 문화재 모양 만들기 3,000~8,000원, 전통 체험 3,000~6,000원 09:30~17:30(연중무휴) ☎ 054-777-1950

교촌 마을

빨랫줄에 말리는 천연 염색 손수건이 예뻐!

경주 교촌 마을에는 경주 향교, 최씨 고택, 경주 교동법주 등의 고택이 남아 있고 교촌교 부근에 새롭게 한옥촌을 조성하여 전통 음식, 전통 체험장으로 이용하고 있다. 교촌 마을에서의 체험으로는 다도, 유리 공예, 전통 염색, 토기 체험 등이 있고 비용은 마을 내 백산 상회에서 교환한 엽전이나 현금을 지불하면 된다.

경주시 교동 64번지 일대, 월성 서쪽 경주 고속터미널, 경주역에서 60번, 61번 버스 이용하여 황남 초교 하차, 경주 향교 방향 도보 15분 / 계림에서 도보 5분 경주 고속터미널 또는 경주역에서 교촌 마을 방향 ₩ 다도, 유리 공예, 전통 염색, 토기 체험, 금관과 활 만들기 5,000~10,000원 내외 / 국악 체험 3,000원 전통 국악 공연_주말(토·일) 15:00~15:40 ☎ 유리 공방 054-742-1121

경주 민속 공예촌

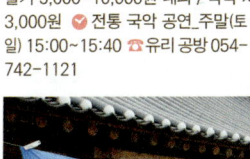

물레를 돌려 컵이나 연필꽂이를 만들어 볼까

신라 역사 과학관 앞에 위치한 민속 공예촌으로 1986년 신라의 전통 공예를 계승, 발전시키기 위해 조성된 마을이며, 전통 기와집과 초가, 민속 공예 전시장으로 이루어져 있다. 장인들이 신라의 금속, 목공예, 도자기, 수정, 자수와 한복 등의 분야에서 만든 공예 작품을 감상하거나 구입할 수 있고, 공방에서 제작 과정을 직접 견학하거나 체험할 수도 있다.

경주시 하동 201-18, 보불로 중간 경주 고속터미널, 경주역(경주 우체국)에서 10번, 700번 버스 이용하여 공예촌 하차 경주 고속터미널 또는 경주역에서 보문단지 방향, 경주 세계 문화 엑스포 공원 지나 우회전, 불국사 방향 09:00~18:30(동절기 17:00) ☎ 054-746-7270 www.kyongju-fcv.com

신라 밀레니엄 파크 공예 체험 마을

금도끼 칠하기가 최고 인기

신라 역사와 문화를 체험할 수 있는 신라 밀레니엄 파크 내의 공예 체험 마을에서 염색, 압화, 한지, 유리, 금속, 도자기 등의 공예 체험을 할 수 있다. 염색, 압화, 한지 체험의 경우 체험 후 완성된 작품을 가져갈 수 있고, 도자기 체험의 경우 만든 도자기를 나중에 가마에 구워서 택배(착불)를 통해 집으로 보내 준다.

경주시 신평동 719-70, 경주 힐튼 호텔 동쪽 경주 고속터미널, 경주역(경주 우체국)에서 700번 버스 이용하여 신라 밀레니엄 파크 하차 경주 고속 터미널 또는 경주역에서 월성동 주민센터 지나 좌회전, 분황사에서 경강로 이용하여 보문 단지 방향 ₩ 입장료_성인 18,000원, 청소년 15,000원, 어린이 13,000원, 야간권 9,000원 / 체험비_10,000원 내외 10:00~18:20 ☎ 054-778-2000 www.smpark.co.kr

양동 마을

엿을 만들어 보고 맛도 보는엿 만들기 체험

조선 시대 양반 마을의 모습을 간직하고 있는 양동 마을에서는 유교 문화 교실, 전통 문화 체험, 한옥 체험, 승마 체험, 엿 만들기 체험 등을 할 수 있다. 이 중에서 개인이 참여할 수 있는 체험으로는 한옥에서 하룻밤을 보내는 한옥 체험, 말과 친해져 보는 승마 체험, 맛있는 엿을 만들고 맛도 보는 엿 만들기 체험 등이 있다.

경주시 강동면 양동리 94, 경주 시내 북쪽 경주 고속터미널, 경주역(경주 우체국)에서 203번 버스 이용하여 양동 마을 하차 경주 고속터미널 또는 경주역에서 7번 국도 이용하여 강동면·양동 마을 방향 ₩ 입장료_성인 4,000원, 청소년 2,000원, 어린이 1,500원 / 체험_승마 10,000원, 엿 만들기 5,000원 하절기 09:00~19:00(매표는 18:00), 동절기 09:00~18:00(매표는 17:00) ☎ 양동 마을 070-7098-3569, 010-3518-4184, 체험 054-762-2633 yangdong.invil.org

경주 전통 문화 다례원

커피 대신 전통 차를 마시는 시간

경주 전통 문화 다례원은 전통 문화와 차 문화를 배우고 체험할 수 있는 곳이다. 다례원에서는 전문적인 다례를 익히기 위한 다도 아카데미(3개월, 6개월, 1년, 3년 과정, 자격증 과정 등)와 전통 체험을 하고 있고 때때로 다도 특강이 이루어진다. 전통 체험에는 다도 체험, 전통 음식, 전통 복식, 전통 공예 등이 있고 1박 2일 패키지 프로그램도 있다. 모든 체험은 예약제로 이루어지며 전통 체험을 통해 우리 민족의 전통 문화와 차 문화에 대해 잘 이해할 수 있는 시간이 될 것이다.

경주시 신평동 375, 보문 단지 내 경주 고속터미널, 경주역(경주 우체국)에서 10번, 700번 버스 이용하여 육부촌(보문 단지) 하차, 도보 3분 경주 고속터미널 또는 경주역에서 월성동 주민센터 지나 좌회전, 분황사에서 경강로 이용하여 보문 단지 방향 ₩ 다도 아카데미 3개월 과정 150,000원, 다도 체험 15,000원, 떡국 만들기 15,000원, 신라 복식 체험 5,000원, 칠보 공예 15,000원 ☎054-774-8545 www.mundam.com

수리뫼

맛도 좋고 다양한 한식의 세계

한국 전통 음식 체험 교육원으로 중요 무형 문화재 제38호 황혜성 선생에게 궁중 음식 조리법을 전수받은 박미숙 선생이 운영하는 곳이다. 수리뫼가 있는 용산 서원은 조선 시대 최진립 장군의 위패가 모셔진 곳이기도 하다. 흑임자죽, 연저육찜, 흑미밥, 한과 등을 맛볼 수 있는 전통 음식 체험과 수라상, 신선로, 구절판 같은 궁중 음식, 전통 음식, 김치류, 전통장 등을 만드는 체험이 있다.

경주시 내남면 이조리 659, 남산 남서쪽 경주 고속터미널, 경주역(경주 우체국)에서 500번, 506번, 508번 버스 이용하여 이조3리(용산 서원) 하차, 용산 서원 방향 도보 5분 경주 고속터미널 또는 경주역에서 남산·포석정 방향, 포석정·용장리 지나 이조리·용산 서원 방향 ₩ 전통 음식 체험_찬 15,000원, 품 35,000원, 단 55,000원, 자 70,000원 / 전통 음식 만들기_가격 문의 ☎ 054-748-2507, 054-771-4524 www.surime.co.kr

경주 허브랜드

몸에 좋은 허브를 이용한 체험 프로그램

경주 허브랜드의 실내외 허브 농장에서 로즈마리, 라벤더, 레몬타임, 세이지 같은 허브를 만나고 허브 찻집에서는 향긋한 허브차를 맛볼 수 있다. 허브 체험장에서는 허브 비누 만들기나 허브 방향제·향초·포푸리 만들기, 허브 심기 등을 해 보아도 좋다. 허브 체험 후에는 자신이 만든 허브 제품을 가져갈 수도 있으니 허브 향이 남아 있는 동안 자연스럽게 여행의 추억이 떠오를 것이다.

경주시 양북면 장항 2리 589-1, 토함산 남동쪽 경주 고속터미널, 경주역(경주 우체국)에서 100번, 130번, 150번 버스 이용하여 장항 삼거리 하차, 경주 허브랜드 방향 도보 15분 경주 고속터미널 또는 경주역에서 7번 국도 이용하여 불국사역 방향, 불국사역에서 불국사 지나 석굴암 방향, 석굴암과 감포 갈림길에서 감포 방향 ₩ 체험 10,000원 내외 09:00~18:00 ☎ 054-744-9080, 아로마 상담 010-3041-9080 www.경주허브랜드.kr

고택 체험부터 템플·향교 스테이까지 특별한 하룻밤

체험 숙박

경주에서는 숙박도 의미 있는 체험이 될 수 있다. 낮에 경주를 둘러본 뒤에 밤에 유서 깊은 고택에서 하룻밤을 묵는 것은 인상적인 추억이 될 것이다. 단순히 하룻밤을 묵는 것 외에도 공양, 108배, 다담, 참선, 전통 문화 체험 등의 프로그램까지 경험할 수 있는 템플 스테이나 향교 스테이도 좋다. 특별한 곳에서의 하룻밤을 통해서 일상을 벗어나 우리의 전통 문화를 체험해 보는 기회를 가져 보는 것은 어떨까?

월암재

툇마루에 앉아 책을 읽어도 좋아

경주 남산 양산재 부근에 위치한 한옥으로 조선 김호 장군의 저택으로 알려져 있다. 월암재의 '월암'은 김호 장군의 호이다. 김호 장군은 경주에서 태어나 일찍부터 학문과 무술에 뛰어났고 1570년 선조 3년 무과에 합격했으나 벼슬에 뜻이 없어 낙향했다. 1592년 임진왜란이 일어나자 의병을 조직해 싸우다가 전사하였다. 월암재는 정면 5칸, 측면 2칸으로 정면 5칸 중에서 2칸이 대청이다. 정면 5칸 모두 툇마루가 있어 각 칸에 대청이 있는 느낌이다.

경주시 탑동 749-2, 경주 시내 남쪽 양산재 부근 경주 고속터미널, 경주역(경주 우체국)에서 500번, 506번, 508번 버스 이용하여 나정 하차, 양산재 지나 도보 10분 경주 고속터미널 또는 경주역에서 남산 방향, 나정에서 양산재 방향 ₩ **월암재 독채** 비수기_주중 150,000원, 주말 200,000원 / 성수기_200,000원(시설 : 취사, 인터넷, 주차장 등) ☎ 신라 문화원 054-774-1950, 010-3570-1950 ⓘ 경주고택 www.gjgotaek.kr

종오정

바람에 달그락거리는 창호지 문의 감성 체험

종오정은 조선 영조 때의 학자인 최치덕의 유적지이다. 최치덕은 최치원의 후손으로, 그가 돌아가신 부모를 모시려고 일성재를 짓고 머무르자 그에게 학문을 배우려고 온 제자들이 귀산서사와 종오정을 지었다. 종오정은 정면 4칸, 측면 2칸에 팔작지붕이고 하늘에서 지붕을 보았을 때 공(工)자 모양이 나타난다. 종오정 앞 향나무가 있는 연못은 조선 시대 정원의 특징을 잘 보여 준다.

경주시 손곡동 375, 보문 단지 경주 신라 C.C. 뒤쪽 경주 고속터미널, 경주역(경주 우체국)에서 16번, 277번 버스 이용하여 손곡 하차, 마을 통과해 도보 10분 경주 고속터미널 또는 경주역에서 보문 단지 방향, 보문 단지 물레방아 광장에서 좌회전, 보문 청소년 수련원 지나 손곡 마을·종오정 방향 ₩ **종오정 · 귀산서사**_주중 100,000원, 주말 · 성수기 120,000원 / **일성재**_주중 120,000원, 주말·성수기 150,000원(시설 : 취사 불가, 인터넷 불가, 주차장 등) ☎ 신라 문화원 054-774-1950, 010-3570-1950 ⓘ 경주고택 www.gjgotaek.kr

수오재

가까운 왕릉 구경도 할 수 있어

경주 신문왕릉 부근에 위치한 한옥으로 별당채, 안채, 아래채 등으로 되어 있는데 이들 한옥은 경북 칠곡의 고택, 마산의 황 부잣집, 전북 김제 만경 고택 등을 옮겨온 것이다. 기행 작가 이재호님이 운영하고 있고 정갈한 석식이나 조식도 먹을 만하다.

경주시 배반동 217, 경주 시내 남동쪽 경주 고속터미널, 경주역(경주 우체국)에서 600번, 601번, 604번 버스 이용하여 능배반·신문왕릉 하차, 마을 안쪽, 효공왕릉 방향 도보 15분 경주 고속터미널 또는 경주역에서 7번 국도 이용하여 선덕여왕릉·신문왕릉 방향, 신문왕릉에서 마을 안쪽 효공왕릉·수오재 방향 ₩ 1실 100,000원 내외(시설 : 취사 불가, 주차장 등) ☎ 054-748-1310 ⓘ cafe.daum.net/sooohjae

양동 마을 고택

기와집과 초가집 중 선택 가능

양동 마을은 조선 시대 모습이 남아 있는 한옥 마을로 이름이 높다. 양동 마을에서는 보물 제412호 향단, 심수정 별채, 매산 고택, 소쇄당 등의 한옥이나 괘정 민박, 분통골 민박 등의 초가집에서 숙박을 하면서 한옥 마을의 밤을 경험할 수 있다. 양동 마을은 대부분 목재로 지은 한옥과 초가이고 문화재로 지정된 것도 있으니, 훼손하는 일이 없도록 조심스럽게 이용하도록 한다.

경주시 강동면 양동리 94, 양동 마을 내 경주 고속터미널, 경주역(경주 우체국)에서 203번 버스 이용하여 양동 마을 하차 경주 고속터미널 또는 경주역에서 7번 국도 이용하여 강동면 · 양동 마을 방향 ₩ 입장료 4,000원 ☎ 양동 마을 070-7098-3569, 010-3518-4184 yangdong.invil.org

고택 명	구분	전화	요금	시설
향단	한옥	054-762-3415 010-6689-3575	매실 500,000원 난실 300,000원 국실 150,000원 죽실 100,000원	차와 주안 대접 조식 잣죽 또는 호박죽 제공
괘정 민박	초가	054-762-4185 010-2518-4185	방 1칸 60,000원~70,000원	취사 가능, 식사 5,000원
분통골 민박	초가	054-762-7916 010-8472-7916	사랑채 독채 2인 30,000원 3~4인 40,000원	취사 불가
물봉 동산 황토방	초가	054-762-4158, 010-9984-4158	방 1칸 40,000원	취사 불가 식사 5,000원
둥지 민박	한옥 초가	054-763-0380 010-5168-0380	사랑방 · 큰방 80,000~100,000원 작은방 40,000원	사랑방 · 큰방 취사 가능
심수정 별채	한옥	054-762-4436 011-9588-2020	큰방 60,000원 작은방 40,000원 전체 100,000원	큰방 취사 가능 식사 5,000원 백숙 40,000원
선원댁	초가	010-5365-7347	방 1칸 40,000원~50,000원	취사 불가
매산 고택	한옥 초가	054-763-5263 010-2409-5263	큰방 60,000원 작은방 40,000원	취사 불가
소쇄당	한옥	054-762-0258 011-9932-2280	큰방 70,000원 작은방 40,000원	취사 가능 식사 5,000원
초원 식당	초가	054-762-4436 011-9588-2020	큰방 100,000원, 황토방 80,000원 중간방 60,000원, 작은방 40,000원	취사 불가 식사 6,000원 백숙 40,000원
우향다옥 식당	한옥 초가	054-762-8096 010-4385-8872	방 1칸 40,000원~50,000원	매식 가능
아랫마을 진사댁 이향정	한옥	010-4755-1056	큰방 60,000원, 작은방 40,000원	취사 불가 식사 6,000원
갈구덕 초가	초가	054-241-6608 010-5529-6608	큰채 작은방 50,000원 사랑채 큰방 · 작은방 50,000원 사랑채 전체 150,000원(여름) ~180,000원(겨울)	사랑채 취사 가능 (전체 사용시)
남산댁	초가	054-762-4418 017-811-4418	방 2칸 각 40,000원	취사 불가 매식 가능

독락당

회재 이언적 선생의 흔적을 찾아서

경주 옥산 서원 부근에 위치한 한옥으로 보물 제 413호이다. 조선 시대 회재 이언적 선생의 고택으로 현재 그의 후손들이 살고 있다. 독락당은 이언적이 이름 붙인 도덕산, 무학산, 화개산, 자옥산의 4산과 관어대, 영귀대, 탁영대, 징심대, 세심대의 5대에 둘러싸여 있어 폐쇄적이고 은둔적인 것이 특징이다. 독락당의 건물은 안채, 사랑채(독락당), 별당(계정), 공수간, 숨방채 등으로 되어 있다.

경주시 안강읍 옥산리 1600-1, 경주 시내 북쪽 경주 고속터미널, 경주역(경주 우체국)에서 203번 버스 이용하여 옥산2리 하차, 옥산 서원 방향, 도보 10분 경주 고속터미널 또는 경주역에서 7번 국도 이용하여 강동면 · 양동 마을 방향, 양동 마을에서 안강읍 옥산리 · 옥산 서원 방향 ₩ **역락재**_주중 · 주말 · 성수기 50,000원, **경청재**_주중 · 주말 · 성수기 70,000원, **별채**_주중 · 주말 · 성수기 150,000원, **양진채 · 독락당**_주중 · 주말 · 성수기 300,000원(양진채 · 독락당 통화 후 예약 / 시설 : 취사 불가, 인터넷 불가, 주차장 등) 신라 문화원 054-774-1950, 010-3570-1950 경주고택 www.gjgotaek.kr

서악 서원

옛 유생들이 공부하던 방에서 하룻밤

무열왕릉 부근에 위치한 한옥으로 1563년 조선 명종 18년에 경주 부윤 이정이 세웠다. 원래 김유신을 모시는 서원이었으나 훗날 설총, 최치원 등도 함께 모시게 되었다. 서원에서 공부하던 서생들이 머물던 동재와 서재, 시습당, 행랑 등에서 하룻밤을 보낼 수 있다.

경주시 서악동 615, 무열왕릉 부근 경주 고속터미널, 경주역(경주 우체국)에서 60번, 61번 버스 이용하여 무열왕릉 하차, 도보 5분 경주 고속터미널 또는 경주역에서 서천교 지나 무열왕릉 방향, 무열왕릉에서 서악 서원 방향 ₩ **동재 · 서재 · 시습당**_주중 50,000원, 주말 · 성수기 70,000원 / **행랑**_주중 40,000원, 주말 · 성수기 50,000원 / **별채**_주중 100,000원, 주말 · 성수기 120,000원(시설 : 취사 불가, 인터넷 불가, 주차장 등) 신라 문화원 054-774-1950, 010-3570-1950 경주고택 www.gjgotaek.kr

도봉 서당

인근 서악동 왕릉군을 돌아보기 좋아

무열왕릉 부근에 위치한 한옥으로 조선 중기의 문신 황정을 기리기 위한 재실이다. 황정은 1477년 문과에 급제하였고 승문원 교리, 삼남도 도사 등을 역임하였으며 연산군 때 낙향하였다. 도봉 서당은 사당인 상허당, 추보재, 연어재, 도봉 서당 등으로 되어 있다. 추보재는 1545년 조선 중종 1년에 건립되었고 1915년 중건되었으며, 정면 3칸, 측면 2칸이고 정면 1칸이 대청이다. 연어재는 정면 5칸, 측면 2칸이다.

경주시 서악동 709-1, 무열왕릉 부근 경주 고속터미널, 경주역(경주 우체국)에서 60번, 61번 버스 이용하여 무열왕릉 하차, 서악동 마애석불상 방향, 도보 10분 경주 고속터미널 또는 경주역에서 서천교 지나 무열왕릉 방향, 무열왕릉에서 서악동 마애석불상 방향 ₩ **추보재**_주중 60,000원, 주말 80,000원 / **연어재**_주중 100,000원, 주말 120,000원, **도봉 서당**_주중 80,000원, 주말 100,000원(시설 : 취사 불가, 인터넷 불가, 주차장 등) 신라 문화원 054-774-1950, 010-3570-1950 경주고택 www.gjgotaek.kr

불국사

휴대폰 놓고 잠시 속세와 멀어지는 시간

토함산에 있는 신라 고찰로, 석굴암과 함께 1995년에는 유네스코에 의해 세계 문화유산으로 지정되었다. 불국사에서 진행하는 템플 스테이는 당일 프로그램과 1박 2일 프로그램이 있는데, 당일 프로그램에는 점심 공양, 참회와 발원의 108배, 탁본 체험, 다담, 사찰 관람 등이 있고, 1박 2일 프로그램에는 여기에 아침과 저녁 예불, 석굴암 관람 등이 더해진다. 여름과 겨울 방학 기간에는 청소년을 위한 1박 2일과 2박 3일 수련회가 열리기도 한다.

경주시 진현동 15, 경주 시내 남동쪽 경주 고속터미널, 경주역(경주 우체국)에서 10번, 11번, 700번 버스 이용하여 불국사 하차 경주 고속터미널 또는 경주역에서 7번 국도 이용하여 불국사역 방향, 불국사역에서 불국사 방향 ₩당일 30,000원(10인 이상 단체에 한함), 1박 2일 80,000원 당일_매주 수·토 / 1박 2일_매주 주말 054-746-0983 www.bulguksa.org

골굴사

선무도 수련을 따라 해도 좋아

경주 함월산 자락에 위치한 신라 고찰로, 6세기 무렵 서역 천축국에서 온 광유가 12개의 석굴을 만들어 사찰로 이용하였고 이 때문에 한국의 둔황 석굴이라고도 한다. 골굴사에서의 템플 스테이는 1박 2일과 장기 프로그램이 있는데, 1박 2일은 새벽 예불, 금강경 독송, 좌선, 오륜탑 행선, 공양, 선 요가, 108배 등을 실시하고, 장기 프로그램은 여기에 선무도, 트레킹 등이 더해진다. 골굴사가 선무도의 본산이므로 일정 기간 동안 선무도만 전문적으로 수련할 수도 있다.

경주시 양북면 안동리 산304 경주 고속터미널, 경주역(경주 우체국)에서 100번, 150번 버스 이용하여 안동(안동 삼거리) 하차, 도보 20분 경주 고속터미널 또는 경주역에서 4번 국도 이용하여 보문 단지 방향, 보문단지에서 감포 방향, 안동 삼거리에서 골굴사 방향 ₩1박 6만원, 장기(한 달 이상) 1,200,000원, 선무도 1달 100,000원 054-744-1689 www.golgulsa.com

기림사

조용한 산사에서의 하룻밤

경주 함월산 자락에 위치한 신라 고찰로 643년 신라 선덕여왕 12년에 서역 천축국에서 온 광유가 창건했고, 처음에는 임정사라고 했다가 원효가 중건하면서 기림사로 이름을 바꿨다. 기림사의 템플 스테이에는 1박 2일 프로그램이 있는데 공양, 108배, 다담, 참선, 운력 등으로 진행되며, 신청자가 10인 미만일 경우 프로그램 진행 없이 상시 휴식형으로 실시된다.

경주시 양북면 호암리 419 경주 고속터미널에서 150번 버스 이용하여 양북면 하차, 양북면에서 130번 버스 이용하여 기림사 하차, 도보 10분 경주 고속터미널 또는 경주역에서 4번 국도 이용하여 보문 단지 방향, 보문단지에서 감포 방향, 안동 삼거리에서 기림사 방향 ₩ 30,000~100,000원 평일_단체만 / 주말_가족, 개인(10인 이상 시 프로그램 진행) ☎054-744-2292 www.kirimsa.net

향교 스테이

경주 향교

선비들의 옛 유교 문화 체험

경주 향교는 중국과 한국의 이름난 학자 18현을 봉안, 배향하고 있고 예부터 경주 지역 인재들의 교육을 담당했다. 현재 예절 학교, 세시 풍속, 제사 의례 등의 전통 체험반과 향교에서 하룻밤을 보낼 수 있는 향교 서재 스테이를 운영하고 있고 전통 혼례도 올릴 수 있다.

경주시 교동 17-1, 인왕동 고분군 남쪽 경주 고속터미널, 경주역(경주 우체국)에서 60번, 61번, 70번 버스 이용하여 신라회관(대릉원 정문) 하차, 도보 10분 경주 고속터미널 또는 경주역에서 교촌 마을 방향, 교촌 마을에서 경주 향교 방향 ₩ 전통 체험·향교 서재 스테이 1박 2일 각 30,000원, 전통 혼례(기본) 320,000원 각 체험 월 1회 1박 2일 ☎054-775-3624 gyeongjuhyanggyo.org

경주만의 남다른 여행법

이색 테마 투어

남들처럼 유적지를 둘러보는 데 그치는 경주 여행이 아니라 나만의 색다른 테마를 부여한다면 더욱 즐거운 여행이 될 수 있다. 자랑스러운 경주의 유네스코 세계 문화유산을 집중적으로 둘러보거나, 15군데의 명소를 빠짐없이 돌면서 스탬프를 찍거나, 한밤에 백등을 들고 신라 달빛 투어를 떠나 보는 건 어떨까?

유네스코 세계 문화유산 투어

자랑스러운 우리 문화유산을 찾아서

세계 유산은 유엔 교육 과학 문화 기구(유네스코)가 1972년 채택한 '세계 문화 및 자연 유산의 보호에 관한 협약'에 의거해 세계 유산 목록에 등재된 유산을 지칭한다. 이들 세계 유산은 인류 보편적이고 뛰어난 가치를 지녀 보존해야 하는 것들이며, 인류 무형 유산, 세계 기록 유산과 함께 유네스코 등재 유산에 속한다. 세계 유산의 종류에는 문화유산, 자연 유산, 문화와 자연이 혼재된 복합 유산 등이 있다. 경주에 있는 세계 문화유산으로는 불국사와 석굴암,

경주 역사 유적 지구(남산, 월성, 대릉원, 황룡사지, 산성 지구), 양동 마을 등이 있다. 세계 문화유산에 선정되었다는 것은 세계에 우리 문화의 우수성을 알릴 수 있는 기회가 된다.

ⓘ 경주 문화 관광 guide.gyeongju.go.kr, 문화재청 www.cha.go.kr/worldHeritage

구분	코스
완전 정복 코스	경주 역사 유적 지구(월성 & 대릉원 → 황룡사지 → 산성 → 남산) → 불국사 & 석굴암 → 양동 마을
간이 코스 I	경주 역사 유적 지구(대릉원 → 남산) → 불국사 & 석굴암 → 양동 마을
간이 코스 II	경주 역사 유적 지구(월성 → 황룡사지) → 불국사 & 석굴암 → 양동 마을

경주 역사 유적 지구 → 불국사 → 석굴암 → 양동마을

Travel Tips

경주 시티 투어로 세계 문화유산 투어하기

경주 시티 투어를 이용하면 편리하게 경주의 세계 문화유산을 둘러볼 수 있다. 다만 한 코스가 모든 세계 문화유산을 커버하지는 못하므로, 전체 투어를 위해서는 1코스와 4코스, 또는 3코스와 4코스를 연결해서 이용해야 한다.

구분	코스
1코스 신라 역사권(매일)	신경주역 → 터미널 → 보문 단지(경유) → 불국사 → 신라 역사 과학관(민속 공예촌) → 분황사 → 김유신 묘 → 대릉원 → 국립 경주 박물관 → 동궁과 월지(안압지) → 첨성대 → 터미널 → 신경주역
3코스 세계 문화유산권(매일)	The-K 경주 호텔 → 보문 단지(경유) → 경주역 → 터미널 → 신경주역 → 포석정 → 대릉원 → 첨성대(경유) → 월성 · 계림 · 내물왕릉(경유) → 동궁과 월지(안압지) → 석굴암 → 불국사 → 보문 단지(경유) → 터미널 → 신경주역
4코스 양동 마을+남산권(토 · 일)	The-K 경주 호텔 → 보문 단지(경유) → 터미널 → 신경주역 → 양동 마을 → 전통 시장(성동 시장) → 교촌 마을(향교 · 최씨 고택 · 계림 · 월정교) → 삼릉 가는 길(포석정 · 삼불사 · 삼릉 · 경애왕릉) → 터미널 → 신경주역 → 보문 단지

₩대인 20,000원, 소인(6~19세) 18,000원 (입장료, 점심 등 별도) ☎054-743-6001 ⓘcmtour.co.kr

스탬프 투어

한 칸 한 칸 스탬프 채워 가는 재미!

스탬프 투어를 이용하면 경주 역사 문화 명소를 좀 더 재미있게 즐길 수 있다. 스탬프 투어란 경주 지역에 산재한 15곳의 대표 역사 문화 명소에 들러 고유의 스탬프 도장을 찍어 보는 여행으로, TV 프로그램 〈1박 2일〉에 소개되어 화제가 되었다. 15곳의 각 역사 문화 명소에 있는 문화 관광 해설사의 집에는 스탬프 용지와 스탬프가 있어 자유롭게 이용할 수 있는데 문화 관광 해설사가 근무하는 오전 9시 30분에서 오후 5시 사이에 방문해야 한다. 문화 관광 해설사에게 문화 관광 해설을 청해 들으면 이해 두 배, 재미 네 배가 된다!

경주 대표 역사 문화 명소 15곳에 있는 문화 관광 해설사의 집 09:30~17:00

시내권~남산권 코스

대릉원 – 첨성대 – 분황사 – 동궁과 월지(안압지) – 교촌 마을 – 오릉 – 포석정

※ 걸을 수도 있지만, 대릉원에서 자전거를 빌려 쌩쌩 달리는 것이 더 편함.

서악권~북부권

무열왕릉 – 김유신 묘 – 양동 마을

※ 경주 서쪽 무열왕릉과 김유신 묘는 자전거로, 양동 마을은 203번, 252번 버스 또는 승용차로 이동함.

불국사권~동해권

원성왕릉(괘릉) – 불국사 – 동리 목월 문학관 – 석굴암 – 감은사지

※ 불국사권은 10번, 11번 버스 이용하고, 동해권은 130번, 150번 버스 또는 승용차로 이동함.

신라 달빛 기행

경주의 밤은 낮보다 아름답다!

신라 천 년의 고도 경주를 밤에 돌아보는 것도 색다른 추억이 될 수 있을 것이다. 낮의 경주 여행이 경주의 역사와 문화를 알아보는 여행이었다면 밤의 경주 여행은 경주의 감성을 느껴 보는 여행이라고 할 수 있다. 신라의 별궁이었던 동궁과 월지(안압지)에 가면 거울 같은 월지에 비친 정자가 아름답고, 천문을 읽던 첨성대의 야경은 영국 그리니치 천문대가 부럽지 않다. 보문호에서는 보문호 주위의 호텔과 리조트, 테마파크 불빛이 보문호와 어우러져 금방이라도 하늘에서 불꽃놀이가 열릴 듯하다. 신라 문화원에서 주관하는 신라 달빛 기행에 참가하면 야경 명소 방문과 함께 유적지 답사, 국악 공연, 소원 성취 백등 밝히기 등의 프로그램도 진행되어 지루할 새가 없다. 신라 달빛 기행은 매년 4월~10월까지, 월 1~2회 토요일 진행된다.

경주시 황남동 99, 신라 문화 체험장(천마총 주차장 옆) 신라 문화 체험장_60번, 61번, 70번 버스 또는 승용차 이용 ₩일반·청소년 15,000원(입장료와 백등 등 포함, 식비 별도) 4~10월 중 월 1~2회 토요일 진행(상세 일정은 홈페이지 공지) ☎054-777-1950 www.silla.or.kr

코스

신라 문화 체험장 집결(15:00) → 첨성대, 월성, 분황사 등 유적지 답사(해설사 동행) → 석식(18:00~19:00) → 국악 공연 → 백등 밝히기 & 신라 달빛 거닐기(19:00~21:00)

신라 문화 체험장 / 유적지 답사 / 국악 공연 / 백등 밝히기 / 신라 달빛 거닐기

365일 신나는 경주

축제와 공연

경주 하면 정적이고 고요한 이미지를 떠올리기 쉽지만, 실제로는 봄부터 가을까지 축제와 공연이 이어져 활기를 더하고 있다. 경주의 축제는 경주 벚꽃 축제, 신라 도자기 축제, 신라 문화제 등이 있고, 상설 공연으로는 봉황대 뮤직스퀘어, 보문 수상 공원, 보문 야외 상설 공원, 신명 나는 잔치 한마당-전통 혼례, 골굴사 선무도 공연 등이 있다. 이들 축제나 공연을 통해 경주의 아름다움과 재미를 두 배로 느껴 보자.

경주 축제

경주 벚꽃 축제

연인과 함께라면 더욱 좋아

매년 4월경 벚꽃이 흐드러지게 필 무렵 경주 보문호 일대에서 펼쳐지는 축제로, 보문호 축제라고도 불린다. 주요 행사로는 무비 오케스트라 공연, 뮤지컬 갈라쇼 등의 축하 공연, 벚꽃 노래자랑, 경주 청소년 챔버 오케스트라 공연 등의 본 행사, 경주 농·특산물 판매 선시 및 세험, 전통 놀이 체험관 같은 체험 행사도 열린다. 축제를 구경하고 보문호가에 늘어선 벚꽃 터널을 거닐어도 즐겁다.

경주 보문 단지 일대(보문 수상 공연장, 호반 광장, 홍도 공원 등) 경주 고속터미널, 경주역(경주 우체국)에서 11번, 700번 버스 이용하여 육부촌(보문 단지) 하차 경주 고속터미널 또는 경주역에서 월성동 주민센터 지나 좌회전, 분황사에서 경감로 이용하여 보문 단지 방향 매년 4월경 경북 관광 공사 054-745-7601, 서라벌 관광 정보 센터 054-777-1330 guide.gyeongju.go.kr

신라 도자기 축제

다양한 도자기도 보고 체험도 하고

매년 4월경 경주 도예가 협회에서 개최하는 도자기 축제로 다도 시음, 국악 연주, 도자기 만들기 퍼포먼스, 옹기 만들기 퍼포먼스 등의 프로그램이 진행되고 참가자는 초벌구이 그림 그리기, 한민족 도자기 만들기, 토우 만들기, 물레 체험 등의 프로그램을 체험할 수 있다.

경주시 황성동 산1-1, 황성 공원 실내 체육관 옆 경주 고속터미널, 경주역(경주 우체국)에서 203번, 206번, 210번 버스 이용하여 황성 공원 하차, 실내 체육관 방향 도보 10분 경주 고속터미널 또는 경주역에서 황성 공원 방향 매년 4월경 경주 도예가 협회 010-3679-0862 www.gyeongjufestival.co.kr

신라 문화제

경주의 문화 예술을 보여주는 종합 축제

경주시가 주최하고 경주 문화 재단과 신라 문화 선양회가 주관하는 전통 문화 축제로 신라 천 년의 역사와 문화를 선보인다. 주요 행사로는 길놀이 퍼레이드, 화랑 원화 선발 대회, 신라 소재 창작 공연, 신라촌 체험, 설화 구연동화, 민속 경연, 대한민국 국악제 등이 있다. 신라의 전통 문화를 볼 수 있는 여러 가지 행사에 참여하다 보면 어느새 자랑스러운 신라인이 된 듯한 느낌이 들 것이다.

경주 시내 일대 시내버스 또는 택시, 승용차 이용 매년 10월 중순 경주 문화 재단 054-748-7721, 서라벌 관광 정보 센터 054-777-1330 경주 문화 재단 www.fgf.or.kr

골굴사 선무도 공연

몸 건강, 마음 건강의 선무도

골굴사에서 열리는 선무도 공연으로, 선무도는 불교의 사마타와 위빠사나를 함께 수련하는 정혜쌍수 수련법으로 알려져 있다. 간단하게는 신체를 머리, 등, 배, 팔, 다리 등 다섯 부분으로 보고 이들을 단련시켜 수행 및 건강에 유익하게 하는 것이다. 신라 시대에는 명산과 유명 사찰에서 수행하던 화랑도들이 선무도를 수련했을 것으로 추측된다. 골굴사는 잊혀졌던 선무도를 재정립하여 선무도의 본산으로 이름이 높다.

경주시 양북면 안동리 산304 경주 고속터미널, 경주역(경주 우체국)에서 100번, 150번 좌석버스 이용하여 안동(안동 삼거리) 하차, 골굴사 방향 도보 20분 경주 고속터미널 또는 경주역에서 4번 국도 이용하여 보문 단지 방향, 보문 단지에서 감포 방향, 안동 삼거리에서 골굴사 방향 매일 오전 11시, 오후3시 30분(월요일 휴무) 054-744-1689 www.golgulsa.com

보문 수상 공연

넓은 보문호를 배경으로 펼쳐지는 공연

경주 현대 호텔 부근의 보문호가에 위치한 수상 공연장에서 열리는 공연으로 매주 댄스 페스티벌, 경주 관악 동호회 연주, 신라 소리 연희단 공연, 황성 댄스 아카데미 공연 등 다채로운 공연이 열린다. 공연장 뒤로 넓은 보문호를 조망하는 기분이 상쾌하고 공연장에서 열리는 신나는 공연은 여행의 즐거움을 더한다.

경주시 신평동 485-1, 경주 현대 호텔 뒤쪽 경주 고속터미널, 경주역(경주 우체국)에서 10번, 700번 버스 이용하여 현대 호텔 하차, 보문 수상 공연장 방향 도보 5분 경주 고속터미널 또는 경주역에서 월성동 주민센터 지나 좌회전, 분황사에서 경강로 이용하여 보문 단지 방향 4월~8월 매주 토요일 19:00 경북 관광 공사 054-740-7330, 서라벌 관광 정보 센터 054-777-1330

보문 야외 상설 공연

전통 무용에서 퓨전 국악까지 다양한 공연

보문 단지 내에 위치한 야외 공연장에서 열리는 전통 문화 공연으로 전통 무용, 창극, 국악 관현악단, 타악, 퓨전 국악 등과 같은 공연이 열린다. 낮 시간 경주 일대를 구경하거나 보문 야외 상설 공연장 부근 보문호 선착장에서 제트스키, 백조 보트 같은 수상 레포츠를 즐긴 뒤, 저녁 시간에 맞춰 보문 단지에서 공연을 즐기면 좋다.

경주시 신평동 375-7, 보문 단지 내 경주 고속터미널, 경주역(경주 우체국)에서 10번, 700번 버스 이용하여 육부촌(보문 단지) 하차, 도보 5분 경주 고속터미널 또는 경주역에서 월성동 주민센터 지나 좌회전, 분황사에서 경강로 이용하여 보문 단지 방향 5월~9월 매주 목요일~일요일 19:00~20:00(6월·9월은 토·일만 공연) 경주 문화 재단 054-748-7721, 서라벌 관광 정보 센터 054-777-1330

신명 나는 잔치 한마당–전통 혼례

떠들썩한 전통 혼례식으로의 초대

경주시가 주최하고 경주 문화 재단이 주관하는 관혼상제 상설 축제는 전통 문화의 근간이 되는 관혼상제를 중심으로 경주 향교에서 열린다. '관(冠)'에는 전통 성년의 날 행사, '혼(婚)'에는 전통 혼례, 풍물놀이, '상(喪)'에는 전통 상여 행렬, '제(祭)'에는 춘계 석전 봉행과 추계 석전 봉행 등이 있다. 전통 문화에 대해 더 알고 싶은 사람은 경주 향교에서 실시하는 향교스테이를 이용해 보아도 좋다.

경주시 교동 17-1, 경주 향교 경주 고속터미널, 경주역(경주 우체국)에서 60번, 61번, 70번 버스 이용하여 신라회관(대릉원 정무) 하차, 경주 향교 방향 도보 10분 경주 고속터미널 또는 경주역에서 교촌 마을 방향, 교촌 마을에서 경주 향교 방향 4월~10월 매주 토·일요일 오후 3시 경주 향교 054-775-3624, 경주 문화 재단 054-748-7721 경주 향교 gyeongjuhyanggyo.org, 경주 문화 재단 www.fgf.or.kr

봉황대 뮤직스퀘어

고분을 배경으로 한밤의 공연

봉황대 야간 상설 무대라 불리던 공연이 봉황대 뮤직스퀘어라는 이름으로 변경되어 열린다. 노동동 고분군을 배경으로 열리는 한밤의 공연은 경주에서의 잊지 못할 밤을 선사할 것이다. 공연은 계절에 따라 봉황대의 봄, 여름, 가을 등의 주제로 퓨전 국악, 락, 발라드 등 다양하게 펼쳐진다.

경주시 노동동 261, 노동동 고분군 봉황대 경주 고속터미널, 경주역(경주 우체국앞)에서 60번, 61번, 500번 버스 이용하여 천마총 후문(대릉원 후문) 하차, 봉황대 방향 도보 3분 승용차로 경주 고속터미널 또는 경주역에서 대릉원 후문 방향 5월~10월(연 22회) 매주 금요일 20:00 경주 문화 재단 054-748-7721, 서라벌 관광 정보 센터 054-777-1330 경주 문화 재단 www.fgf.or.kr

무작정 떠나서 좌충우돌하는 것도 여행의 묘미이지만

사전에 경주를 조금 알고 간다면 여행이 더욱 즐거울 수 있다.

경주 여행을 시작하기 전에 알아두면 좋은 경주의 기본 정보와

여행 전 준비할 사항들, 경주로 가는 방법, 대중교통과 시티투어까지

경주 여행의 필수 정보를 챙겨 둔다면 완벽한 여행이 될 것이다!

여행 정보

경주, 알고 가자

위치와 기후

경주시는 북쪽으로 포항, 서쪽으로 영천과 청도, 남쪽으로 울산, 동쪽으로 동해와 접해 있다. 내륙 지역의 연평균 기온은 14℃로 강수량이 적은 남부 내륙형 기후이고, 해안 지역의 연평균 기온은 13.3℃로 따뜻하고 습한 남부 해안성 기후를 띤다.

역사

신라는 초기에 이씨, 정씨, 손씨, 최씨, 배씨, 설씨의 여섯 성씨가 모여 사는 씨족 연합체(육부촌)였는데, 기원전 57년 알에서 태어난 박혁거세가 여섯 마을을 통합해 나라를 세우고 나라 이름을 서라벌이라고 했다. 307년 신라 기림왕 10년에 나라 이름이 신라로 바뀌었고, 고려 태조 18년(935년) 고려가 신라를 합병하면서 경주로 바뀌었다. 신라는 개국 이후 오랫동안 약소국으로서 고구려와 백제로부터 잦은 시달림을 당했으나 서서히 국력을 쌓아 가야를 병합하고 7세기 후반에는 김유신과 무열왕, 문무왕이 백제, 고구려를 멸하고 삼국 통일을 이루었다. 이후 56대 경순왕까지 992년간 존속하다 고려에 귀속되었다.

문화유산

신라는 천 년의 역사 동안 경주 일대에 많은 고분을 남겼는데 고분에서 금관, 금허리띠, 금모자, 금신 등 금으로 된 유물이 많이 발견되어 신라를 황금의 나라라고도 부른다. 또한 신라는 불교 문화가 매우 발달하여 불국사와 석굴암, 황룡사지, 분황사 등 뛰어난 불교 유적을 남겼다. 이 때문에 경주 역사 문화 지구는 2000년 유네스코 세계 문화유산으로 등록되었다. 그 밖에 경주 양동 마을이 안동 하회 마을과 더불어 '한국의 역사 마을 하회와 양동'이란 이름으로 세계 문화유산으로 등록되기도 했다.

산업

경주의 산업은 농수산업과 관광업이라고 할 수 있다. 농수산업 분야는 논농사 위주이긴 하지만, 축산업도 일부 이루어지고 있고 감포를 중심으로 한 동해안에서는 수산업도 행해진다. 관광업은 경주의 핵심 산업이라고 할 수 있는데 대릉원, 보문 단지, 불국사 등이 중심지이며 연간 370만명(2012년)의 관광객이 방문하고 있다.

교통

경주는 경부 고속 도로가 지나고 KTX를 비롯한 철도 노선이 있어 전국에서 접근하기 편리하며, 사방으로 뻗어 있는 국도를 통해 인근 포항, 영천, 청도, 울산 등으로 가기도 좋다. 항공편의 경우 인근 울산 공항을 이용할 수 있다.

여행 준비하기

일정 짜기

권역별 일정

경주는 크게 ①대릉원과 월성, 첨성대가 있는 시내권, ②김유신 묘와 무열왕릉이 있는 서악권, ③불교 유적이 산재한 남산권, ④보문호를 중심으로 한 보문 단지권, ⑤불국사와 석굴암으로 대표되는 불국사권, ⑥동해 바다를 낀 동해권, ⑦양동 마을, 옥산서원이 있는 북부권으로 나뉜다. 경주 전체를 보려면 시내권부터 시계 반대 방향으로 서악권-남산권-보문 단지권-불국사권-동해권-북부권 순서로 둘러보는 것이 효율적이고, 핵심만 보려면 시내권-보문 단지권-불국사권 또는 시내권-남산권-불국사권을 둘러보면 된다. 여름이라면 동해권, 한옥 마을을 보려면 북부권을 추가한다.

기간별 일정

여행 기간은 각자 상황에 맞게 당일부터 1박 2일, 2박 3일, 3박 4일 등으로 정할 수 있다. 당일 코스는 경주의 핵심이 되는 시내권만 둘러보거나 인근 권역을 한 곳 정도 연결해 둘러보면 좋다. 1박 2일 코스는 당일 코스에 인근 권역을 한두 곳 추가하고, 2박 3일과 3박 4일 코스는 비교적 거리가 먼 동해권 또는 북부권을 추가한다.

예산 짜기

여행 경비에서 가장 큰 비중을 차지하는 것은 교통비과 숙박비이다. 교통비가 가장 저렴한 방법은 도보와 버스를 이용하는 것이고, 중간은 자전거나 스쿠터를 대여하는 것, 가장 비용이 많이 드는 것은 자가용을 이용하거나 렌트하는 것이다. 숙박비가 가장 저렴한 방법은 게스트하우스를 이용하는 것이고, 중간은 모텔이나 여관 이용, 가장 비용이 많이 드는 것은 펜션이나 호텔이다. 교통과 숙박을 정하고 나면 그 다음엔 식비, 입장료, 선물비와 간식비 같은 기타 비용도 고려해야 한다. (※ 외부에서 경주까지 왕복 교통비 제외.)

예산 짜기 순서

교통비+숙박비 → 식비 → 입장료+기타 비용

예산 짜기 예시

- **최소 예산**(도보·버스 / 게스트하우스 기준)

  버스비 6,000원 + 게스트하우스 20,000원 + 식비 20,000원 + 입장료·기타 비용 20,000원
  = 1박 2일 경비 약 66,000원

- **중간 예산**(자전거·스쿠터 / 모텔 기준)

  자전거·스쿠터 10,000~30,000원+모텔 50,000원+식비 20,000원+입장료·기타 비용 20,000원
  = 1박 2일 경비 약 100,000~120,000원

- **최대 예산**(자가용 / 펜션 기준)

  기름값 100,000원+펜션 80,000원+식비 20,000원+입장료·기타 비용 20,000원
  = 1박 2일 경비 약 220,000원

교통편 예약하기

경주로 향하는 교통편은 시외버스, 고속버스, 기차, 비행기 등의 대중교통과 승용차 같은 개인 교통이 있다. 주말이나 성수기에 여행할 경우에는 미리 교통편을 정해서 예매하는 것이 좋다. 시외버스와 고속버스의 경우 출발지의 시외버스터미널이나 고속버스터미널에서 예매할 수 있고, 특히 고속버스의 경우 예매 사이트인 코버스 홈페이지(www.kobus.co.kr)를 이용하면 편리하다. 기차의 경우, 기차역에서 무궁화호, 새마을호, KTX를 예매하거나 코레일 홈페이지(www.korail.com)를 통해 예매하면 편리하다. 비행기의 경우, 경주에서 가까운 울산 공항과 포항 공항을 이용하면 되는데 대한 항공(kr.koreanair.com)과 아시아나 항공(flyasiana.com)의 홈페이지를 통해 예매할 수 있다.('경주 가는 길' 참고)

숙소 예약하기

숙소는 개인적인 취향이 많이 반영되는 항목이다. 숙박비가 저렴한 곳을 원하면 게스트하우스, 모텔, 여관을 선택하고, 편의성을 우선으로 생각하면 펜션이나 호텔을 선택한다. 시설과 주위 환경, 교통편, 주요 관광지에서의 거리 등도 중요한 고려 항목인데, 대중교통을 이용하는 경우에는 교통이 편리하고 주요 관광지가 가까운 시내에 숙소를 정하는 것이 좋고, 자가용이 있는 경우에는 시설과 주위 환경을 고려해 선택하면 된다.

• 게스트하우스는 저가 숙소로 인기를 끌고 있어 주말이나 여행 성수기인 여름철에는 빈자리가 없으므로 미리 예약을 하는 것이 좋다.
• 펜션은 고급 숙소로 연인이나 가족 여행객이 선호하므로 주말이나 여름철에는 예약이 필수이다. 주중과 주말, 비수기(겨울, 봄, 가을)와 성수기(한여름, 가을 단풍철, 겨울 연말연시) 요금의 차이가 크므로 가능하면 비수기 주중에 이용하면 비용을 절약할 수 있다.
• 모텔·여관은 예약이 필요 없지만 관광객뿐만 아니라 현지 주민, 출장차 온 사람 등 다양한 사람들이 이용하고 주말에는 손님이 몰려 빈방이 없는 경우가 많으므로 주의한다.

• 여행 경비 절약 : 게스트하우스 〉 모텔 & 여관 〉 펜션 & 호텔
• 예약 필요 : 게스트하우스, 펜션, 호텔

여행 가방 꾸리기

여행 가방은 가급적 꼭 필요한 것만 간단히 꾸리는 것이 좋다. 먼저 계절에 맞는 옷차림과 여벌의 옷을 준비하고 몸을 보호할 수 있는 모자, 장갑, 목도리 등을 추가한다. 여기에 세면 도구 등의 개인 위생품, 여가 시간에 필요한 책과 MP3, 노트북, 카메라, 경주를 안내하는 가이드북 등을 준비한다. 가급적 큰 여행 가방에 짐을 다 넣는 게 좋고, 숙소에 도착하면 큰 여행 가방을 풀어 당일 필요한 물품만 작은 가방에 넣어 다닌다. 여행 일정이 늘어날수록 짐이 많아지는데 이럴 땐 짐을 최소한으로 하고 현지에서 저렴한 것을 구입해 사용하는 것도 짐을 줄이는 방법이다.

체크 리스트	확인	체크 리스트	확인
현금, 카드	☐	잠옷, 양말, 속옷	☐
티머니 카드	☐	모자, 선글라스	☐
신분증, 운전면허증	☐	세면 도구	☐
휴대폰	☐	화장품, 선크림	☐
경주 가이드북	☐	휴지, 물티슈	☐
경주 지도	☐	카메라	☐
메모장, 필기 도구	☐	MP3, 책	☐
겉옷	☐	작은 가방	☐
여벌 상하의	☐	우산	☐

경주 가는 길

항공

경주와 가까운 울산 공항과 포항 공항을 이용하면 편리하다. 항공 노선은 김포-울산, 김포-포항, 제주-울산 등 3개 노선이 운항되고 있다. 울산 공항에서 경주까지는 약 1시간 정도 소요된다.

노선	요일 / 시간	요금
김포 → 울산	월~일 06:50, 07:00, 10:00, 13:00, 16:00, 16:20, 19:30	5만~7만 원
울산 → 김포	월~일 08:15, 08:30, 11:30, 14:30, 17:30, 17:50, 21:15	
김포 → 포항	월~일 07:40, 08:40, 16:00, 17:00	6만~8만 원
포항 → 김포	월~일 09:15, 10:15, 17:35, 18:35	
제주 → 울산	금 12:00 / 일 14:40	6만~9만 원
울산 → 제주	금 13:35 / 일 16:35	

※ 항공기 출발 시간과 요금 등은 여러 상황에 따라 변동될 수 있음.

- **문의 :** 대한항공 : 1588-2001, kr.koreanair.com
  아시아나 : 1588-8000, flyasiana.com
  김포공항 : 02-2660-2483-4
  울산공항 : 052-288-7011
  포항공항 : 054-289-7399
  제주공항 : 1661-2626
  공항 통합 홈페이지 : www.airport.co.kr
- **교통 :** 울산 공항 → 1402, 722번 버스 또는 택시 → 울산 시외버스터미널 → 경주행 시외버스 → 경주
  → 402, 702, 1402번 버스 → 모화 → 600, 604, 605번 버스 → 경주
  포항공항 → 200 번 버스 → 포항 시외버스터미널 → 경주행 시외버스 → 경주

기차

경주에는 KTX가 서는 신경주역과 일반 기차가 서는 서경주역, 경주역이 있다. 경주행 기차의 주요 노선으로는 KTX 서울-신경주, KTX/무궁화(동대구 환승) 서울-서경주/경주, 무궁화호 동대구-경주, 무궁화호 신해운대-경주 등이 있다. 기차 소요 시간은 KTX 서울-신경주 약 2시간 10분, KTX/무궁화 서울-서경주/경주 약 3시간, 무궁화 동대구-경주 약 1시간 20분, 무궁화 신해운대-경주 약 1시간 30분이다.

노선	종류	시간	요금
서울 → 신경주	KTX	05:15~21:30 (수시 운행)	49,300원
신경주 → 서울	KTX	05:50~22:55 (수시 운행)	
서울 → 서경주/경주	KTX/무궁화	05:20~19:00 (수시 운행, 동대구 환승)	47,000원
경주/서경주 → 서울	무궁화/KTX	06:58~21:52 (수시 운행, 동대구 환승)	
동대구 → 경주	무궁화	06:00~21:20 (수시 운행)	5,000원
경주 → 동대구	무궁화	06:58~22:55 (수시 운행)	
신해운대 → 경주	무궁화	06:19~22:58 (수시 운행)	5,700원
경주 → 신해운대	무궁화	02:29~22:36 (수시 운행)	

※기차 출발 시간과 요금 등은 여러 상황에 따라 변동될 수 있음.

• **문의 :** 코레일 1544-7788, 1588-7788, www.letskorail.com

고속버스

경주로 향하는 주요 고속버스 노선은 서울-경주, 대구-경주, 부산-경주, 김해 공항-경주 등이 있다. 대체로 30분~1시간 간격이어서 이용에 불편이 없다. 소요 시간은 서울-경주 4시간, 대구-경주 1시간, 광주-경주 5시간, 부산-경주 1시간, 김해 공항-경주 1시간 30분 정도 소요된다.

노선	시간	요금
서울 → 경주	06:10~23:55 (1시간 간격)	우등 28,300원 일반 19,100원
경주 → 서울	06:00~24:00 (1시간 간격)	
대구북부 → 경주	07:30~21:00 (2시간 간격)	우등 5,500원
경주 → 동대구	09:05~20:05 (2시간 간격)	
광주 → 경주	09:45, 16:50	우등 22,500원
경주 → 광주	09:40, 16:40	
부산 → 경주	08:30~22:30 (2시간 간격)	우등 4,800원
경주 → 부산	08:30~22:30 (2시간 간격)	
김해공항 → 경주	07:10~22:30 (수시로)	일반 9,000원
경주 → 김해공항	05:40~21:00 (수시로)	

※고속버스 출발 시간과 요금 등은 여러 상황에 따라 변동될 수 있음.

• **문의 :** 전국 고속버스 안내 1588-6900, www.kobus.co.kr
경주 고속터미널 054-741-4000

시외버스

경주 시외버스터미널은 경주 고속터미널 바로 옆에 위치해 있다. 경주행 시외버스의 주요 노선으로는 동서울-경주, 서대구-경주, 포항-경주, 청도-경주, 영천-경주, 언양-경주, 울산-경주, 부산-경주 등이 있다. 경주에서 인근 청도, 영천, 울산, 포항을 여행할 때 시외버스를 이용하면 편리하다.

노선	시간	요금
동서울 → 경주	07:00~19:00 (수시 운행), 23:10, 23:59	일반 21,100원 심야 23,200원
서대구 → 경주	06:30~21:30 (수시 운행), 22:30	일반 5,900원 심야 6,500원
포항 → 경주	05:30~23:00 (수시 운행), 23:30, 24:00	일반 3,400원 심야 3,700원
청도 → 경주	10:57, 13:27	8,300원
영천 → 경주	07:05~21:05 (1~2시간 간격)	4,100원
언양 → 경주	08:00~22:10 (수시 운행)	2,500원
울산 → 경주	06:00~22:30 (수시 운행)	4,900원
부산 → 경주	05:30~21:30 (수시 운행), 22:30, 23:00, 23:30	일반 4,800원 심야 5,300원

※시외버스 출발 시간과 요금 등은 여러 상황에 따라 변동될 수 있음.

- **연락처 :** 경주 시외버스터미널 1666-5599, 054-742-4885

대중교통 이용하기

시내버스

경주의 주요 시내버스 노선으로는 10번, 11번, 60번, 61번, 100번, 150번, 203번, 500번, 600번, 700번 등이 있다. 이들 노선은 대부분의 경주 관광지를 통과하고 있어 버스만 이용해도 경주 여행을 즐길 수 있다. 요금은 일반 버스 1,200원, 좌석 버스 1,500원이고 티머니 카드를 이용하면 요금 할인이 된다.

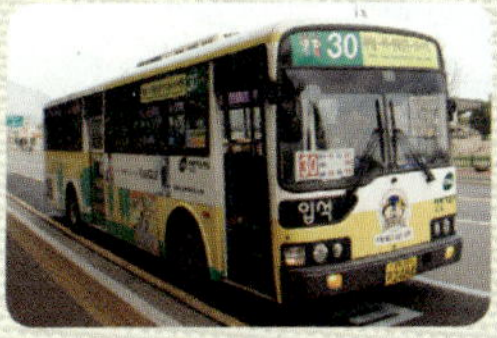

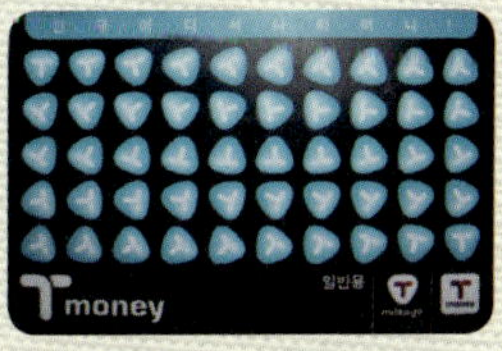

번호	주요 노선
10번 보문단지·불국사	경주 고속터미널 → 중앙 시장 → 경주역(성동 시장) → 월성동 주민 센터(대릉원 인근) → 분황사 → 보문 숲머리 → 보문 단지 → **신라 민속 공예촌(신라 역사 과학관) → 불국사(석굴암 인근) → 불국사역 → 선덕왕릉 → 통일전(서출지) → 경북 산림 환경 연구소 → 동궁과 월지(안압지, 월성 인근) → 경주역 → 중앙 시장 → 경주 고속터미널**
700번 보문 단지·불국사	신경주역 → 경주 여중(김유신 묘 인근) → 경주 시외버스터미널 → 중앙 시장 → 경주역 → 월성동 주민 센터(대릉원 인근) → 분황사(황룡사지) → 보문 숲머리 → 보문 단지 → **신라 밀레니엄 파크 → 엑스포 공원 → 신라 민속 공예촌(신라 역사 과학관) → 불국사(석굴암 인근)**
100번 골굴사 감은사지·감포	경주 고속터미널 → 중앙 시장 → 경주역(성동 시장) → 월성동 주민 센터(대릉원 인근) → 분황사 → 보문 숲머리 → **(보문 단지 통과) → 경주 월드 → 엑스포 공원 → 황룡(토함산) → 추령 터널(토함산) → 장항 삼거리(경주 허브랜드 부근) → 안동(골굴사 인근) → 양북면 → 전촌 삼거리(전촌 해변) → 감포항**
150번 골굴사·감은사지 문무대왕릉 양남 주상절리	경주 고속터미널 → 중앙 시장 → 경주역(성동 시장) → 월성동 주민 센터(대릉원 인근) → 분황사 → 보문 숲머리 → (보문 단지 통과) → 경주 월드 → 엑스포 공원 → 황룡(토함산) → 추령 터널(토함산) → 장항 삼거리(경주 허브랜드 부근) → 안동(골굴사 인근) → **감은사지(이견대 부근) → 봉길 대왕암 해변(문무대왕릉) → 읍천항(벽화 마을, 주상절리) → 하서항(주상절리)**
11번 통일전·불국사	경주 고속터미널 → 중앙 시장 → 경주역(성동 시장) → 월성동 주민 센터(대릉원 인근) → **동궁과 월지(안압지, 월성 인근) → 통일전(서출지) → 선덕왕릉 → 불국사역 → 불국사(석굴암 인근) → 신라 민속 공예촌(신라 역사 과학관) → 보문 단지 → 보문 숲머리 → 분황사 → 경주역 → 중앙 시장 → 경주 고속터미널**
600번 영지·원성왕릉(괘릉)	경주 고속터미널 → 중앙시장 → 경주역(성동 시장) → 월성동 주민 센터(대릉원 인근) → 동궁과 월지(안압지, 월성 인근) → **선덕여왕릉 → 불국사역 → 영지 입구 → 원성왕릉(괘릉) 입구 → 외동읍 → 모화**

60번 무열왕릉 · 대릉원	신경주역 → 무열왕릉(서악 서원) → 경주 고속터미널 → 천마총 후문(대릉원, 노서동 · 노동동 고분군) → **팔우정 → 첨성대 → 신라회관(대릉원 정문) → 황남 초교(교촌마을 인근) → 중앙 시장 → 경주역(성동 시장) → 경주 시청(굴불사지, 백률사 인근) → 황성 공원 → 경주역 → 중앙 시장 → 경주 고속터미널 → 무열왕릉 → 신경주역**
61번 무열왕릉 · 대릉원	60번 노선과 거의 동일
500번 경주오릉 · 포석정 삼릉	경주 시외버스터미널 → 중앙 시장 → 경주역 → 팔우정 → 천마총 후문(대릉원, 노서동 · 노동동 고분군) → **국당 마을(교촌 마을 인근) → 경주 한방 병원(오릉) → 나정 입구 → 포석정 → 삼릉 → 내남 치안 센터(용장골) → 용산(용산 서원) → 봉계**
203번 양동 마을 · 옥산 서원	신경주역 → 경주 여중(김유신 묘 인근) → 경주 시외버스터미널 → 중앙 시장 → 경주역 → **황성 공원 → 양동 마을 → 안강읍 → 옥산 서원**

※진한 글자는 공통노선에서 달라지는 노선 표시.

택시

택시 기본 요금(2km 기준)은 2,800원이며, 기본 요금 이후 거리 운임은 139m당 100원, 시간 운임은 33초당 100원이다. 야간할증(24:00~04:00)은 +20%, 복합(시외)할증은 +55%이다. 경주역 앞 신한은행 기준 반경 4km를 벗어나면 시외로 간주되어 복합할증이 적용된다. 신경주역, 보문 단지, 불국사 등은 모두 복합할증 지역이다. 신경주역에서 보문 단지까지 2만 8천 원 정도 나온다.

- **택시 대절_**3시간 : 6만 원, 5시간: 10만 원, 8시간 : 15만 원 내외

콜택시

경주 지역을 여행하다가 대중교통이 뜸한 곳에서 급히 이동해야 할 때는 콜택시를 이용하면 편리하다. 택시 요금에 콜비 1,000원이 추가된다.

- 신라 콜택시 : 054-746-5000, 경주시내
- 경주천년 콜택시 : 054-742-1000, 경주 시내
- 하나 콜택시 : 054-772-2222, 경주 시내
- 우리 콜택시 : 054-777-5555, 경주 시내
- 한마음 호출 : 054-741-8585, 보문단지
- 외동 콜택시 : 054-775-9888, 외동읍
- 첨성대 콜택시 : 054-746-3000, 경주 시내
- 경주 콜택시 : 054-777-4433, 경주 시내
- 서라벌 호출 : 054-749-3131, 경주 시내
- 경주보문 콜택시 : 054-777-0503, 보문단지
- 입실 콜택시 : 054-776-5858, 외동읍

택시 관광

운전이 서툴러서 자가용이나 렌트카 운전이 부담스러울 때, 효도 관광이나 신혼여행 등 편안히 여행을 즐기고 싶을 때, 또는 경주를 압축하여 돌아보고 싶을 때, 택시 기사가 운전을 하며 유적에 대한 설명까지 해 주는 택시 관광을 해 보면 어떨까? 주요 택시 관광 코스로는 A코스 대릉원 · 불국사, B코스 불국사 · 문무대왕릉, C코스 보문 단지 · 불국사 · 대릉원, D코스 문무대왕릉 · 양동 마을 등이 있다. 택시 관광 요금에는 택시 기사의 봉사료, 기름값, 주차비가 포함되어 있어서 승객은 각자 입장료, 식사비 등만 따로 지불하면 되므로 렌트카 비용과 비슷하거나 적게 나올 수 있다.

• 코스

구분	코스	요금
A코스	출발 → 신라 역사 과학관 → 석굴암 → 불국사 → 보문 단지 → 분황사 → 박물관 → 동궁과 월지(안압지) → 첨성대 → 대릉원(천마총) → 포석정 → 터미널(경주역)	150,000원
B코스	출발 → 신라 역사 과학관 → 불국사 → 석굴암 → 문무대왕릉 → 감은사지 → 기림사 → 골굴사 → 터미널(경주역)	150,000원
C코스	출발 → 양동 마을 → 분황사 → 대릉원(천마총) → 첨성대 → 박물관 → 터미널(경주역)	150,000원
교과서 여행	출발 → 신라 역사 과학관 → 석굴암 → 불국사 → 분황사 → 동궁과 월지(안압지) → 석빙고 → 첨성대 → 대릉원 → 포석정 → 김유신 묘 → 무열왕릉 → 터미널(경주역)	150,000원
스탬프 체험	출발 → 분황사 → 박물관 → 동궁과 월지(안압지) → 첨성대 → 대릉원(천마총) → 포석정 → 김유신 묘 → 무열왕릉 → 터미널(경주역)	100,000원
1박 2일 코스	**첫째날** : 출발 → 문무대왕릉 → 감은사지 → 기림사 → 골굴사 → 숙소 **둘째날** : 신라 역사 과학관 → 석굴암 → 불국사 → 분황사 → 박물관 → 동궁과 월지(안압지) → 포석정 → 첨성대 → 계림 → 대릉원(천마총) → 터미널(경주역)	250,000원

※업체와 상황에 따라 코스와 비용 등이 조금씩 다를 수 있음.

• 업체

회사명	주소	전화번호	홈페이지
캡투어 경주 관광	용담로 116번길 63(황성동)	0505-530-5886 010-3530-5886	www.cabtour.co.kr
경주 관광 택시	충효동 2938	0505-815-6388	www.gjtourtaxi.com
경주 계림 택시 관광	동천로 68-8(동천동)	011-543-9530	www.sbtaxi.co.kr

자전거 & 스쿠터

자전거와 스쿠터 대여점이 많은 곳은 경주역 앞, 경주 고속터미널 앞, 보문 단지 대명 리조트 옆, 보문 단지 육부촌 부근, 경주 월드 부근 등이며, 각 관광지나 리조트에도 크고 작은 대여점이 있다. 스쿠터를 대여하려면 운전면허증이나 원동기 면허증을 소지해야 한다. 자전거나 스쿠터 여행 시, 과속하지 않고 교통 법규를 지키며 헬멧, 장갑 같은 안전 장구를 갖추도록 한다.

• **대여점**

구분	대여점	주소	전화번호
자전거	경주 고속 스쿠터 · 자전거 대여점 www.gjbike.co.kr	경주시 노서동 160-2 (경주 시외버스터미널 북쪽)	010-9003-2352 019-542-3700
	역전 자전거 · 스쿠터 대여	경주시 황오동 173-5 (경주역 부근)	054-749-8268
	포스포 자전거 대여점	경주시 신평동 601-8 한국 콘도	011-533-5896
	보문 자전거 하이킹	경주시 신평동 400-4 현대상가 1층 (일성 경주 보문 콘도 건너편)	054-775-2021
	현대 상가 내 자전거 대여점	경주시 신평동 611-15 (일성 경주 보문 콘도 건너편)	054-745-0345
	GS25 자전거 대여점	경주시 신평동 444-4 (호텔 콩코드 건너편)	054-772-1801
	보문 자전거 대여장	경주시 신평동 375-1 (보문 단지 육부촌 옆)	054-745-1568
	월드 대여점	경주시 천군동 206-3 보문프라자 104-204 (경주월드 건너편)	054-744-9446
스쿠터	역전 자전거 · 스쿠터 대여	경주시 황오동 173-5 (경주역 부근)	054-749-8268
	경주 죠이 렌탈샵	경주시 사정동 485-11 (경주 고속터미널 건너편)	054-746-1644
	경주 스쿠터 투어	경주시 사정동 480-8 (경주 고속터미널 건너편)	070-7565-8416
	바이크월드	경주시 사정동 485-8 (경주 고속터미널 건너편)	054-741-8078
	베스트원	경주시 천군동 205-52 (경주 월드 건너편)	010-2746-1665

• **요금 :** 자전거 1일 10,000원 내외
스쿠터(50cc) 3시간 25,000원, 6시간 35,000원, 24시간 55,000원 내외

시티투어 즐기기

시티투어는 시티투어 버스를 타고 경주의 핵심 관광지를 간편하게 둘러보는 것으로 경주를 짧은 시간에 여행하고 싶은 사람, 관광지를 돌며 문화 해설사의 설명을 듣고 싶은 사람에게 적합하다. 주요 코스로는 자연경관을 담은 동해를 중심으로 주변의 유적지와 아름다운 경관을 즐길 수 있는 동해안 코스, 경주 속의 세계문화유산들을 골라 볼 수 있는 세계문화유산 코스, 경주의 문화와 역사를 중심으로 투어를 즐길 수 있는 테마파크 코스, 전통 한옥마을과 함께 전통시장 등을 둘러볼 수 있는 양동 마을·남산 코스, 아름다운 경주의 야경을 즐길 수 있는 낭만적인 야간 시티투어가 있다.

코스	일시	출발지	일정
동해안 코스	매일 09:00	신경주역	신경주역 출발 → 터미널 → 골굴사 → 경주 전통 명주 전시관 → 감은사지 → 양남 주상절리 → 문무대왕릉 → 한수원 홍보관 → 하차
세계문화 유산코스	매일 09:40	더케이 호텔	더케이호텔 → 태종무열왕릉 → 대릉원(천마총) → 분황사 → 석굴암 → 불국사 → 하차
테마파크 코스	화·목 09:40	더케이 호텔	더케이호텔 → 신라 역사 과학관 → 동궁원(하계) / 경주 산림 연구원(동계) → 통일전 → 황룡사 역사 박물관 → 하차
양동마을& 남산 코스	토 10:00	더케이 호텔	더케이호텔 → 양동마을 → 성동시장 → 삼릉 가는 길(포석정 · 삼불사 · 삼릉 · 경애왕릉) → 하차
야간 시티투어	매일 18:30	버스터미널 (천마관광)	터미널 → 동궁과 월지(안압지) → 첨성대 → 계림(내물왕릉) → 교촌마을 → 월정교 → 하차

※주관사와 상황에 따라 코스, 시간 등이 변경될 수 있음.

※시티투어는 1코스~3코스 5명 이하, 4코스와 야간 코스 10명 이하일 때 취소됨.

- **요금 :** 시티투어_대인 20,000원, 소인(6~19세) 18,000원(입장료 별도)
  야간 시티투어_대인 16,000원, 소인(6~19세) 14,000원(입장료 포함)
- **전화 :** 시티투어/야간 시티투어_천마 관광 054-743-6001
- **홈페이지 :** www.cmtour.co.kr

문화 관광 해설사 신청

여행에서 '아는 만큼 보인다'라는 말이 있다. 이때 떠올릴 수 있는 것이 문화 관광 해설사다. 경주 문화 관광 해설사는 *대릉원, *불국사, *석굴암, *양동마을, *분황사, *첨성대, *동궁과 월지(안압지), 옥산서원, 김유신묘, 무열왕릉, 포석정지, 원성왕릉(괘릉), 오릉, 감은사지, 동리목월문학관(월요일 휴관), 향교, 통일전 등 경주시 18개 유적지에서 무료로 상세하고 친절한 해설을 해준다. 한국어(32명)를 포함 영어(10명), 일본어(10명), 중국어(6명) 총 4개 국어 통역 및 해설이 가능하다. (*표시는 외국어 안내 포함)

- **해설 :** 정각(1시간) 단위로 운영
- **해설사 근무 시간 :** 09:30~17:30(사적지마다 조금 다름)
- **해설 시간 :** 대릉원, 불국사, 석굴암, 양동마을 10:00~16:00(1시간 간격)
  그 외 사적지는 현장에서 요청, 진행
- **예약 · 확인 · 변경 문의 :** 054-741-2594

관광 안내 & 물품 보관소

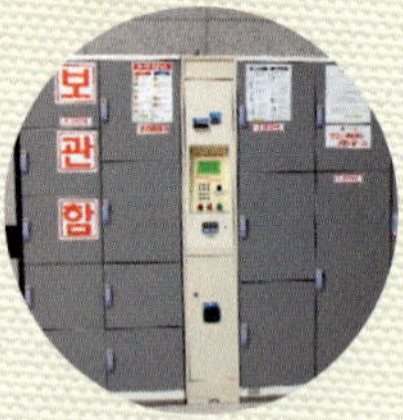

경주 여행 시 배낭이나 캐리어를 보관하고 다니면 한결 편리하다. 물품 보관소는 경주역, 신경주역, 경주 고속터미널 등에 무인 보관함이 있고, 각 보관소별로 5~30개의 보관함을 운영한다. 물품 보관소 주변에 관광 안내소가 있으므로 관광 정보를 얻기도 좋다.

- **물품 보관소 위치 & 개수**
  경주역(054-743-4114) : 30개 정도
  신경주역(054-613-8004) : 12개 정도
  경주 고속터미널(054-741-4000) : 5 ~ 6개 정도
- **요금 :** 소형 1,500원, 중형 2,000원, 대형 3,000원 내외

※유의사항 : 물품보관함 크기는 상이함.

유용한 전화번호 & 사이트 & 어플

관광 안내 전화

- **전국 관광 안내 :** 1330
- **경주 관광 안내소**

  경주역 054-772-3843

  터미널 054-772-9289

  신경주역 054-771-1336

  서라벌(고속 도로 방향 휴게소) 054-777-1330

  경북 관광 홍보관 054-745-0753
- **경주 문화 관광 :** 054-779-8585

유용한 사이트

경주 문화 관광 guide.gyeongju.go.kr
모바일 경주 guide.gyeongju.go.kr/m

경주 관광지에 대한 자세한 정보를 얻을 수 있고, 나눔터 게시판에 들어가면 경주 세계 문화 엑스포 공원, 신라 역사 과학관, 경주 보문 실탄 사격장 등의 입장권 및 체험권 할인 쿠폰을 구할 수 있다. 스마트폰을 이용하여 경주 문화 관광 홈페이지를 모바일로 옮겨 놓은 〈모바일 경주〉에 접속하면 '경주 탐험대', '경주 관광 모바일 앱', '국립 경주 박물관' 등과 같은 관광 어플리케이션도 다운받을 수 있다.

경주 시티패스 www.citypass.me

경주 시티패스에서 경주 일대의 테마파크, 전시 공연, 레저, 체험 학습 등의 관광 상품은 물론이고 숙박, 렌터카, 특산물 등의 할인 티켓을 판매하고 있으니 가고자 하는 곳을 잘 생각하여 준비하면 적절히 사용할 수 있다.

유용한 어플

경주 문화 관광_경주 모바일 관광 안내 서비스

<경주 문화 관광> 사이트가 제공하는 경주 전용 관광 안내 어플리케이션. 이용자의 현재 위치를 자동으로 파악하여 주변의 볼거리, 먹을거리, 잠자리, 살거리, 즐길거리, 편의 시설 등의 정보를 제공한다.

신라 역사 여행

한국 관광 공사가 개발한 어플리케이션. 불국사, 대릉원 등 경주 일대의 대표 유적지를 한눈에 볼 수 있게 정리해 놓았고, 지도 서비스 및 오디오 가이드 서비스도 제공하고 있다.

유네스코 세계 문화유산

한국 관광 공사가 개발한 어플리케이션. 국내의 유네스코 세계 문화유산을 한눈에 볼 수 있게 정리해 놓았는데, 불국사, 석굴암, 양동 마을, 경주 역사 문화 지구 등 경주 지역에 위치한 세계 문화유산을 찾아볼 수 있다.

국립 경주 박물관

한국 관광 공사가 개발한 어플리케이션. 국립 경주 박물관과 그 소장품을 사진과 음성으로 해설한 오디오 가이드 서비스이다.